全国电力行业“十四五”规划教材

“十二五”普通高等教育本科国家级规划教材配套教材

发电厂电气部分课程设计

华北电力大学 卢锦玲 主 编
李 然 编 写
盛四清 主 审

中国电力出版社
CHINA ELECTRIC POWER PRESS

内 容 提 要

本书为全国优秀教材（二等奖）、“十二五”普通高等教育国家级规划教材《发电厂电气部分（第五版）》的配套教材。本书以国家标准、行业标准和专业性文件为指导，收集了大量现场技术资料，并结合现场实际加以整理、补充和完善，内容紧密结合当前电气设备的应用实际，主要阐述了发电厂电气部分设计的基本原则、要求、步骤和计算方法，实用性强，体系设计合理。

本书可作为高等院校电气类专业的课程设计课程教材，也可作为电力行业技术人员的参考用书。

图书在版编目（CIP）数据

发电厂电气部分课程设计/卢锦玲主编；李然编．—北京：中国电力出版社，2024.9

ISBN 978-7-5198-7277-9

Ⅰ．①发…　Ⅱ．①卢…　②李…　Ⅲ．①发电厂-电气设备-课程设计-高等学校-教材　Ⅳ．①TM621.7-41

中国国家版本馆 CIP 数据核字（2024）第 011995 号

出版发行：中国电力出版社
地　　址：北京市东城区北京站西街 19 号（邮政编码 100005）
网　　址：http://www.cepp.sgcc.com.cn
责任编辑：陈　硕
责任校对：黄　蓓　郝军燕
装帧设计：赵姗姗
责任印制：吴　迪

印　　刷：廊坊市文峰档案印务有限公司
版　　次：2024 年 9 月第一版
印　　次：2024 年 9 月北京第一次印刷
开　　本：787 毫米×1092 毫米　16 开本
印　　张：12　插页 2 张
字　　数：294 千字
定　　价：40.00 元

前　言

本书为全国优秀教材（二等奖）、“十二五”普通高等教育国家级规划教材《发电厂电气部分（第五版）》的配套教材。“发电厂（变电所）电气部分设计”课程是电气工程、电力系统及其自动化和高电压与绝缘技术方向的实践性教学环节，通过本书的学习，可以巩固理论知识、学习和掌握发电厂电气部分设计的基本方法，培养学生独立分析和解决问题的能力，以及综合运用所学知识进行实际工程设计的基本技能。本书主要阐述了发电厂（变电所）电气部分设计的基本原则、要求、步骤和计算方法，并给出了设计实例。本书各章节给出了有关的设计技术规程、规定。

本书第一章～第五章由华北电力大学卢锦玲编写，第六章及部分数据的更新由华北电力大学李然完成。华北电力大学的盛四清教授担任本书主审，对全书进行了审阅，并提出了宝贵的修改建议，在此表示感谢！

编　者

2024 年 7 月

目　录

数字资源：电气设备的技术数据

第一章 总 论

第一节 概 述

一、设计在工程建设中的作用

设计是一门涉及科学、技术、经济和方针政策等各方面的综合性应用技术科学，又是先进技术转化为生产力的纽带。

设计工作是工程建设的关键环节。做好设计工作，对工程建设的工期、质量、投资费用和建成投产后的运行安全可靠性、生产的综合经济效益，起着决定性的作用。

工程设计是对工程项目进行整体规划、体现具体实施意图的重要过程，是处理技术与经济关系的关键性环节，是确定与控制工程造价的重点阶段，更是现代社会工业文明的最重要的支柱，是工业创新的核心环节，是现代社会生产力的龙头，是一个国家和地区工业创新能力和竞争能力的决定性因素之一。

二、设计工作需遵循的主要原则

设计工作要遵循国家的法律、法规，贯彻执行国家经济建设的方针、政策和基本建设程序，特别需要贯彻执行提高综合经济效益和促进技术进步的方针及产业政策。设计还应执行国家标准、行业标准、对团体标准和企业标准的执行可根据实际情况灵活处理。

要运用系统工程的方法从全局出发，正确处理中央与地方、工业与农业、沿海与内地、城市与乡村、远期与近期、平时与战时、技改与新建、主体设施与辅助设施、生产与生活、安全与经济等方面的关系。

三、设计基本程序阶段

设计要执行国家规定的基本设计程序，由宏观到微观，逐步充实、循序渐进、从而得出最优方案，保证质量，避免决策失误。大型发电厂设计的一般程序是：初步可行性研究—可行性研究—初步设计—施工图设计。研究报告和设计文件都要按规定的内容完成报批和批准手续。

（一）初步可行性研究阶段

初步可行性研究阶段的任务是进行地区性的规划选厂。在此阶段，设计单位提出的设计成品主要是一份初步可行性研究报告，由各个专业共同执笔，设计总工程师统稿。初步可行性研究报告的内容涉及电气专业的工作量很少，有时也可不参加这一阶段的工作。

（二）可行性研究阶段

可行性研究阶段的任务是配合各专业，从宏观的角度论证建厂（站）的必要性、可行性和经济性，阐明工程效益，写出可行性研究报告，还需进行必要的论证计算，提出主要的设计图纸和取得必需的外部协议。

（三）初步设计阶段

按照设计任务书给出的条件，分专业提出符合设计深度要求的设计文件。初步设计所确定的设计原则和建设标准，能宏观地勾画出工程概貌，控制工程投资，体现技术经济政策的贯彻落实。初步设计是工程建设中非常重要的设计阶段，各种设计方案需经过充分论证和选择。

1. 设计文件

初步设计文件包括说明书、图纸和专题报告三部分。说明书、图纸需充分表达设计意图，重大设计原则需进行多方案的优化比选，提出专题报告和推荐方案供审批确定。

2. 电气设计内容

(1) 说明书内容。

1) 概述。

2) 发电机及励磁系统。

3) 电气主接线。

4) 短路电流计算。

5) 导体及设备选择。

6) 厂用电接线及布置。

7) 事故保安电源。

8) 电气设备布置。

9) 直流电系统及不间断电源 (UPS)。

10) 二次接线、继电保护及自动装置。

11) 过电压保护及接地。

12) 照明和检修网络。

13) 电缆及电缆设施。

14) 检修及试验。

15) 阴极保护 (需要时说明)。

16) 节能方案。

17) 劳动安全和职业卫生。

18) 附件。

(2) 图纸目录。

1) 电气主接线图。

2) 短路电流计算接线图。

3) 高低压厂用电原理接线图。

4) 电气建 (构) 筑物及设施平面布置图。

5) 各级电压 (及厂用电) 配电装置平剖面图。

6) 继电器室布置图。

7) 发电机封闭母线平剖面图。

8) 高压厂用母线平剖面图。

9) 保护及测量仪表配置图。

10) 直流系统图。

11) UPS 系统图。

12) 主厂房电缆桥架通道规划图。

13) 电气计算机监控 (测) 方案图。

(3) 计算书内容。

1) 短路电流计算及主设备选择。

2) 厂用电负荷和厂用电率计算。

3) 厂用电成组电动机自起动、单台大电动机起动的电压水平校验。

4) 直流负荷统计及设备选择。

5) 发电机中性点接地设备的选择（必要时进行）。

6) 厂用电供电方案技术经济比较（必要时进行）。

7) 高压厂用电系统中性点接地设备的选择（必要时进行）。

8) 导线电气及力学计算（必要时进行）。

9) 内过电压及绝缘配合计算（必要时进行）。

10) 发电机主母线选择（必要时进行）。

11) 有关方案比较的技术经济计算（必要时进行）。

12) 远离主厂房供电线路电压选择计算（必要时进行）。

(四) 施工图设计阶段

在这一设计阶段中，需准确无误地表达设计意图，按期提出符合质量和深度要求的设计图纸及说明书，以满足设备订货所需，并保证施工的顺利进行。

第二节 本课程设计的目的、内容和要求

一、本课程设计的目的

(1) 巩固“发电厂电气部分”课程的理论知识。

(2) 掌握发电厂（变电站）电气部分设计的基本方法。

(3) 培养学生独立分析和解决问题的工作能力，以及综合运用所学知识进行实际工程设计的基本技能。

二、课程设计的要求和内容

1. 对课程设计的要求

课程设计应根据设计任务书以及国家的有关政策和各专业的设计技术规程、规定进行。

2. 课程设计的内容

大体上相当于实际工程设计电气一次部分初步设计的内容，其中一部分可达技术设计的要求深度，具体内容如下。

(1) 对原始资料的分析。

1) 本工程情况：发电厂、变电站类型及设计规划容量（本期、远景），单机容量及台数，各机组的运行方式、最大负荷利用小时数等。

2) 电力系统情况：电力系统近期及远景发展规划（本工程建成后5～10年），发电厂在电力系统中的位置和作用，本期和远景与系统连接方式，各级电压中性点接地方式等。

3) 负荷情况：负荷的性质及其地理位置、输电电压等级、出线回数及输送容量等。

4) 环境条件：当地的气温、湿度、覆冰、污秽、地质、水文、海拔及地震烈度等。

5) 设备制造情况：各种电气设备的性能、制造能力和供应情况。

（2）电气主接线的方案比较与确定：主变压器（简称主变）选择、各级电压接线方式（本期及远景）以及分期过渡接线等设计。

（3）厂用电及供电方式选择设计。

（4）短路电流计算：确定主接线的运行方式，绘制等值网络图，计算各短路计算点的三相短路电流。

（5）选择主要电气设备：主变、断路器、隔离开关、电抗器、互感器、消弧线圈、避雷器、绝缘子、导线和电缆等，并汇总电气设备表。

（6）屋内、外配电装置的布置：根据发电厂类型和地理位置，初步拟定变压器、开关站及厂内电气设备的布置方案。

（7）绘制工程设计图纸：电气主接线单线图、厂用电接线图和配电装置布置图。

（8）绘制电气一次设备概算表。

（9）编写设计说明书：设计任务书，所采用的基本资料和原始数据，方案选择论证，主要计算方法和成果。其计算过程可作为附件列在说明书后面。

3. 课程设计文件

课程设计文件由说明书、设计图纸及概算表组成。要求文字说明简明扼要，有分析论证，并能正确地反映情况，说明问题。设计图纸应做到内容完整、清晰整齐。

第三节　课程设计任务书实例

《发电厂电气部分课程设计》任务书

一、目的与要求

本课程设计主要内容是发电厂电气部分设计，是电气工程及其自动化专业的学生学习了主要专业课程后的一次综合性训练，通常学时为两周。其目的是使学生巩固相关课程中学到的理论知识，初步掌握发电厂电气部分设计的一般原则及方法，学会应用设计手册及查阅相关技术资料，培养学生的独立分析和解决问题的能力，以及综合运用所学知识进行实际工程设计的基本技能。

二、主要内容

1. 课程设计的内容和要求

（1）电气主接线的方案比较。

（2）短路电流计算。

（3）电气设备的选择与校验。

（4）经济比较及最终方案的确定。

（5）厂用电设计。

（6）绘制设计图纸。

（7）编写设计说明书和计算书。

2. 原始数据

（1）电厂类型：火力发电厂。

（2）建设规模：

2×50MW，发电机端口电压 10.5kV，功率因数 $\cos\varphi=0.8$。

2×100MW，发电机端口电压 10.5kV，功率因数 $\cos\varphi=0.85$。

1×200MW 发电机端口电压 15.75kV，功率因数 $\cos\varphi=0.85$。

（3）电压等级：220/110/10kV。

（4）电厂出线：220kV 侧，4 回；110kV 侧，2 回；10kV 侧，12 回（电缆）。

（5）负荷情况：

110kV 侧：最大 70MW，最小 40MW，$T_{max}=5500h$，$\cos\varphi=0.9$。

10kV 侧：最大 20MW，最小 15MW，$T_{max}=5000h$，$\cos\varphi=0.9$。

（6）系统情况：220kV 侧母线短路电流标幺值为 25；110kV 对端无电源。

（7）厂用电率：8%。

（8）环境条件：

1）最高温度 40℃，最低温度－20℃，年平均温度 20℃。

2）土壤电阻率：$\rho<400\Omega\cdot m$。

3）当地雷暴日：35 日/年。

三、进度计划

序号	设计内容	完成时间	备注
1	教师讲课，学生熟悉设计题目		1天
2	拟定 5～7 初选方案，方案初步比较		1天
3	对选出的两种方案进行短路电流计算		2天
4	主要电气设备的选择和校验、经济比较和最终方案的确定并进行最终方案的其他电气设备的选择和校验		3天
5	厂用电设计，绘制设计图纸，编写设计说明书和计算书		2天
6	提交报告和图纸，进行答辩或笔试		1天

四、设计（实验）成果要求

（1）课程设计报告一份。

（2）图纸两张：

1）电气主接线图；

2）厂用电接线图。

五、考核方式

写报告、答辩或笔试。

学生姓名：__________

指导教师：__________

年 月 日

第二章　电气主接线设计

第一节　电气主接线的设计原则和基本要求

电气主接线是发电厂、变电站电气设计的首要部分，也是构成电力系统的主要环节，表明了发电机、变压器、线路和断路器等电气设备的数量和连接方式及可能的运行方式。电气主接线设计直接关系着全厂电气设备的选择、配电装置的布置、继电保护和自动装置的确定，关系着电力系统的安全、稳定、灵活和经济运行。由于电能生产的特点是发电、变电、输电和用电在同一时刻完成，所以电气主接线设计的好坏，也影响到工、农业生产和人民生活。电气主接线是保证电力系统安全可靠、灵活和经济运行的关键，是电气设备选择和布置、继电保护、控制计量、自动化设施等设计的原则和基础。电气主接线的设计是一个综合性的问题，必须在满足国家有关技术经济政策的前提下，综合考虑各方面影响因素，最终得到实际工程确认的最佳方案。

一、电气主接线的设计原则

1. 总体原则

(1) 以设计任务书为依据。设计任务书是根据国家经济发展及电力负荷增长率的规划，在进行大量的调查研究和资料搜集工作的基础上，对系统负荷进行分析及电力电量平衡，从宏观的角度论证建厂（站）的必要性、可能性和经济性，明确建设目的、依据、负荷及所在电力系统情况、建设规模、建厂条件、地点和占地面积、主要协作配合条件、环境保护要求、建设进度、投资控制和筹措、需要研制的新产品等，并经上级主管部门批准后提出的，因此是设计的原始资料和依据。

(2) 以国家经济建设的方针、政策、技术规范和标准为准则。国家经济建设的方针、政策、技术规范和标准是根据电力工业的技术特点、结合国家实际情况而制定的，是科学、技术条理化的总结，是长期生产实践的结晶，设计中必须严格遵循，特别应贯彻执行资源综合利用、保护环境、节约能源和水源、节约用地、提高综合经济效益和促进技术进步的方针。

(3) 结合工程实际情况，使电气主接线满足可靠性、灵活性、经济性和先进性要求。

2. 发电厂电气主接线设计原则

(1) 大型发电厂（总容量1000MW及以上，单机容量200MW以上），一般距负荷中心较远，电能需要用较高电压输送，故宜采用简单可靠的单元接线方式，直接接入高压或超高压系统，如发电机—变压器单元接线、发电机—变压器—线路单元接线。

中型发电厂（总容量200～1000MW、单机容量50～200MW）和小型发电厂（总容量200MW以下、单机容量50MW以下），一般靠近负荷中心，常带有6～10kV电压等级的附近区域负荷，同时升压送往较远用户或与系统连接。发电机电压超过10kV时，一般不设机压母线而以升高电压直接供电。全厂电压等级不宜超过3级（即发电机电压为1级，设置升高电压1～2级）。采用扩大单元接线时，组合容量一般不超过系统容量的8%～10%。

(2) 高压配电装置的接线。其接线分为两类：一类为有汇流母线的接线，包括单母线接线、单母线分段接线、双母线接线、双母线分段接线、3/2 断路器接线、4/3 断路器接线、双断路器接线、变压器—母线接线等；另一类为无汇流母线的接线，包括单元接线、桥形接线和多角形接线等。

高压配电装置的接线方式取决于发电厂在电力系统的地位、负荷的重要性、出线电压等级及回路数、设备特点、发电厂单机容量和规划容量，以及对运行稳定性、可靠性、灵活性、经济性的要求等条件。

1）6～10kV 配电装置常用接线有单母线接线、单母线分段接线、桥形接线等。当用于 1 台发电机或 1 台主变，出线回路数不超过 5 回时可采用单母线接线；当用于 2 台发电机或 2 台主变时，出线回路数为 6 回及以上时，可采用单母线分段接线。

2）35～63kV 配电装置常用接线有单母线接线、单母线分段接线、桥形接线、双母线接线等。当用于 1 台发电机或 1 台主变，出线回路数不超过 3 回时可采用单母线接线。当用于 2 台发电机或 2 台主变时，出线回路数为 4～8 回时，可采用单母线分段接线。当出线回路数超过 8 回时，或连接的电源较多、负荷较大、潮流变化大时可采用双母线接线。

3）110～220kV 配电装置常用接线有单母线接线、单母线分段接线、桥形接线、角形接线、双母线接线、3/2 断路器接线等。当用于 1 台发电机或 1 台主变，出线回路数不超过 2 回时可采用单母线接线。当用于 2 台发电机或 2 台主变时，出线回路数为 3～4 回时，可采用单母线分段接线。出线回路数为 4 回及以上时可采用双母线接线。300～600MW 级机组的 220kV 配电装置，当采用双母线接线不能满足电力系统稳定性和地区供电可靠性要求，可采用 3/2 断路器接线。

4）330～500kV 超高压配电装置接线，先要满足可靠性准则的要求，常用接线有 3/2 断路器接线、双母线多分段接线、变压器—母线组接线（即线路部分采用双母线双断路接线或 3/2 断路器接线，而主变直接经隔离开关接到母线上）、3～6 角形接线、环形母线多分段接线及 4/3 台断路器接线（即 1 个串有 4 个断路器，接 3 个回路）。当进线、出线回路数少于 6 回，如果满足系统稳定性和可靠性的要求，且系统远景发展有特殊要求时可采用双母线接线，远期可过渡到双母线分段接线。进线、出线回路数为 6 回及以上时，为限制故障范围或短路容量，可采用双母线单分段或双分段接线。在电力系统中具有重要地位的 330～750kV 配电装置，当进线、出线回路数为 6 回及以上时，宜采用 3/2 断路器接线。

5）桥形接线一般在 6～220kV 电压等级电气接线中采用。内桥接线适用于中、小容量的发电厂、变电站，并且变压器不经常切换或线路较长、故障率较高的情况。外桥接线适用于较小容量的发电厂、变电站，且变压器的切换较频繁或线路较短、故障率较低的情况。此外，线路有穿越功率时，也宜采用外桥接线。角形接线适用于最终进出线为 3～5 回的 110kV 及以上配电装置，对于 330kV 以上配电装置在过渡接线中也可采用。当系统对可靠性有较高要求时可采用双断路器接线。

（3）旁路母线的设置原则。

1）采用分段单母线接线或双母线接线的 110～220kV 配电装置，当断路器不允许停电检修时，一般需设置旁路母线。110～220kV 线路输送距离较长、功率大，一旦停电影响范围大，且断路器检修时间长（平均每年 5～7 天），因此设置旁路母线为宜。对于屋内型配电装置或采用 SF_6 断路器、SF_6 全封闭电器的配电装置，可不设旁路母线。主变的 110～220kV 侧断路器，宜接入旁路母线。当有旁路母线时，应首先采用以分段断路器或母联断路器兼作旁路断路器的接线。当220kV出线为5回线及以上、110kV出线为7回及以上时，一般装设专用的旁路断路器。

2）35～60kV配电装置中，一般不设旁路母线，因重要用户多为双回路供电，且断路器检修时间较短（平均每年2～3天）。若线路断路器不允许停电检修时，可设置其他旁路设施。

3）6～10kV配电装置，可不设旁路母线。对于出线回路数多或多数线路系向用户单独供电，以及不允许停电的单母线接线、单母线分段接线的配电装置，可设置旁路母线。采用双母线接线的6～10kV配电装置多不设旁路母线。

随着高压配电装置的SF_6断路器和真空断路器的普及，断路器灭弧性能大幅度提高，连续不检修运行时间不断增长；同时系统备用容量的增加、电网结构趋于合理与联系紧密、保护双重化的完善以及设备检修逐步由计划检修向状态检修过渡，为简化接线，总的趋势是将逐步取消旁路设施。

3. 变电站的电气主接线设计原则

变电站电气主接线的基本接线形式包括单母线接线、单母线分段接线、双母线接线、双母线分段接线、3/2断路器接线、双母线双断路器接线、单元接线、桥形接线和角形接线等。具体采用何种接线形式应根据变电站在系统中的地位、变电站的规划容量、负荷性质、进出线回路数和设备特点等条件确定，并应综合考虑供电可靠性、运行灵活性、操作检修方便、投资节约性以及便于过渡和扩建等要求确定。其具体设计原则与发电厂的电气主接线设计原则相类似。

在大容量变电站中，为了限制6～10kV出线上的短路电流，一般可采用下列措施：

（1）变压器分列运行；

（2）在变压器回路中装设分裂电抗器或电抗器；

（3）采用低压侧为分裂绕组的变压器；

（4）出线上装设电抗器。

二、电气主接线设计的基本要求

电气主接线设计的基本要求：保证必要的供电可靠性，具有一定的灵活性、经济性。

1. 可靠性

供电可靠性是电力生产和分配的首要要求，电气主接线也必须满足这个要求。在研究电气主接线可靠性时，应全面地看待以下几个问题：

（1）可靠性的客观衡量标准是运行实践，评价一个电气主接线的可靠性时，应充分考虑长期积累的运行经验。我国现行设计技术规程中的各项规定是对运行实践经验的总结，设计时应予遵循。

（2）电气主接线的可靠性，是由其各组成元件（包括一、二次设备）的可靠性的综合。因此电气主接线设计要同时考虑一、二次设备的故障率及其对供电的影响。

（3）可靠性并不是绝对的，同样的电气主接线对某发电厂（变电站）是可靠的，而对另一些发电厂（变电站）则可能还不够可靠。因此，评价可靠性时不能脱离发电厂（变电站）在系统中的地位和作用。

衡量电气主接线运行可靠性的准则是：

（1）断路器检修时，能否不影响供电。

（2）线路、断路器或母线故障以及母线检修时，停运出线回路数的多少和停电时间的长短，以及能否保证对重要用户的供电。

（3）发电厂、变电站全部停运的可能性。

（4）对大机组超高压情况下的电气主接线，应满足可靠性准则的要求。

1）对于单机（或扩大单元）容量在300MW及以上的发电厂，可靠性准则为：①任何断路器检修，不得影响对用户的供电；②任一进、出线断路器故障或拒动，不应切除1台以上机组和相应的线路；③任一台断路器检修和另一台断路器故障或拒动相重合时，以及分段或母联断路器故障或拒动时，都不应切除2台以上机组和相应线路；④经论证，在保证系统稳定和发电厂不致全停的条件下，允许切除2台以上300MW机组。

2）对于330～500kV变电站电气主接线，可靠性准则为：①任何断路器检修，不得影响对用户的供电；②任一台断路器检修和另一台断路器故障或拒动相重合时，不宜切除2回以上超高压线路；③一段母线故障（或连接在母线上的进出线断路器故障或拒动），宜将故障范围限制到不超过整个母线的1/4，当分段或母联断路器故障时，其故障范围宜限制到不超过整个母线的1/2；④经过论证，在保证系统稳定的条件下，才允许故障范围大于上述要求。

我国正在对可靠性的定量计算进行研究，一方面要逐步积累一套适合我国实际情况的可靠性计算基础数据，另一方面要建立较准确的可靠性计算方法。所以目前试用的可靠性计算方法，仅能作为选择电气主接线时的参考。

2. 灵活性

电气主接线的灵活性要求有以下几方面：

（1）调度灵活，操作简便。应能灵活地投入（或切除）某些机组、变压器或线路，以及调配电源和负荷；能满足系统在事故、检修及特殊运行方式下的调度要求。

（2）检修安全。应能方便地停运断路器、母线及其继电保护设备，进行安全检修而不影响电网的正常运行及对用户的供电。

（3）扩建方便。应能容易地从初期过渡到最终接线，使在扩建过渡时，一、二次设备等所需的改造最少。

3. 经济性

在满足技术要求的前提下，电气主接线的设计应做到经济合理。

（1）投资省。电气主接线应简单清晰，以节约断路器、隔离开关等一次设备投资；要使控制、保护方式不过于复杂，以利于运行并节约二次设备和电缆投资；要适当限制短路电流，以便选择价格合理的电气设备；在终端变电站中，应推广采用直降式（110/6～10kV）变电站，以质量可靠的简易电气设备代替高压侧断路器。

（2）占地面积小。电气主接线设计要为配电装置的布置创造条件，以便节约用地和节省架构、导线、绝缘子及安装费用。在运输条件许可的地方，都应采用三相变压器。

（3）电能损耗少。经济合理地选择主变的型式、容量和台数，避免多次变压而增加电能损失。

第二节　电气主接线的设计程序和设计步骤

一、电气主接线的设计程序

电气主接线的设计伴随着发电厂或变电站的整体设计进行。发电厂和变电站基本建设的程序一般分为初步可行性研究、可行性研究、初步设计、施工图设计四个阶段。

(1) 初步可行性研究。电气专业配合系统规划设计提出建厂(站)的必要性、负荷及出线条件等，并与相关部门一起进行建厂条件的调查分析，提供拟建厂(站)的地址、规模、分批投资控制和筹资措施，编制项目建议书。

(2) 可行性研究。该阶段落实建厂(站)的条件，明确主要设计原则，提供投资估算与经济效益评价。电气专业需与系统设计配合提出电气主接线方案，并提供需要与相关专业协调的设备选型与布置、土建与交通等资料，编制设计任务书。

(3) 初步设计。根据上级批复的设计任务书，提出主要技术原则和建设标准，以及主要设备的投资概算。初步设计必须遵循国家及行业的规程规范，建设标准合理，技术先进可靠，重大设计原则和方案通过充分的比选，提出推荐优化方案供上级审查；要积极、慎重地采用新技术和新设备，提供准确的设计概算，满足控制投资、计划安排拨款的要求；设计同时组织主要设备订货，为施工图设计提供依据。

(4) 施工图设计。根据初步设计审查文件和主要设备落实情况，提出符合质量和深度要求的施工图和说明书，满足施工、安装和订货要求。

在教学中进行的课程设计和毕业设计，下达设计任务书之前所进行的工作属可行性研究阶段；在设计内容上相当于实际工程中的初步设计，其中部分设计内容可达到技术设计要求的深度。

二、电气主接线设计步骤

(一) 对原始资料分析

1. 本工程情况

本工程情况包括发电厂类型、规划装机容量(近期、远景)、单机容量及台数、可能的运行方式及年最大利用小时数等。

(1) 总装机容量及单机容量标志着发电厂的规模和在电力系统中的地位及作用。当总装机容量超过系统总容量的15%时，该发电厂在系统中的地位和作用至关重要。其单机容量的选择不宜大于系统总容量的10%，以保证在该机组检修或故障情况下系统供电的可靠性。另外，为使生产管理及运行、检修方便，一个发电厂内单机容量以不超过两种为宜，台数以不超过6台为宜，且同容量的机组应尽量选用同一型式。

(2) 运行方式及年最大负荷利用小时数直接影响主接线的设计。例如，核电站及单机容量200MW以上的火电厂，主要是承担基荷，年最大负荷利用小时数在5000h以上，其主接线应以保证供电可靠性为主进行选择；水电站有可能承担基荷(如丰水期)、腰荷和峰荷，年最大负荷利用小时数在3000～5000h，其主接线应以保证供电调度的灵活性为主进行选择。

2. 电力系统情况

电力系统情况包括系统的总装机容量、近期及远景(5～10年)发展规划；归算到本厂高压母线的电抗；本厂(站)在系统中的地位和作用，近期及远景与系统的连接方式，以及各电压等级中性点接地方式等。

发电厂在系统中处于重要地位时其主接线要求较高。系统的归算电抗在主接线设计中主要用于短路计算，以便选择电气设备。发电厂与系统的连接方式也与其地位和作用相适应。

例如，中、小型火电厂通常靠近负荷中心，常有 6～10kV 地区负荷，仅向系统输送不大的剩余功率，与系统之间可采用单回弱联系方式；大型发电厂通常远离负荷中心，其绝大部分电能向系统输送，与系统之间则采用双回或环形强联系方式。

电力系统中性点接地方式是一个综合性问题。我国 33kV 及以下电力系统中性点采用非直接接地（不接地或经消弧线圈、经电阻接地），又称小电流接地系统；对 110kV 及以上电力系统中性点均采用直接接地，又称大电流接地系统。电力系统的中性点接地方式决定了主变中性点的接地方式。发电机中性点采用非直接接地，其中 125MW 及以下机组的中性点采用不接地或经消弧线圈接地，200MW 及以上机组的中性点采用经高电阻接地。

3. 负荷情况

负荷情况包括负荷的地理位置、电压等级、出线回路数、输送容量、负荷类别、最大及最小负荷、功率因数、负荷增长率、年最大负荷利用小时数等。

对于一级负荷应由两路独立电源供电；二级负荷一般由两路电源供电；三级负荷一般可由一路电源供电。

4. 其他情况

其他情况包括环境条件、设备制造情况等。当地的气温、湿度、覆冰、污秽、风向、水文、地质、海拔及地震等环境条件，对电气主接线中电气设备的选择、厂房和配电装置的布置等均有影响。为使所设计的电气主接线具有可行性，必须对主要设备的性能、制造能力、价格和供货等情况进行汇集、分析、比较，以保证设计的先进性、经济性和可行性。

（二）电气主接线方案的拟定与选择

在分析原始资料的基础上，根据对电源和出线回路数、电压等级、变压器的台数和容量以及母线结构等的不同考虑，可拟定出若干可行的电气主接线方案（本期和远期）。

依据对电气主接线的基本要求，从技术上论证各方案的优、缺点，对地位重要的大型发电厂或变电站要进行可靠性的定量计算、比较，淘汰一些明显不合理的、技术性较差的方案，保留 2～3 个技术上相当的、满足任务书要求的较优方案。

1. 对较优方案进行详细比较

对所保留的 2～3 个技术上较优方案进行经济计算，并进行全面的技术、经济比较，确定最优方案。

（1）短路电流计算和主要电气设备的选择。按不同电压等级各类电气设备选择与校验的要求，确定电气主接线的各个短路计算点，进行短路电流计算，并合理选择、校验主要电气设备（断路器、隔离开关等）。

（2）经济比较。对参与比较的电气主接线方案，分别进行综合投资（Z）和年运行费用（u）两大项进行综合效益比较。综合总投资主要包括变压器、配电装置等主体设备的综合投资及不可预见的附加投资。年运行费用主要包括一年中变压器的电能损耗费，小修、维护费及折旧费等。

在参加经济比较的方案中，综合投资（Z）和年运行费用（u）均为最小的方案应优先选用。如果不存在这种情况，即虽然某方案的 Z 为最小，但其 u 不是最小，或反之，则应进一步进行经济比较。目前，我国采用的经济比较方法有静态比较法和动态比较法两种。

2. 对最优方案的进一步设计

(1) 选择、校验最优方案的电气设备。

(2) 绘制电气主接线图。对最终确定的电气主接线，按工程要求，绘制电气主接线图、部分施工图，撰写技术说明书和计算书。

电气主接线一般按正常运行方式绘制，采用全国通用的图形符号和文字符号，并将所用设备的型号、发电机主要参数、母线及电缆截面等标注在单线图上。单线图上还应示出电压互感器、电流互感器、避雷器等设备的配置及其一次接线方式，以及主变接线组别和中性点的接地方式等。

第三节　主变压器的选择

一、主变压器容量和台数的确定

变压器的额定容量，即铭牌容量，是指在规定的环境温度下变压器在正常使用年限内（20～30 年）所能连续输送的最大容量。选择变压器容量时应充分考虑运行环境温度、负载对变压器使用寿命的影响。

（一）单元接线主变压器的选择

对于 200MW 及以上发电机组，一般与双绕组变压器组成单元接线。单元接线的主变，其容量和台数与发电机容量配套选用，即发电机的额定容量扣除本机组的厂用负荷后，留有 10%的裕度。变压器额定容量的计算式为

$$S_{TN}=1.1P_{GN}(1-K_p)/\cos\varphi_G \tag{2-1}$$

式中 S_{TN}——变压器的额定容量，MVA；

P_{GN}——发电机的额定有功功率，MW；

$\cos\varphi_G$——发电机的功率因数；

K_p——厂用电率，%。

采用扩大单元接线时，应尽可能采用分裂绕组变压器。

（二）中、小型发电厂变压器的选择

(1) 为节约投资及简化布置，主变应选用三相式。

(2) 为保证发电机电压母线上的出线供电可靠，接在发电机电压母线上的主变一般不少于 2 台。此时主变容量的确定原则如下：

1) 当发电机全部投入运行时，在满足发电机电压母线的最小负荷，并扣除厂用负荷后，主变应能将发电机电压母线上的剩余功率送入系统。变压器额定容量的计算式为

$$S_{TN}=[\sum P_{GN}(1-K_p)/\cos\varphi_G-P_{min}/\cos\varphi]/n \tag{2-2}$$

式中 $\cos\varphi$——负荷的功率因数；

P_{min}——发电机电压母线上的最小负荷，MW；

n——变压器台数。

2) 发电机电压母线上的最大一台发电机停运时，主变能从电力系统倒送功率，能满足

发电机电压母线上的最大负荷用电要求。变压器额定容量的计算式为

$$S_{TN}=[P_{max}/\cos\varphi-\sum P'_{GN}(1-K_p)/\cos\varphi_G]/n \tag{2-3}$$

式中 $\sum P'_{GN}$——发电机电压母线上除最大一台机组外其他发电机容量之和，MW；

P_{max}——发电机电压母线上的最大负荷，MW。

3）若发电机电压母线上接有2台及以上主变时，当其中容量最大的一台因故退出运行时，其他主变应能将母线最大剩余功率的70%以上送至系统。变压器额定容量的计算式为

$$S_{TN}=[\sum P_{GN}(1-K_p)/\cos\varphi_G-P_{min}/\cos\varphi]\times 70\%/(n-1) \tag{2-4}$$

4）在电力市场环境下，中、小火电机组的高成本电量面临“竞价上网”的约束，特别是在夏季丰水季节处于不利地位，加之“以热定电”的中、小热电厂在夏季热力负荷减少的情况下，可能停用火电厂的部分或全部机组，主变压器应具有从系统倒送功率的能力，以满足发电机电压母线上最大负荷的要求。变压器额定容量的计算式为

$$S_{TN}=[P_{max}/\cos\varphi-\sum P''_{GN}(1-K_p)/\cos\varphi_G]/n \tag{2-5}$$

式中 $\sum P''_{GN}$——发电机电压母线上停用部分机组后，其他发电机容量之和，MW。

对式（2-2）～式（2-5）计算结果进行比较，取其中最大者。

（3）在发电厂有两种升高电压的情况下，当机组容量为125MW及以下时，从经济上考虑，一般采用三绕组变压器，但每个绕组的通过功率应达该变压器容量的15%以上。三绕组变压器一般不超过2台。有两种升高电压时变压器容量的确定原则如下：

1）变压器容量应能满足所联络的两种电压网络之间在各种不同运行方式下的功率交换。

2）变压器容量一般不应小于接在两种电压母线上的最大一台机组容量，以保证最大一台机组检修或故障时，通过变压器来满足本侧负荷的需求；同时也可在线路检修或故障时，通过变压器将剩余功率送入另一侧系统。

（4）在高、中压系统均为中性点直接接地系统的情况下，可考虑采用自耦变压器。在送电方向主要是由低、中压侧向高压侧送电时，或当高、中压系统交换功率较大时，将降压型自耦变压器作为高、中压联络变压器使用较为合理，但其低压绕组不与发电机连接、不供负荷或仅供少量厂用负荷或作厂用备用电源。当经常由低、高压侧向中压侧送电，或由低压侧向高、中压侧送电时，不宜使用自耦变压器。

（5）对潮流方向不固定的变压器，经计算采用普通变压器不能满足调压要求时，可采用有载调压变压器。

（三）变电站主变压器的选择

（1）主变台数。为保证供电可靠性，变电站一般装设2台主变。当只有一个电源或变电站可由低压侧电网取得备用电源给重要负荷供电时，可装设1台。对于大型枢纽变电站，根据工程具体情况，可安装2～4台主变。

（2）主变容量。主变容量应根据5～10年的发展规划进行选择，并应考虑变压器正常运行和事故时的过负荷能力。

对配备2台变压器的变电站，每台变压器额定容量一般按下式选择：

$$S_{TN}=0.7S_{max} \tag{2-6}$$

式中 S_{max}——变电站最大负荷，MVA。

其中一台（组）故障停运后，其余主变的容量应保证该站全部负荷的70%，考虑变压

器的事故过负荷能力30%，则可保证对一、二级负荷的供电。

我国变压器在正常运行状态和故障状态下的过负荷能力规定如下：

1）在高峰负荷期间允许过负荷倍数和持续运行时间见表2-1。

表2-1 油浸式变压器在高峰负荷期间允许过负荷倍数和持续运行时间

过负荷倍数	过负荷上层油温（℃）						
	17	22	28	33	39	44	50
	允许持续运行时间（min）						
1.05	350	325	290	240	180	90	
1.10	230	205	170	130	145	10	
1.15	170	145	110	80	35		
1.20	125	100	75	45			
1.25	95	75	50	25			
1.30	70	50	30				
1.35	55	35	15				
1.40	40	25					
1.45	25	10					
1.50	15						

2）当一台变压器故障停用时，另一台变压器在故障状态下过负荷能力分别见表2-2和表2-3。

表2-2 油浸式变压器在故障状态下允许过负荷倍数和持续时间

过负荷倍数		1.3	1.6	1.75	2.0	2.4	3.0
允许时间（min）	户内	60	15	8	4	2	0.8
	户外	120	45	20	10	3	1.5

表2-3 干式变压器在故障状态下允许过负荷百分数和持续时间

过负载百分数	20%	30%	40%	50%	60%
允许时间（min）	60	45	32	18	5

二、主变压器型式的选择

（一）相数的选择

主变采用三相还是单相，主要考虑变压器的制造条件、可靠性要求及运输条件等因素。选择主变相数的原则如下：

（1）当不受运输条件限制时，330kV及以下发电厂应选用三相变压器。

（2）当发电厂与系统连接的电压为500kV及以上时，宜经技术经济比较后，确定选用三相变压器或单相变压器组。对于单机容量为300MW并直接升压到500kV的，宜选用三相变压器。

（3）机组容量为600MW及以下单元接线的主变，若不受运输条件的限制，宜采用三相变压器；机组容量为1000MW级单元接线的主变应综合考虑运输和制造条件，确定选用单相变压器组或三相变压器。

（二）绕组和连接方式的选择

1. 主变压器绕组的数量

（1）只有一种升高电压向用户供电或与系统连接的发电厂，以及只有两种电压的变电站，采用双绕组变压器。

（2）有两种升高电压向用户供电或与系统连接的发电厂，以及有三种电压的变电站，可以采用双绕组变压器或三绕组变压器。

1）当最大机组容量为125M及以下，而且变压器各侧绕组的通过容量均达到变压器额定容量的15%及以上时，应优先考虑采用三绕组变压器。

2）当最大机组容量为200MW及以上时，采用发电机—双绕组变压器单元接线；如高压和中压间需要联系时，加联络变压器。

3）联络变压器一般应选用三绕组变压器，其低压侧可接高压厂用起动/备用变压器，也可用来连接无功补偿装置。

（3）若发电厂中接入电力系统的机组容量相对较小，与电力系统不匹配，且技术经济合理时，可将2台发电机与1台双绕组变压器（或分裂绕组变压器）与电力系统连接，做扩大单元接线；也可将两组发电机各自连接一台双绕组变压器，两台双绕组变压器高压侧共用一台高压侧断路器，做联合单元接线。

（4）当燃机电厂调峰的发电机组采用发电机—变压器组单元制接线时，宜采用双绕组变压器用一种升高电压与电力系统连接。

2. 绕组连接方式

电力系统采用的绕组连接方式只有Y形和△形，高、中、低三侧绕组如何组合要根据具体工程来确定。我国110kV及以上电压等级，变压器绕组都采用Y_0连接；35kV也多采用Y形连接，其中性点多通过消弧线圈或电阻接地；35kV及以下，变压器绕组多采用△形连接。

（三）分裂绕组变压器和自耦变压器的选择

1. 分裂绕组变压器的一般选用

分裂绕组变压器一般使用在扩大单元接线中，多用于以下情况：

（1）当发电厂占地面积特别窄小，必须压缩配电装置间隔时，有时采用两台发电机接一台变压器的扩大单元接线。

（2）单机容量只占系统容量的1%～2%（或更小），而发电厂与系统的连接电压又较高，如50MW机组升压到220kV、100MW机组升压到330kV、200MW机组升压到500kV，由于单机容量偏小，采用单元制接线的经济性差。

2. 自耦变压器的一般选用

当变压器要与110kV及以上的两个中性点直接接地系统相连接时，可优先采用自耦变压器。自耦变压器与同容量的普通变压器相比具有很多优点，如消耗材料少，造价低；有功和无功损耗少，效率高；由于高中压绕组的自耦联系，阻抗小，对改善系统稳定性有一定作用；还可扩大变压器极限制造容量，便利运输和安装。

自耦变压器一般用于以下情况：

（1）单机容量在125MW及以下，且两级升高电压均为直接接地系统，其送电方向主要由低压送向高、中压侧，或从低压和中压送向高压侧，而无高压和低压同时向中压侧送电要求。此时自耦变压器可作发电机升压之用。

（2）单机容量在200MW及以上时，用来作高压和中压系统之间联络用的变压器。

发电厂的三绕组变压器一般为低压侧向高、中压侧供电，应选用升压型。变电站的三绕组变压器，如果以高压侧向中压侧供电为主，向低压侧供电为辅，则选用降压型；如果以高压侧向低压侧供电为主，向中压侧供电为辅，也可选用升压型。

三、变压器的型号

变压器型号由字母和数字组成，其具体含义如下：

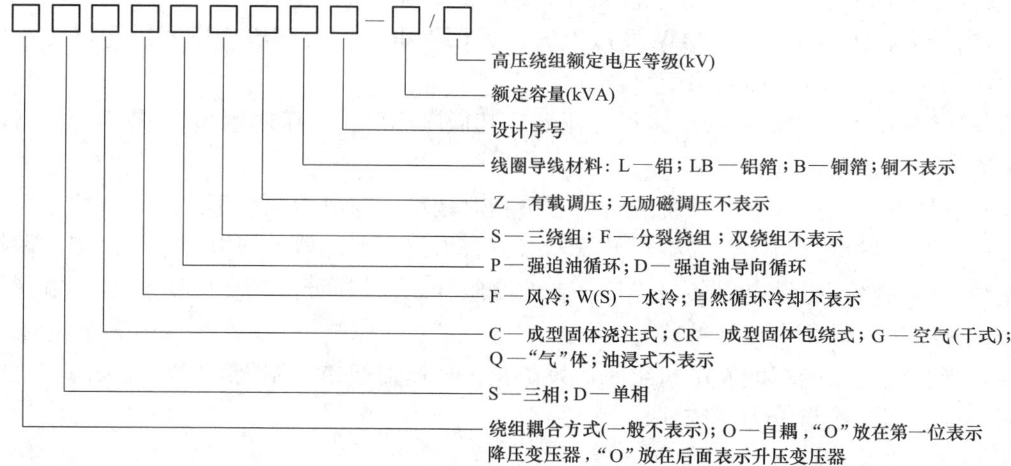

第四节　电气主接线方案设计与初步选择实例

一、原始资料分析

1. 原始资料内容

（1）参照第一章第三节中的原始资料，该工程情况如下：发电厂类型为火力发电厂，则其对应机组为汽轮发电机，设计规划容量为：2×50MW和2×100MW，功率因数分别为0.8、0.85，机端电压分别为10.5kV；1×200MW，功率因数为0.85，机端电压为15.75kV。

（2）220kV电压等级直接连接电力系统，出线4回，其中220kV母线短路电流标幺值为25。

（3）负荷分析。110kV侧母线最大负荷70MW，最小负荷40MW，最大负荷利用小时数为5500h，功率因数为0.9，出线2回。

10kV侧母线最大负荷20MW，最小负荷15MW，最大负荷利用小时数5000h，功率因数为0.9，出线12回（电缆）。

2. 原始资料的分析

由于发电厂的类型、容量、地理位置和在电力系统中的地位、作用、馈线数目、输电距离以及自动化程度等因素，对不同发电厂或变电站的要求各不相同，所采用的电气主接线形式也就各异。

通过对原始资料分析，该发电厂是地方性火力发电厂，通常建设在城市附近或工业中心。随着我国近年来为提高能源利用率和环境保护的要求，对小火电实行关停的决策，当前在建或运行的地方性火电厂多为热力发电厂，以推行热电联产。发电厂生产的电能大部分都用发电机电压直接馈送给地方用户，剩余电能以升高电压送往电力系统。

（1）10kV 侧母线为发电机电压母线，主要是向附近的地方用户供电。由于电压等级较低，但考虑到其出线较多，为避免当母线故障时造成 10kV 侧全面停电，较宜采用双母线分段。母线分段断路器上串接有母线电抗器，若是电缆馈线可串接出线电抗器，分别用于限制发电厂内部故障和出线故障时的短路电流，以便于选择轻型断路器和其他电气设备。该发电机电压母线上连接的发电机组单机容量不宜超过 60MW，而总容量不宜超过 200MW。

（2）110kV 侧主要也是向地区供电，可采用单母线分段接线即可保证必要的可靠性和灵活性。其出线回路较少，有 2 回，亦可采用桥形接线，在线路故障或切除、投入时，不影响其余回路工作，操作简单，节省投资。若不考虑扩建性，还可考虑角形接线，操作方便，可靠性较高。

（3）220kV 侧出线由于电压等级高、输送功率大、送电距离较远，或与电力系统联系紧密，停电影响较大，采用双母线接线，可靠性和灵活性都较好。出线回路较多时，可采用带旁路母线的接线。

（4）发电机组接在中、高压母线上，均采用单元接线，便于实现机、炉、电单元集中控制，也避免了发电机电压等级的电能多次变压送入系统，从而减少了损耗。

（5）由于该发电厂有 220/110/10kV 三个电压等级，故可采用三绕组变压器作为主变兼做联络变压器，将不同电压等级的母线通过三绕组变压器联系起来成为一个系统；也可采用 2 台双绕组变压器做主变，另外采用 1 台双绕组变压器或者自耦变压器做联络变压器。

二、发电厂电气主接线初步方案的设计及选择

考虑上述要求的前提下，由于可靠性、灵活性、经济性无法全部同时满足，因此设计出以下六种各具特色的电气主接线方案。

方案一

方案一的电气主接线设计如图 2-1 所示。

（1）10kV 电压等级。此电压等级出线回路为 12 回，电压较低，其负荷也较小，确定为双母线分段接线形式。为了限制短路电流，选择轻型电气设备，应在分段处加装母线电抗器，在各条电缆出线上装设出线电抗器。2 台 50MW 的发电机组分别接在两分段母线上，给附近负荷供电。

这里采用两个双绕组变压器来连接 110kV 和 10kV 电压等级。10kV 母线侧的电源供当地负荷，剩余电能输送到 110kV 侧，采用 2 台双绕组变压器作为主变。由 1 台自耦变压器作为联络变压器连接中压（110kV）、高（220kV）压侧电压网络，低压侧可作为发电厂厂用电的备用电源，当厂用工作电源失去后，向厂用机械负荷供电。

（2）110kV 电压等级。此电压等级出线回路为 2 回，采用单母线分段接线形式，接线简单，操作方便，并且能够满足一定的供电可靠性和灵活性，母线便于向两端延伸，扩建方便。进线从 10kV 侧送来剩余容量满足 110kV 侧最大负荷要求。若因机组检修等故障时容量不足，不能满足负荷要求，则由联络变压器从 220kV 侧取得负荷功率。

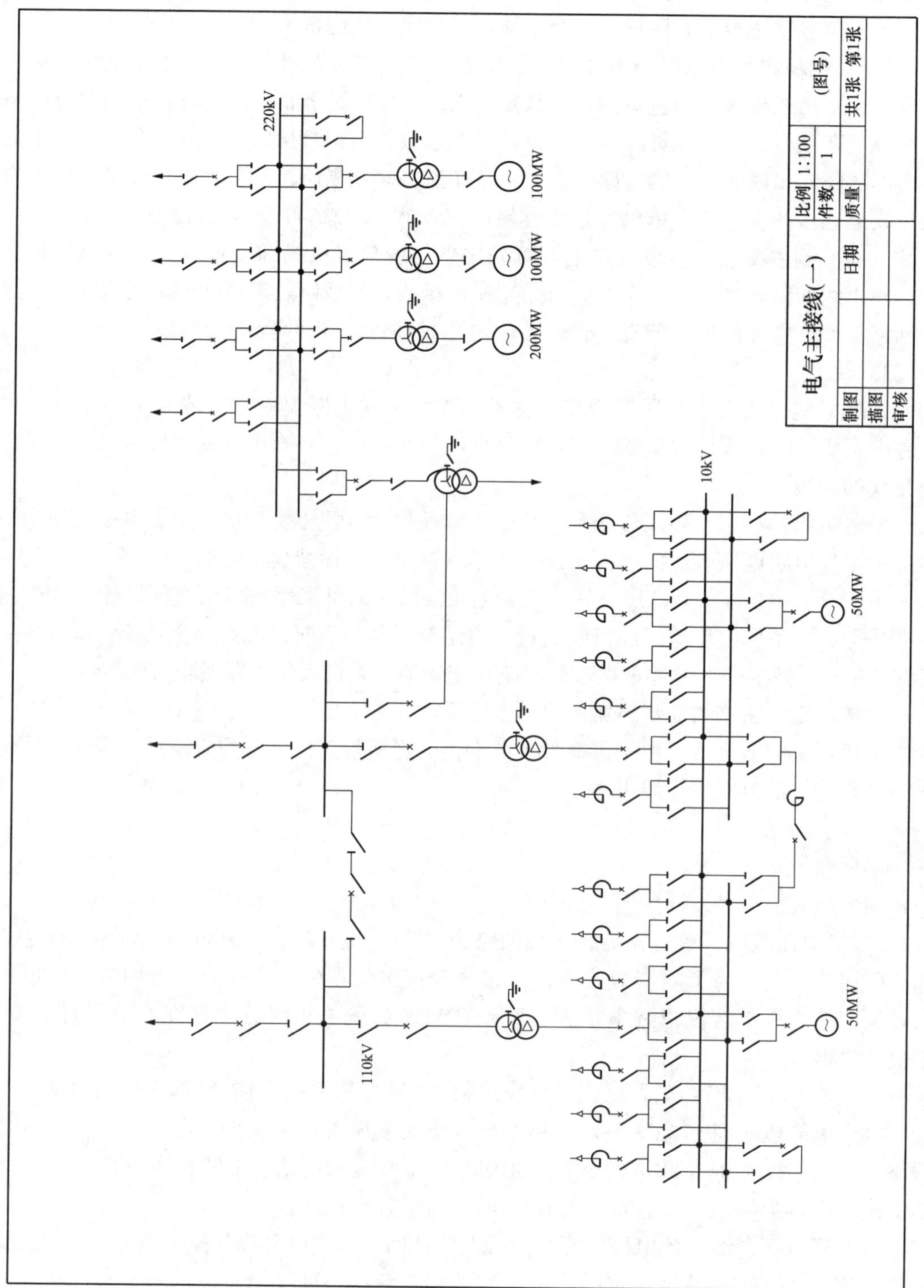

图 2-1　电气主接线设计（方案一）

（3）220kV 电压等级。此电压等级出线回路为 4 回，其与系统相连，较为重要。考虑采用双母线接线形式，该接线可保证检修母线时不致使供电中断，具有较好的可靠性和灵活性，容易实现扩建和改造。该电压等级通过联络变压器与 110kV 电压网络连接。单机容量为 100MW 和 200MW 的发电机组均采用单元接线接入 220kV 母线，这样可以直接将发电机发出的电能送入系统。

（4）方案缺点：

1）110kV 母线检修或故障，该母线上的电源和出线将停运；

2）双母线接线形式，隔离开关作为操作电器，容易发生误操作。

方案二

方案二的电气主接线设计如图 2-2 所示。

（1）10kV 电压等级。采用双母线分段接线形式，原因与方案一相同。两台 50MW 机组分别接在两分段母线上，给附近负荷供电，剩余功率通过主变送往 110kV 和 220kV。

采用 2 台三绕组变压器来连接 220、110、10kV 电压等级。在任意一侧电压等级发生故障之后，可以保证另外两个电压等级的互联，保证供电可靠性。

（2）110kV 电压等级。此电压等级出线回路为 2 回，面向地区供电，采用桥形接线，接线简单，节省投资。三绕组变压器容量利用率高，故采用内桥接线，线路侧故障可以减小停电范围。线路供电负荷由 10kV（机压母线）侧电源提供。

（3）220kV 电压等级。采用双母线接线形式，原因与方案一相同。可以轮流检修任一组母线，且不需要停电，保证可靠性，具有较好的灵活性，扩建方便。单机容量为 100MW 和 200MW 的机组均采用单元接线，接入 220kV 母线，直接将发电机发出的电能送入系统。

（4）方案缺点：

1）内桥接线变压器故障停电范围大且不易扩建；

2）110kV 侧没有接入发电机组，则对其输送功率的变压器容量相对较大，成本有所增加。

方案三

方案三的电气主接线设计如图 2-3 所示。

（1）10kV 电压等级。采用双母线分段接线形式，原因与之前方案相同。

本方案采用 2 台三绕组变压器来连接 220、110kV 和 10kV 等级电压。主要的潮流方向还是 10kV（机压母线）侧向 110kV 侧供电，当任意一侧电压等级发生故障之后可以保证另外两个电压等级的互联。

（2）110kV 电压等级。采用单母线分段接线形式的原因与之前相同，保证必要的可靠性和灵活性。根据本地区电网特点，该发电厂电源并不集中在 110kV 侧，单母线分段接线形式向负荷供电，可满足供电要求，出线回路较少，故不需设置旁路设施。110kV 侧的负荷功率主要从 10kV 母线上获取，2 台 50MW 的机组与 10kV 母线相连，可满足两个电压等级上的负荷需求。

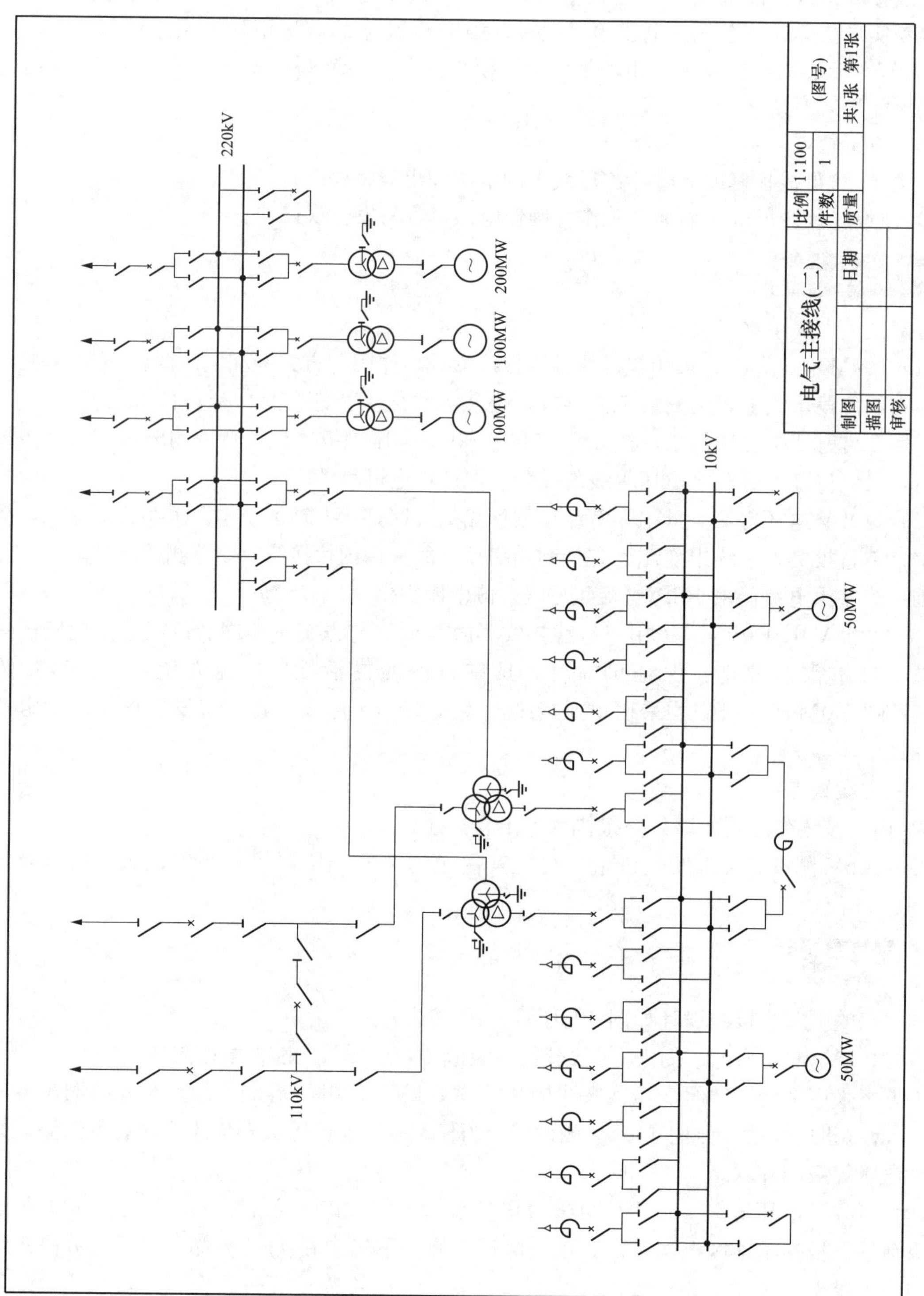

图 2-2 电气主接线设计（方案二）

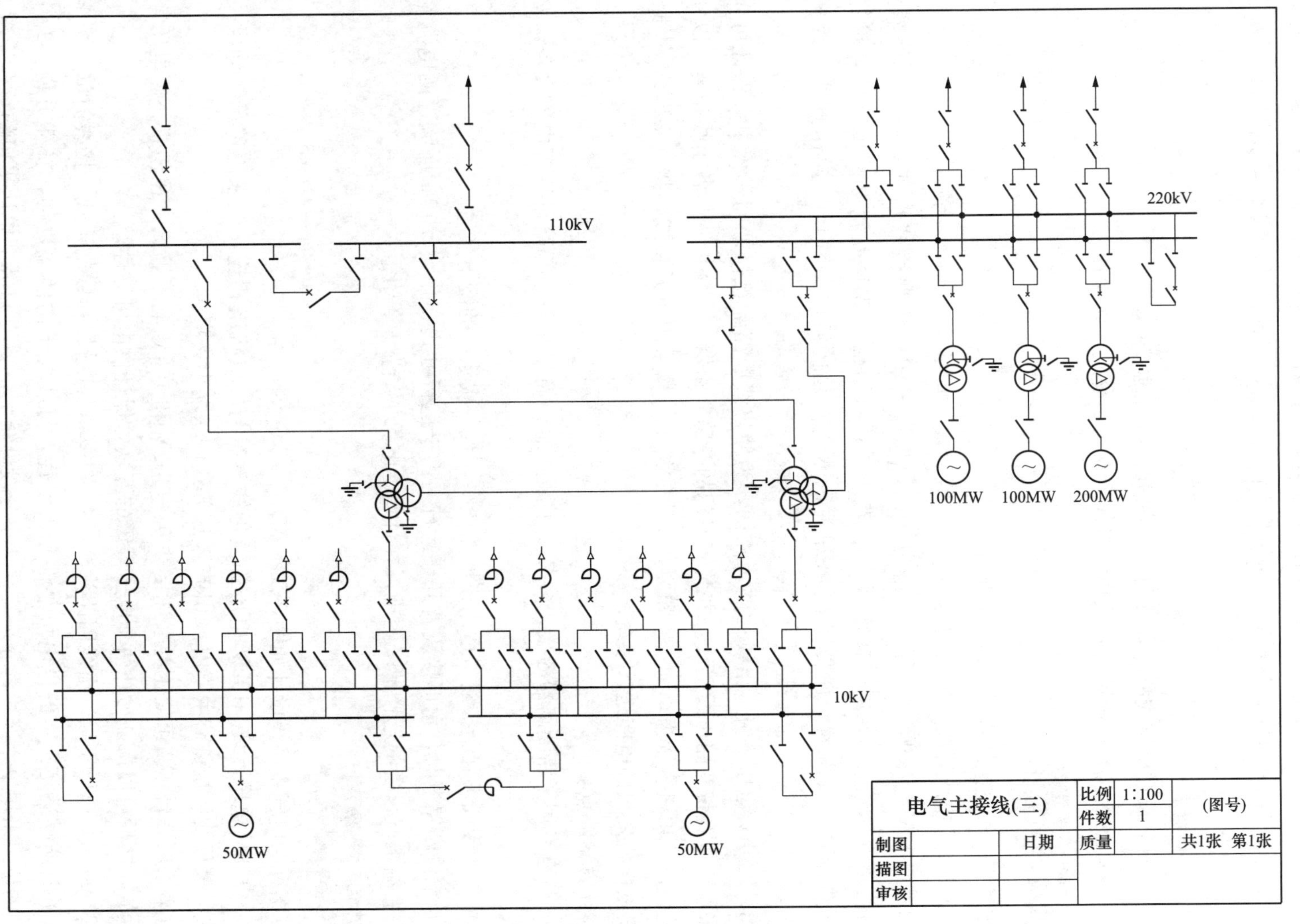

图 2-3　电气主接线设计（方案三）

（3）220kV 电压等级。采用双母线接线形式的原因与之前相同。双母线接线相对单母线分段接线供电可靠性较好，调度灵活。各个电源和各回路负荷可以任意分配到某一组母线上，所以当该母线检修时，该母线上的回路不需要停电，保证正常母线不间断供电和不致使重要用户停电。

（4）方案缺点：

1）110kV 母线检修或故障，该母线上的电源和出线将停运；

2）双母线接线形式，隔离开关作为操作电器，容易发生误操作。

方案四

方案四电气主接线设计如图 2-4 所示。

（1）10kV 电压等级。采用双母线分段接线形式，原因与之前方案相同。

（2）110kV 电压等级。出线回路为 2 回，也可采用四角形接线形式。四角形接线，2 条回路接变压器，2 条回路接出线，形成一个环状结构，故具有较好的可靠性，检修任一断路器时，只需断开两侧的隔离开关，不会引起任何回路停电，操作方便，经济性较好。

（3）220kV 电压等级。出线回路为 4 回，为使出线断路器检修期间不停电，保证可靠性，采用双母线带旁路母线接线，并装有专门的旁路断路器，旁路母线与各出线相连，以便不停电检修。单机容量为 100MW 和 200MW 的机组，均采用单元接线，接入 220kV 母线，直接将发电机发出的电能送入系统。

（4）方案缺点：

1）带有专用旁路断路器的接线多装设了断路器、隔离开关和旁路母线等电气设备，增加了投资；

2）角形接线不利于扩建，适用于回路较少，且一次建成的配电装置；

3）检修断路器时，角形接线就开环运行，由于运行方式变化大，其中所流过的电流差别大，会给电气设备的选择带来困难，并且使继电保护装置复杂化。

方案五

方案五的电气主接线设计如图 2-5 所示。

（1）10kV 电压等级。10kV 电压等级母线没有与发电机组相连，故采用单母线分段接线形式。该母线所接负荷主要由 110kV 电压等级倒送功率来提供。

方案采用 2 台三绕组变压器来连接 220、110kV 和 10kV 电压等级。在任意一侧电压等级发生故障之后可以保证另外两个电压等级的互联，保证供电可靠性。

（2）110kV 电压等级。出线回路为 2 回，采用单母线分段接线的形式，接线简单，操作方便，并且能够满足一定的供电可靠性和灵活性，母线便于向两端延伸，扩建方便。2 台 50MW 的机组采用单元接线，分别接在 2 条分段母线上，满足 110kV 电压等级的负荷需求，同时向 10kV 电压等级负荷供电。

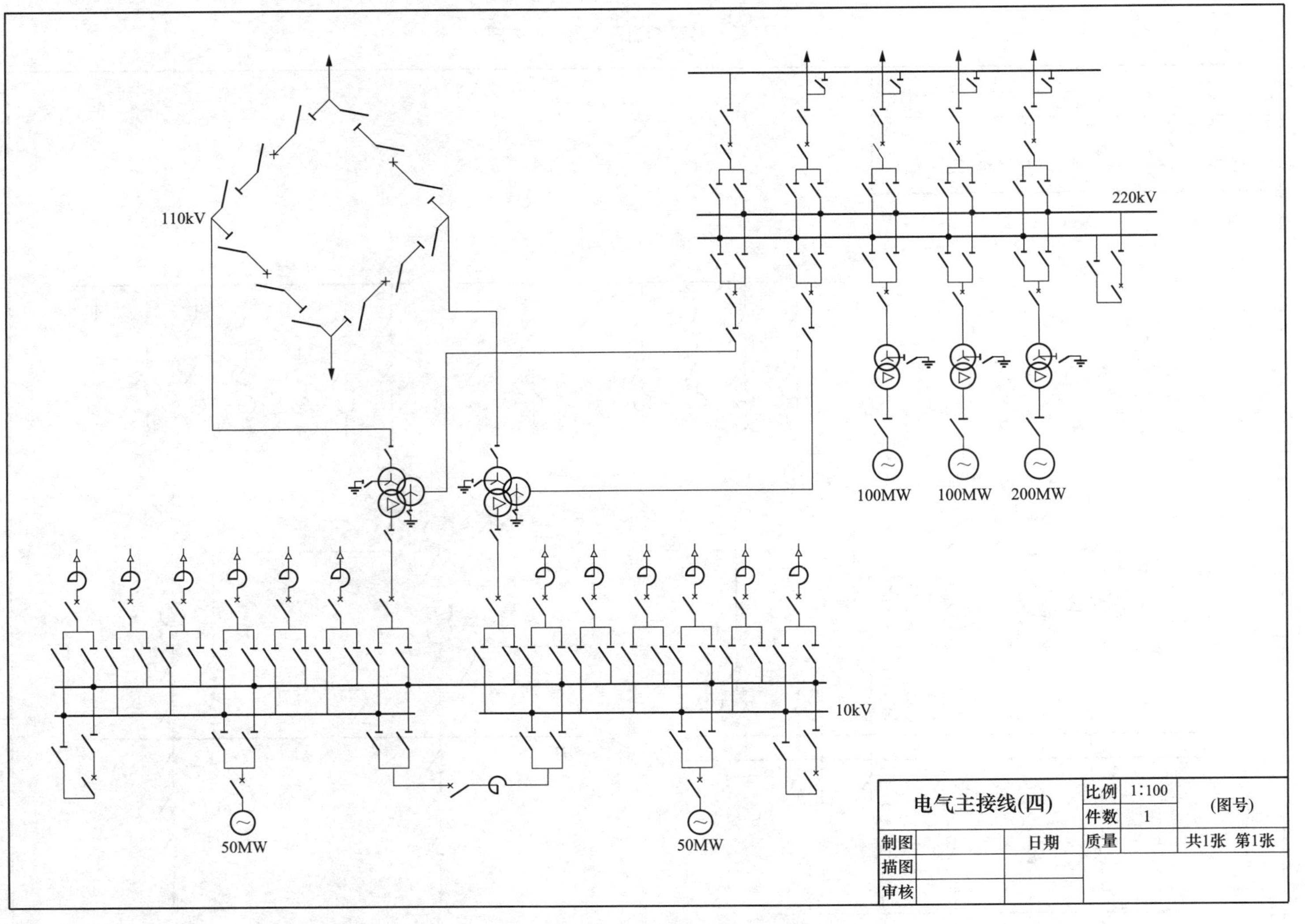

图 2-4　电气主接线设计（方案四）

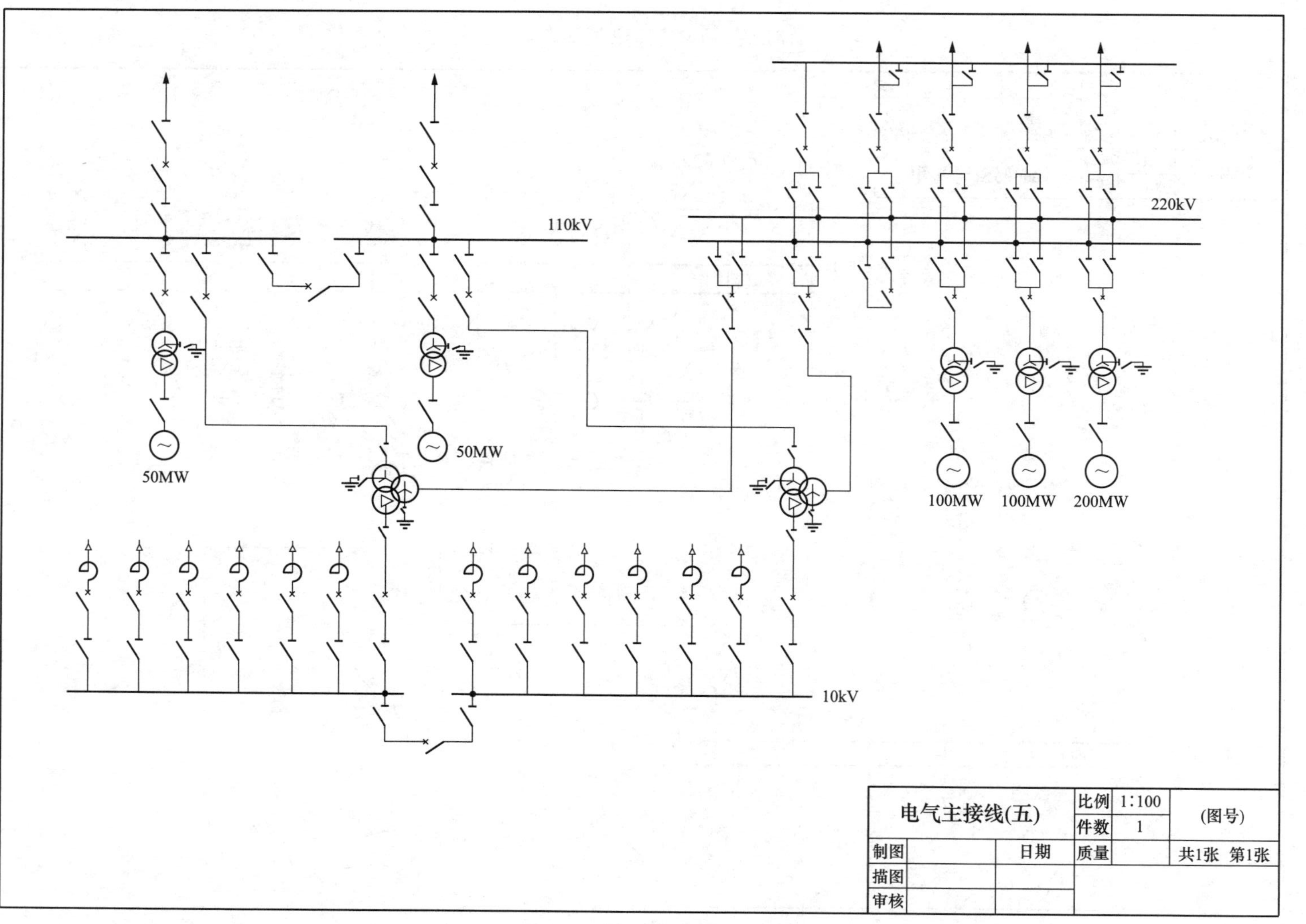

图 2-5 电气主接线设计（方案五）

（3）220kV 电压等级。双母线接线形式，供电较可靠，调度灵活，保证正常母线不间断供电和不致使重要用户停电。为使出线断路器检修期间不停电，加装旁路母线，并装有专门的旁路断路器，以便不停电检修出线断路器。单机容量为 100MW 和 200MW 的机组，均采用单元接线，接入 220kV 母线，直接将电能送入系统。

（4）方案缺点：

1）110kV 侧向 10kV 侧倒送功率，各个电压等级之间可能的潮流分布情况比较复杂；

2）110kV 侧连接发电机，采用单母线分段接线，若母线故障，该母线上的电源和出线将停运。

方案六

方案六的电气主接线设计如图 2-6 所示。

（1）10kV 电压等级。采用双母线分段接线的原因与之前方案相同。

方案采用 2 台三绕组变压器来连接 220、110kV 和 10kV 等级电压。在任意一侧电压等级发生故障之后可以保证另外两个电压等级的互联，保证供电可靠性。

（2）110kV 电压等级。出线回路为 2 回，2 台 100MW 的发电机组由单元接线接入，故采用双母线接线形式，保证必要的可靠性和灵活性。母线所接电源向该电压等级负荷供电，剩余功率通过主变送往 220kV 侧。

（3）220kV 电压等级。采用双母线接线形式的原因与之前方案相同。另外有 200MW 机组与变压器组成单元接线，直接接入 220kV 母线，将功率送往电力系统。

（4）方案缺点：

1）三个电压等级均采用双母线接线，与单母线相比投资有所增加，成本略高；

2）10kV 侧、110kV 侧均向 220kV 侧输送功率，则输送功率的变压器容量相对较高，成本有所增加。

通过对以上六种方案逐一分析比较得出如下结论。方案六中三个电压等级均为双母线接线形式，造价偏高，故排除。方案五中低压母线上没有电源，由高电压等级倒送，这种运行方式更适合于水电充足的区域，故排除。方案四中 110kV 角形接线形式，虽操作方便，可靠性较高，但不可扩建，当地区经济发展，负荷增多，就无法满足供电要求；另外 220kV 侧出线回路并不是很多，采用带旁路母线的接线形式虽可靠性较好，但耗资高，而且随着坚强智能电网的不断发展以及电力供电技术的不断完善，现在电网已鲜有旁路母线的接线形式，因此排除。其中方案二、三中，三个电压等级均是由三绕组变压器连接，其中方案二的 110kV 接线形式为桥形，简单、经济，但相对方案三的单母分段接线型式可靠性较差，且不可扩建，故考虑排除方案二。综上，保留方案一和方案三作为初选方案比较后的较优方案。

三、主变压器的选择

主变选择原则参见本章第三节中变压器的选择相关内容。下面介绍主变的选择过程。

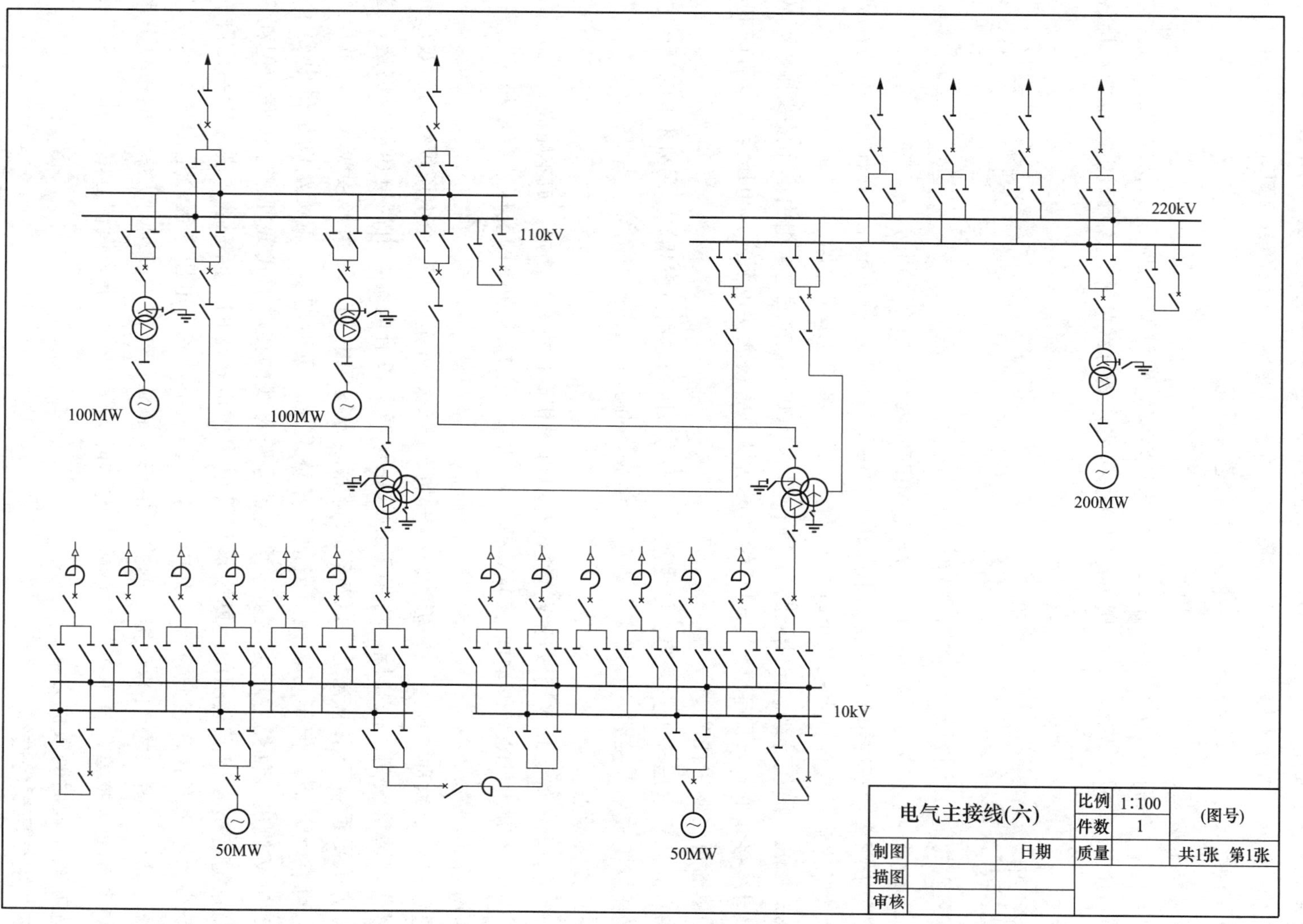

图 2-6 电气主接线设计（方案六）

方案一

（1）具有发电机电压母线的双绕组主变的选择。

1）当发电机全部投入运行时，在满足发电机电压母线的最小负荷，并扣除厂用负荷后，主变应能将发电机电压母线上的剩余功率送入系统。

$$S_{TN}=[\sum P_{GN}(1-K_p)/\cos\varphi_G-P_{min}/\cos\varphi]/n$$
$$=\left[2\times\frac{50}{0.8}\times(1-0.08)-\frac{15}{0.9}\right]/2=49.167(MVA)$$

2）发电机电压母线上的最大一台发电机停运时，主变能从电力系统倒送功率，能满足发电机电压母线上的最大负荷用电要求。

本厂低压侧的最大负荷为

$$S_{max}=P_{max}/\cos\varphi=20/0.9=22.222(MVA)$$

低压侧剩余发电机的容量为

$$S'_{GN}=P'_{GN}/(1-K_p)=50/0.8\times(1-0.08)=57.5(MVA)$$

可见满足供电要求，不用通过主变倒送。每台主变向 110kV 侧输送功率为

$$S_{TN}=(S'_{GN}-S_{max})=(57.5-22.222)/2=17.639(MVA)$$

3）若发电机电压母线上装设 2 台及以上主变，当其中容量最大的 1 台因故退出运行时，其他主变应能将母线最大剩余功率的 70%以上送至系统，即

$$S_{TN}\approx S_{max}\times0.7=(49.167\times2)\times0.7=68.83(MVA)$$

因此，选用型号为 SF10-75000/110 的双绕组变压器 2 台。

（2）有两种升高电压时联络变压器的选择。变压器容量一般不应小于接在两种电压母线上的最大一台机组容量，以保证最大一台机组故障或检修时，通过联络变压器来满足本侧负荷的要求；同时，也可在线路检修或故障时，通过联络变压器将剩余容量送入另一系统。选用型号为 OSFPSL1-120000 的自耦变压器 1 台。

（3）单元接线主变。单元接线时变压器容量 S_{TN} 应按发电机额定容量扣除本机组的厂用负荷后，留有 10%的裕度来选择。

$$S_{TN}=1.1P_{GN}(1-K_p)/\cos\varphi_G=1.1\times100\times(1-0.08)/0.85=119.059(MVA)$$

因此，选用型号为 SFP7-120000/220 的双绕组变压器 2 台。

$$S_{TN}=1.1P_{GN}(1-K_p)/\cos\varphi_G=1.1\times200\times(1-0.08)/0.85=238.118(MVA)$$

因此，选用型号为 SFP7-240000/220 的双绕组变压器 1 台。

方案二

（1）2 台三绕组变压器容量的确定，要考虑三种电压网络在各种运行方式下潮流的流动情况。

变压器低压绕组通过的最大容量为 S_3，当运行情况为 10kV 母线负荷最小时，扣除厂用负荷后，主变应能将发电机电压母线上的剩余功率送入系统，计算公式同方案一。

$$S_3=[P_{GN}(1-K_p)/\cos\varphi_G-P_{min}/\cos\varphi]/n$$
$$=\left[2\times\frac{50}{0.8}\times(1-0.08)-\frac{15}{0.9}\right]/2=49.167(MVA)$$

变压器中压绕组通过的最大容量为 S_2，运行情况为向 110kV 侧输送最大负荷功率。

$$S_2 = \frac{P_{2\max}}{\cos\varphi}\Big/ n = \frac{70}{0.9}\Big/ 2 = 38.889(\text{MVA})$$

变压器高压绕组通过的最大容量为 S_1，运行情况为向中低压侧输送最大负荷功率，此时，低压侧一台发电机因故停运。

$$S_1 \approx [P_{2\max}/\cos\varphi + P_{3\max}/\cos\varphi) - \sum P'_{GN}(1-K_p)/\cos\varphi_G]/n$$
$$= \left[\frac{70}{0.9} + \frac{20}{0.9} - \frac{50}{0.8} \times (1-0.08)\right]\Big/ 2 = 21.25(\text{MVA})$$

因是在发电厂中的主变，故为升压变压器，计算出在各种情况下通过变压器的功率后，选用型号为 SFPS10-90000/220，共 2 台。

（2）单元接线主变的确定过程同方案一，选用型号为 SFP7-120000/220 的双绕组变压器 2 台，SFP7-240000/220 的双绕组变压器 1 台。

第三章　短路电流计算

第一节　短路电流计算的目的、一般规定和步骤

一、短路电流计算的目的

在发电厂和变电站的电气设计中，短路电流计算是其中的一个重要环节，其目的主要有以下几方面：

（1）在选择电气主接线时，为了比较各种接线方案，或确定某一接线是否需要采取限制短路电流的措施等，均需进行必要的短路计算。

（2）在选择电气设备时，为了保证设备在正常运行和故障情况下都能安全、可靠地工作，同时又力求节约资金，这就需要进行全面的短路电流计算。例如，计算某一时刻的短路电流有效值，用以校验开关设备的开断能力和确定电抗器的电抗值；计算短路后较长时间短路电流有效值，用以校验设备的热稳定；计算短路电流冲击值，用以校验设备动稳定。

（3）在设计屋外高压配电装置时，需按短路条件校验软导线的相间和相对地的安全距离。

（4）在选择继电保护方式和进行整定计算时，需以各种短路时的短路电流为依据。

（5）接地装置的设计也需用短路电流验算接地装置的接触电压和跨步电压。

二、短路电流计算的一般规定

选择或校验导体和电气设备时短路电流的计算一般有以下规定。

1. 计算的基本情况

（1）正常工作时，三相系统对称运行。

（2）电力系统中所有电源均在额定负荷下运行。

（3）所有电源的电动势、相位角相同。

（4）系统中同步电机和异步电机均为理想电机，不考虑电机磁饱和、磁滞、涡流等影响；转子结构完全对称；定子三相绕组空间位置相差120°。

（5）所有同步电机都有自动调整励磁装置（包括强行励磁）。

（6）短路发生在短路电流为最大值的瞬间。

（7）电力系统各元件磁路不饱和，各元件电抗值与电流大小无关。

2. 容量和接线方式

容量和接线方式应按工程设计规划容量计算，并考虑电力系统的远景发展规划（一般考虑本工程建成后5～10年）；其接线方式应采用可能发生最大短路电流的正常接线方式（即最大运行方式），而不考虑在切换过程中可能并列运行的接线方式。

3. 短路种类

导体和电气设备的动稳定、热稳定以及断路器的开断电流，一般按三相短路计算。若发电机出口的两相短路，或中性点直接接地系统以及自耦变压器等回路中的单相（或两相）接地短路比三相短路情况严重时，则应按相对严重情况进行校验。

4. 短路计算点

在正常接线方式时，将通过电气设备的短路电流为最大的地点作为短路计算点。对于带电抗器的 6～10kV 出线与厂用分支线回路，在选择母线至母线隔离开关之间的引线、套管时，短路计算点应该取在电抗器前。选择其余的导体和电气设备时，短路计算点一般取在电抗器后。

三、计算步骤

在工程设计中，短路电流的计算通常采用实用曲线法，其计算步骤简述如下：

（1）选择短路计算点。

（2）画等值网络（次暂态网络）图。

1）略去系统中的所有负荷分支、线路电容、各元件的电阻、变压器的励磁回路，发电机电抗采用次暂态电抗 X''_d。

2）选取基准容量 S_B 和基准电压 U_B（一般取各级的平均电压）。

3）将各元件电抗换算为同一基准值的标幺电抗。

4）绘出等值网络图，并将各元件电抗统一编号。

（3）化简等值网络。为计算不同短路点的短路电流值，需将等值网络分别化简为以短路点为中心的辐射型等值网络，并求出各电源与短路点之间的电抗，即转移电抗 X_{mk}。

（4）求出计算电抗 X_{js}。

（5）由运算曲线查出各电源供给的短路电流周期分量标幺值（运算曲线只制作到 $X_{js}=3.5$）。

（6）计算无限大功率（或 $X_{js}\geqslant 3$）的电源供给的短路电流周期分量。

（7）计算短路电流周期分量有名值、短路冲击电流值和短路容量。

（8）计算异步电动机供给的短路电流。

（9）绘制短路电流计算结果表，见表 3-1。

表 3-1　短路电流计算结果表

短路点编号	基值电压 U_B (kV)	基值电流 I_B (kA)	支路名称	支路计算电抗 X_{js}（标幺值）	额定电流 I_N (kA)	0s 短路电流周期分量		稳态短路电流		0.2s 短路电流		短路冲击电流值 i_{sh}(kA)	全电流最大有效值 I_{sh} (kA)	短路容量 S_k(MVA)
						标幺值 I''_*	有名值 I''(kA)	标幺值 $I_{\infty *}$	有名值 I_∞(kA)	标幺值 $I_{0.2*}$	有名值 $I_{0.2}$(kA)			
		$I_B=\frac{S_B}{\sqrt{3}U_B}$			$I_N=I_B\frac{S_N}{S_B}$		$I''=I''_* I_N$		$I_\infty=I_{\infty *}I_N$		$I_{0.2}=I_{0.2*}I_N$	$i_{sh}=2.55\sim 2.7I''$	$I_{sh}=1.52\sim 1.62I''$	$S_k=\sqrt{3}I''U_B$
k-1			××kV 系统											
			××kV 系统											
			××发电机											
			小计											

续表

短路点编号	基值电压 U_B (kV)	基值电流 I_B (kA)	支路名称	支路计算电抗 X_{js}（标幺值）	额定电流 I_N (kA)	0s短路电流周期分量		稳态短路电流		0.2s短路电流		短路冲击电流值 i_{sh}(kA)	全电流最大有效值 I_{sh} (kA)	短路容量 S_k(MVA)
						标幺值 I''_*	有名值 I''(kA)	标幺值 $I_{\infty *}$	有名值 I_∞(kA)	标幺值 $I_{0.2*}$	有名值 $I_{0.2}$(kA)			
k-2			××kV系统											
			××kV系统											
			××发电机											
			小计											
k-3			××kV系统											
			××kV系统											
			××发电机											
			小计											

第二节　短路电流计算方法

一、标幺值换算

在实际电力系统接线中，各元件的电抗表示方法不统一，基准值也不一样。例如，发电机电抗，厂家给出的是以发电机额定容量 S_N 和额定电压 U_N 为基准值的标幺电抗值 X''_d；变压器的电抗，厂家给出的是以变压器额定容量 S_N 和额定电压 U_N 为基准值的短路电压百分值 $U_k\%$；而输电线路的电抗，通常是用有名值表示的。为此，需将各元件电抗换算为同一基准值下的标幺电抗。常用基准值见表3-2。常见电气设备的电抗换算公式见表3-3，其等值电抗计算公式见表3-4。

表3-2　常用基准值

基准电压 U_B(kV)	3.15	6.3	10.5	15.75	18	37	69	115	162	230	345	525
基准电流 I_B(kA)	18.33	9.16	5.50	3.67	3.21	1.56	0.84	0.502	0.356	0.251	0.167	0.11
基准电抗 X_B(Ω)	0.099 2	0.397	1.10	2.48	3.24	13.7	47.6	132	262	529	1190	2756

表3-3　常见电气设备电抗标幺值、有名值换算公式

序号	名称	标幺值	有名值（Ω）	备注
1	发电机 调相机 电动机	$X''_{d*}=\frac{X''_d\%}{100}\frac{S_B}{P_N/\cos\varphi}$	$X''_d=\frac{X''_d\%}{100}\frac{U_N^2}{P_N/\cos\varphi}$	$X''_d\%$为电机次暂态电抗百分值； P_N 指电机额定容量，MW
2	变压器	$X_{d*}=\frac{U_k\%}{100}\frac{S_B}{S_N}$	$X_d=\frac{U_k\%}{100}\frac{U_N^2}{S_N}$	$U_k\%$为变压器短路电压的百分值； S_N 系指最大容量绕组的额定容量，MVA

续表

序号	名称	标幺值	有名值（Ω）	备注
3	电抗器	$X_{*k}=\dfrac{X_k\%}{100}\dfrac{U_N}{\sqrt{3}I_N}\dfrac{S_B}{U_B^2}$	$X_k=\dfrac{X_k\%}{100}\dfrac{U_N}{\sqrt{3}I_N}$	$X_k\%$为电抗器的电抗百分值，分裂电抗器的自感电抗计算方法与此相同； I_N 为电抗器额定电流，kA
4	线路	$X_*=X\dfrac{S_B}{U_B^2}$	$X=0.145\lg\dfrac{D}{0.789r}$ $D=\sqrt[3]{d_{ab}d_{ac}d_{cb}}$	r 为导线半径，cm； D 为导线相间的几何均距，cm； d 为相间距离

注 U_B 为选取的基准电压，kV；U_N 为设备的额定电压，kV。

表 3-4　常见电气设备等值电抗计算公式

<table>
<tr><th colspan="2">名称</th><th>接线图</th><th>等值电抗</th><th>等值电抗计算公式</th><th>备　注</th></tr>
<tr><td rowspan="2">双绕组变压器</td><td rowspan="2">低压侧有两个分裂绕组</td><td rowspan="2">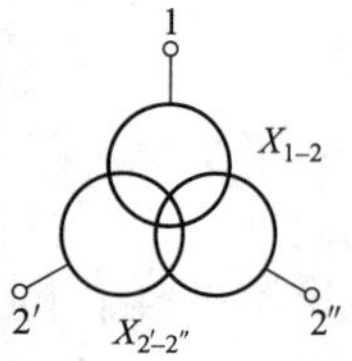</td><td>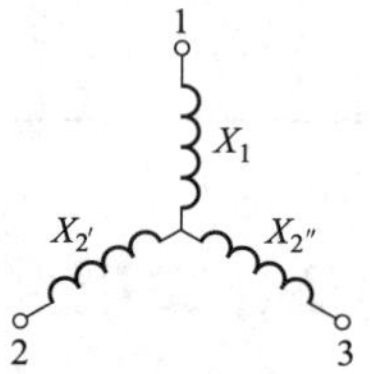</td><td>低压绕组分裂
$X_1=X_{1\text{-}2}-\dfrac{1}{4}X_{2'-2''}$
$X_{2'}=X_{2''}=\dfrac{1}{2}X_{2'\text{-}2''}$</td><td rowspan="2">$X_{1\text{-}2}$ 为高压绕组与总的低压绕组间的穿越电抗；
$X_{2'\text{-}2''}$为分裂绕组间的分裂电抗</td></tr>
<tr><td>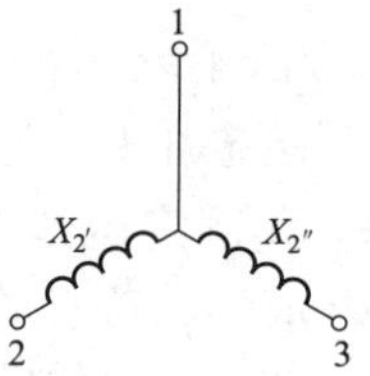</td><td>普通单相变压器低压两个绕组分别引出使用
$X_1=0$
$X_{2'}=X_{2''}=2X_{1\text{-}2}$</td></tr>
<tr><td>三绕组变压器</td><td>不分裂绕组</td><td>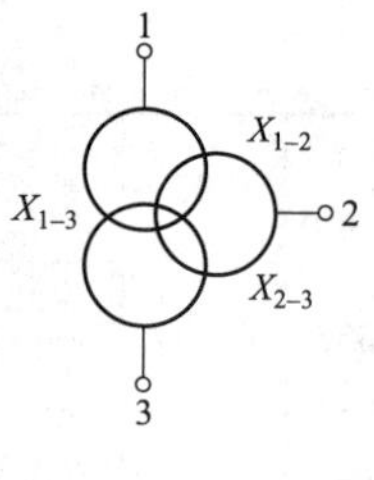</td><td>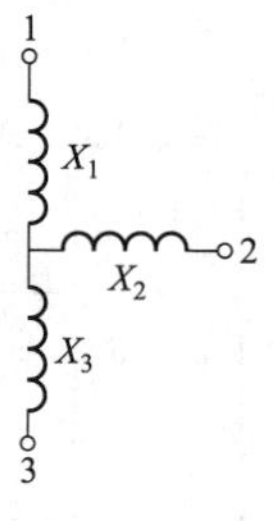</td><td>$X_1=\dfrac{1}{2}(X_{1\text{-}2}+X_{1\text{-}3}-X_{2\text{-}3})$
$X_2=\dfrac{1}{2}(X_{1\text{-}2}+X_{2\text{-}3}-X_{1\text{-}3})$
$X_3=\dfrac{1}{2}(X_{1\text{-}3}+X_{2\text{-}3}-X_{1\text{-}2})$</td><td></td></tr>
<tr><td>自耦变压器</td><td>不分裂绕组</td><td>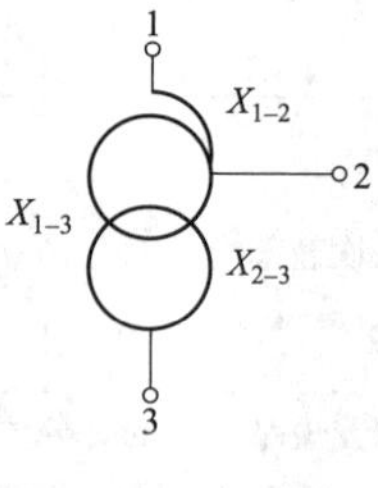</td><td>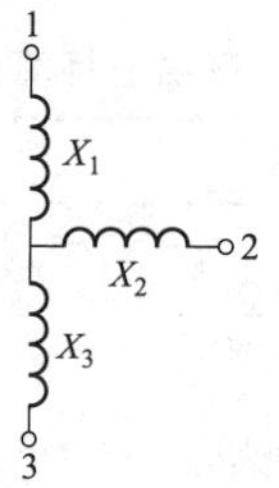</td><td>$X_1=\dfrac{1}{2}(X_{1\text{-}2}+X_{1\text{-}3}-X_{2\text{-}3})$
$X_2=\dfrac{1}{2}(X_{1\text{-}2}+X_{2\text{-}3}-X_{1\text{-}3})$
$X_3=\dfrac{1}{2}(X_{1\text{-}3}+X_{2\text{-}3}-X_{1\text{-}2})$</td><td></td></tr>
</table>

续表

名称		接线图	等值电抗	等值电抗计算公式	备　注
三绕组变压器	低压侧有两个分裂绕组	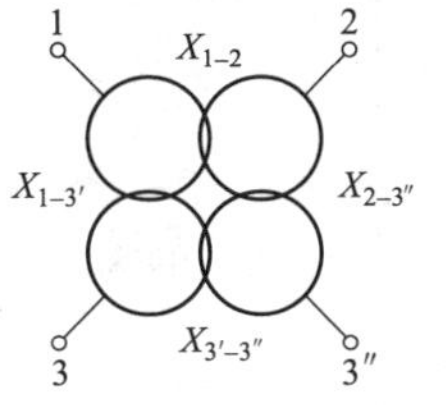	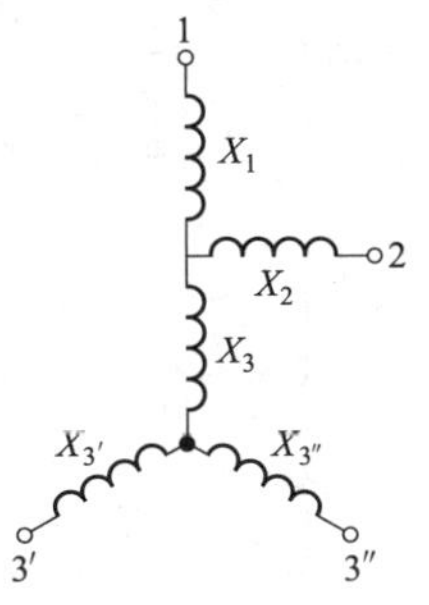	$X_1=\frac{1}{2}(X_{1\text{-}2}+X_{1\text{-}3'}-X_{2\text{-}3'})$ $X_2=\frac{1}{2}(X_{1\text{-}2}+X_{2\text{-}3''}-X_{1\text{-}3''})$ $X_3=\frac{1}{2}(X_{1\text{-}3'}+X_{2\text{-}3'}-X_{1\text{-}2}-X_{3'\text{-}3''})$ $X_{3'}=X_{3''}=\frac{1}{2}X_{3'\text{-}3''}$	$X_{1\text{-}2}$为高中压绕组间的穿越电抗； $X_{3'\text{-}3''}$为分裂绕组间的分裂电抗； $X_{1\text{-}3'}=X_{1\text{-}3''}$，均为高压绕组与分裂绕组间的穿越电抗； $X_{2\text{-}3'}=X_{2\text{-}3''}$，均为中压绕组与分裂绕组间的穿越电抗
自耦变压器		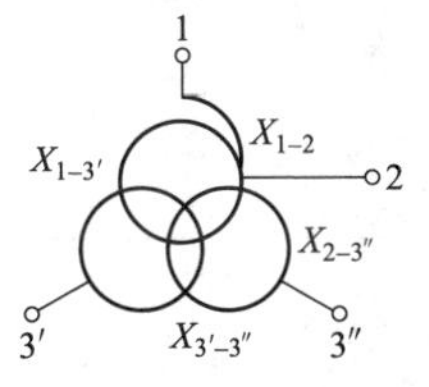			
分裂电抗器	仅由一臂向另一臂供给电流	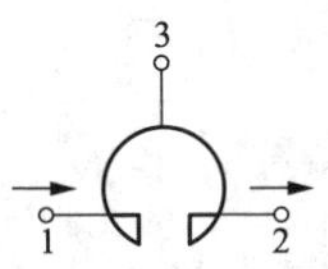		$X=2X_k(1+f_0)$	X_k 为其中一个分支的电抗
	由中间向两臂或由两臂向中间供给电流	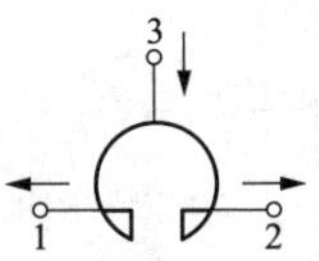	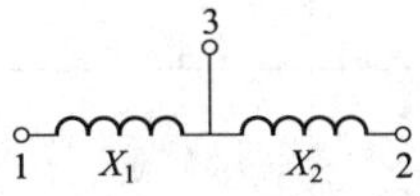	$X_1=X_2=X_k(1-f_0)$ （两臂电流相等）	f_0 为互感器系数＝0.4～0.6； X_3 为互感电抗
	由中间和一臂同时向另一臂供给电流	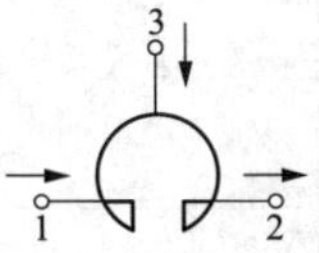	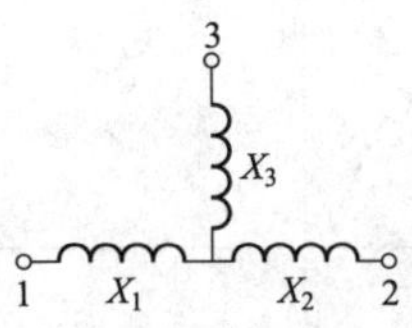	$X_1=X_2=X_k(1+f_0)$ $X_3=-X_kf_0$	

二、网络等值变换与简化

在工程计算中，常采用以下方法化简网络。

1．网络等值变换

等值变换的原则是在网络变化前后，应使未被变化部分的状态（电压和电流分布）保持不变。常用的网络等值变换方法见表 3-5。常用网络阻抗变换的简明公式见表 3-6。

2．利用网络的对称性化简网络

在网络化简中，常遇到对短路点对称的网络，利用对称关系并依照下列原则可使网络简化：

（1）对电位相等的节点，可直接相连；

（2）等电位节点之间的电抗可短接后除去。

表 3-5 **网络等值变换基本方法**

序号	变换名称	变换符号	变换前的网络	变换后的网络	变换后网络元件的阻抗	变换前网络中的电流分布
1	串联	+	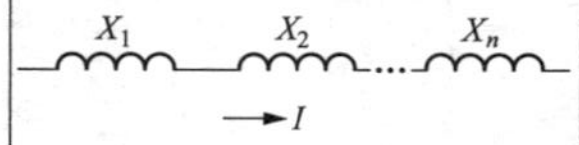	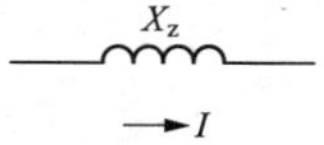	$X_z = X_1 + X_2 + \cdots + X_n$	$I_1 = I_2 = \cdots = I_n = I$
2	并联	||	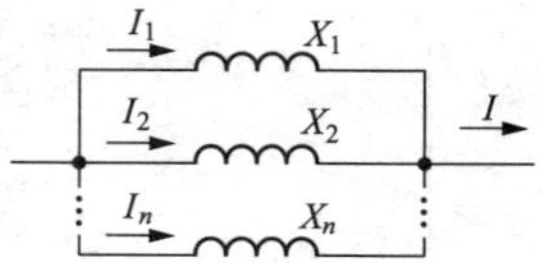	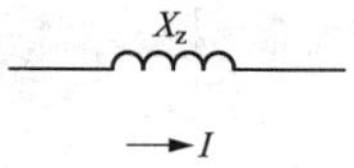	$X_z = \dfrac{1}{\dfrac{1}{X_1} + \dfrac{1}{X_2} + \cdots + \dfrac{1}{X_n}}$ 当只有两支时 $X_z = \dfrac{X_1 X_2}{X_1 + X_2}$	$I_n = I\dfrac{X_z}{X_n} = IC_n$ （C_n 为分布系数）
3	三角形变成等值星形	△/Y	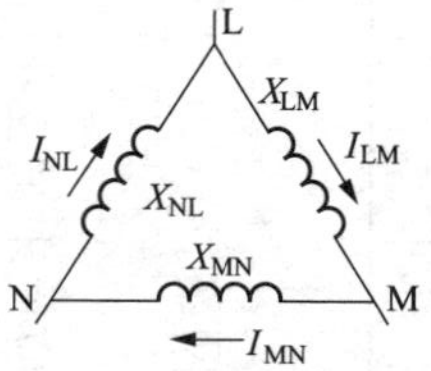	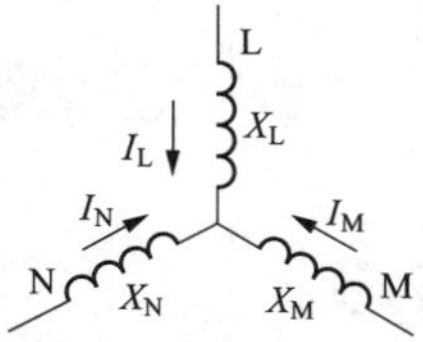	$X_L = \dfrac{X_{LM}X_{NL}}{X_{LM}+X_{MN}+X_{NL}}$ $X_M = \dfrac{X_{LM}X_{MN}}{X_{LM}+X_{MN}+X_{NL}}$ $X_N = \dfrac{X_{MN}X_{NL}}{X_{LM}+X_{MN}+X_{NL}}$	$I_{LM} = \dfrac{I_L X_L - I_M X_M}{X_{LM}}$ $I_{MN} = \dfrac{I_M X_M - I_N X_N}{X_{MN}}$ $I_{NL} = \dfrac{I_N X_N - I_L X_L}{X_{NL}}$
4	星形变成等值三角形	Y/△	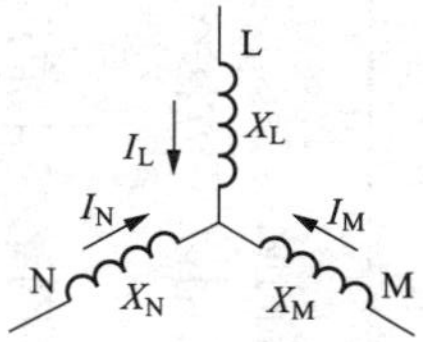	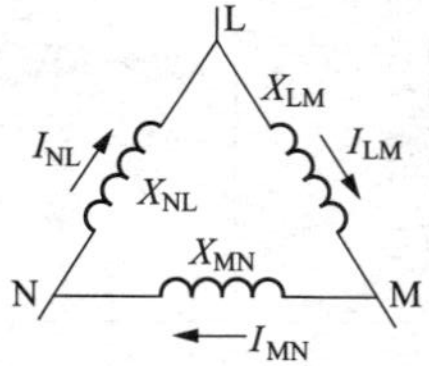	$X_{LM} = X_L + X_M + \dfrac{X_L X_M}{X_N}$ $X_{MN} = X_M + X_N + \dfrac{X_N X_M}{X_L}$ $X_{NL} = X_N + X_L + \dfrac{X_L X_N}{X_M}$	$I_L = I_{LM} - I_{NL}$ $I_M = I_{MN} - I_{LM}$ $I_N = I_{NL} - I_{MN}$
5	四角形变成有对角线的四边形	+/⊕	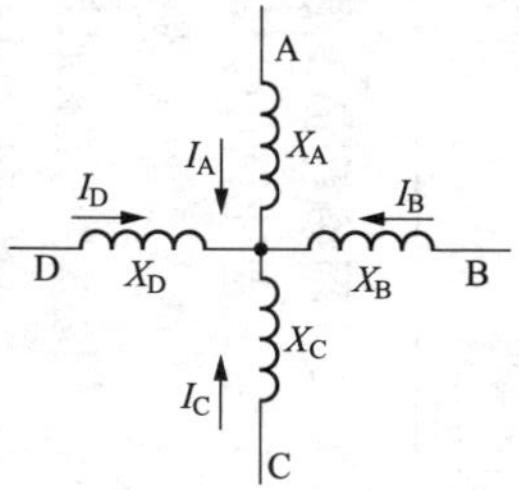	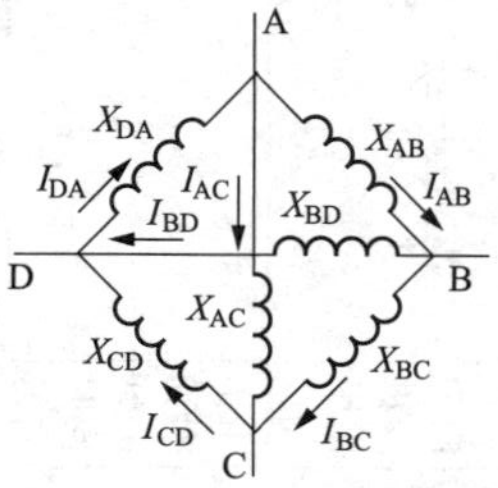	$X_{AB} = X_A X_B \sum Y$ $X_{BC} = X_B X_C \sum Y$ $X_{AC} = X_A X_C \sum Y$ … $\sum Y = \dfrac{1}{X_A} + \dfrac{1}{X_B} + \dfrac{1}{X_C} + \dfrac{1}{X_D}$	$I_A = I_{AC} + I_{AB} - I_{DA}$ $I_B = I_{BD} + I_{BC} - I_{AB}$ …

续表

序号	变换名称	变换符号	变换前的网络	变换后的网络	变换后网络元件的阻抗	变换前网络中的电流分布
6	有对角线的四边形变换为四角形，满足下列条件：$y_{AB}y_{CD}=y_{AC}y_{BD}-y_{AD}y_{BC}$	—		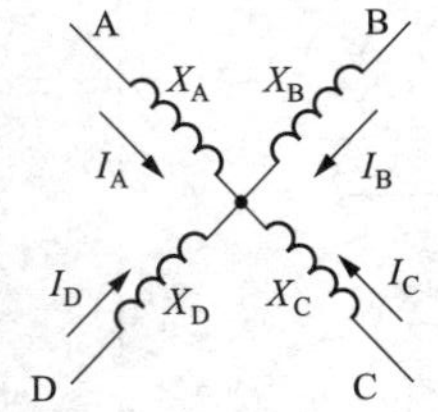	$X_A=\dfrac{1}{\dfrac{1}{X_{AB}}+\dfrac{1}{X_{AC}}+\dfrac{1}{X_{DA}}+\dfrac{X_{BD}}{X_{AB}\cdot X_{DA}}}$ $X_B=\dfrac{1}{\dfrac{1}{X_{AB}}+\dfrac{1}{X_{BC}}+\dfrac{1}{X_{BD}}+\dfrac{X_{AC}}{X_{AB}\cdot X_{BC}}}$ $X_C=\dfrac{1}{1+\dfrac{X_{AB}}{X_{BC}}+\dfrac{X_{AB}}{X_{BD}}+\dfrac{X_{AC}}{X_{BC}}}$ $X_D=\dfrac{1}{1+\dfrac{X_{AB}}{X_{AC}}+\dfrac{X_{AB}}{X_{AD}}+\dfrac{X_{BD}}{X_{AD}}}$	$I_{AB}=\dfrac{I_AX_A+I_BX_B}{X_{AB}}$ $I_{CB}=\dfrac{I_CX_C-I_BX_B}{X_{BC}}$ …
7	有对角线的四边形变成等值网络，满足下列条件：$y_{AB}y_{CD}=y_{AC}y_{BD}$	—	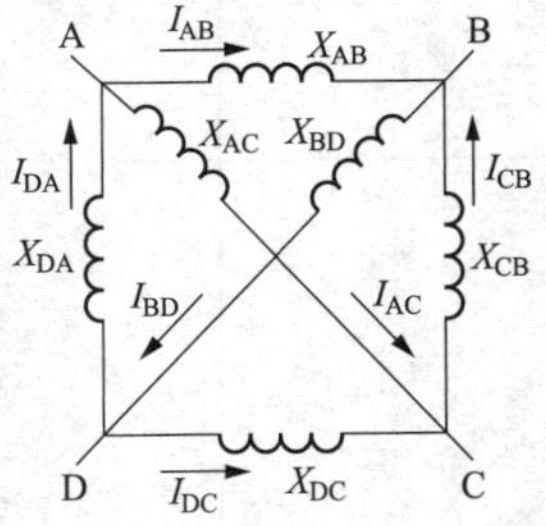	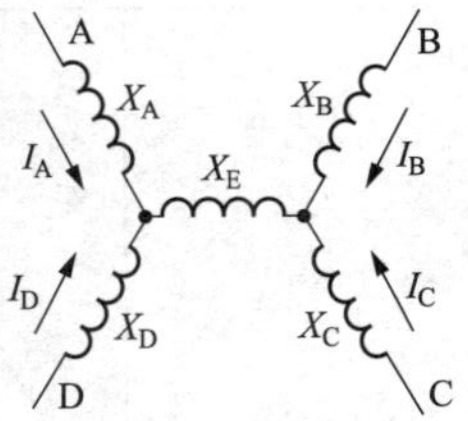	计算 X_A、X_B、X_C、X_D 的公式同序号 6 $X_E=\left(\dfrac{X_{AC}X_{BD}}{X_{AD}X_{BC}}-1\right)X_{AB}\Big/\left(1+\dfrac{X_{AB}}{X_{BC}}+\dfrac{X_{AB}}{X_{BD}}+\dfrac{X_{AC}}{X_{BC}}\right)\left(1+\dfrac{X_{AB}}{X_{AC}}+\dfrac{X_{AB}}{X_{AD}}+\dfrac{X_{BD}}{X_{AD}}\right)$	$I_{AB}=[I_A(X_A+X_E)-I_BX_B+I_DX_E]/X_{AB}$ $I_{DC}=[I_D(X_D+X_E)+I_AX_E-I_CX_C]/X_{DC}$ $I_{CB}=\dfrac{I_CX_C-I_BX_B}{X_{BC}}$ $I_{DA}=\dfrac{I_DX_D-I_AX_A}{X_{DA}}$ $I_{AC}=[I_A(X_A+X_E)-I_CX_C+I_DX_E]/X_{AC}$ $I_{BD}=[I_BX_B-I_AX_E-I_D(X_E+X_D)]/X_{BD}$
8	一般条件下，由有对角线的四边形变换为等值网络	—		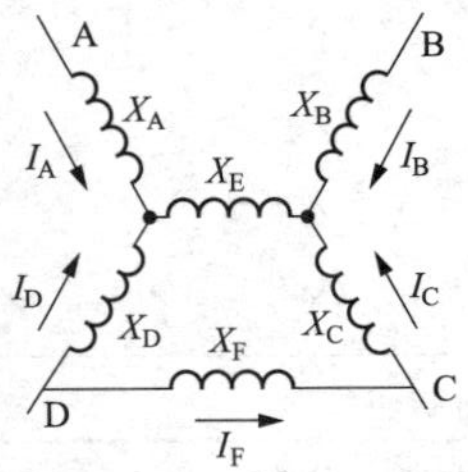	计算 X_A、X_B、X_C、X_D 及 X_E 的公式同序号 6、7 $X_F=\dfrac{1}{\dfrac{1}{X_{DC}}-\dfrac{X_{AB}}{X_{AC}X_{BD}}}$	计算 I_{AB}、I_{CB}、I_{DA}、I_{AC} 及 I_{BD} 的公式同序号 7 $I_{DC}=\dfrac{I_FX_F}{X_{DC}}$

表 3-6 常用网络阻抗变换的简明公式

序号	变换前的网络	变换后的网络	变换后网络元件的阻抗	适用接线图实例
1	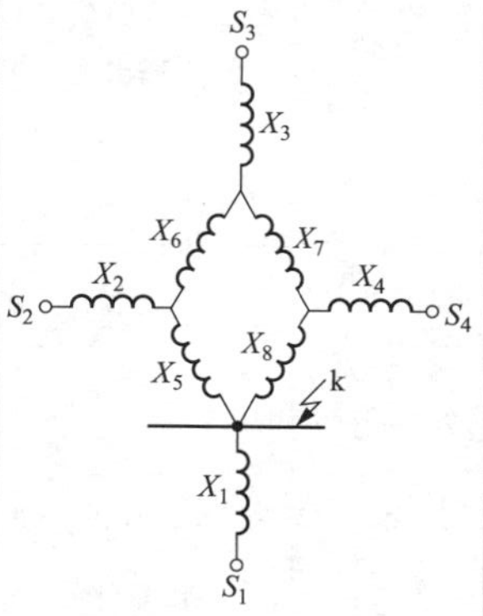	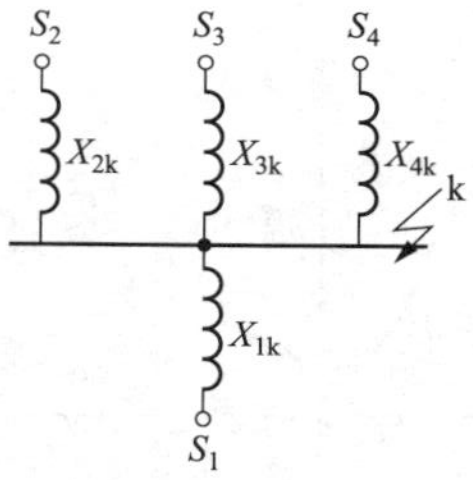	$X_{1k}=X_1$ $X_{2k}=\dfrac{Y_1}{X_6+\dfrac{X_2X_5}{Y_1\sum Y}+\dfrac{X_4X_5}{Y_2\sum Y}}$ $X_{3k}=\dfrac{X_3X_5}{\dfrac{X_2X_5}{Y_1\sum Y}+\dfrac{X_4X_5}{Y_2\sum Y}}$ $X_{4k}=\dfrac{Y_2}{X_7+\dfrac{X_2X_8}{Y_1\sum Y}+\dfrac{X_4X_8}{Y_2\sum Y}}$ $Y_1=X_2X_6+X_5X_6+X_2X_5$ $Y_2=X_4X_7+X_7X_8+X_4X_8$ $\sum Y=\dfrac{1}{X_3}+\dfrac{X_2+X_5}{Y_1}+\dfrac{X_4+X_8}{Y_2}$	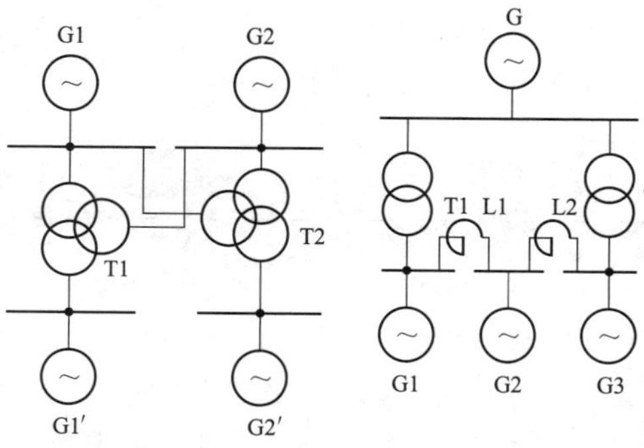 注：三绕组变压器 $U_k\%=0$；对以上接线图任一母线短路均可采用
2	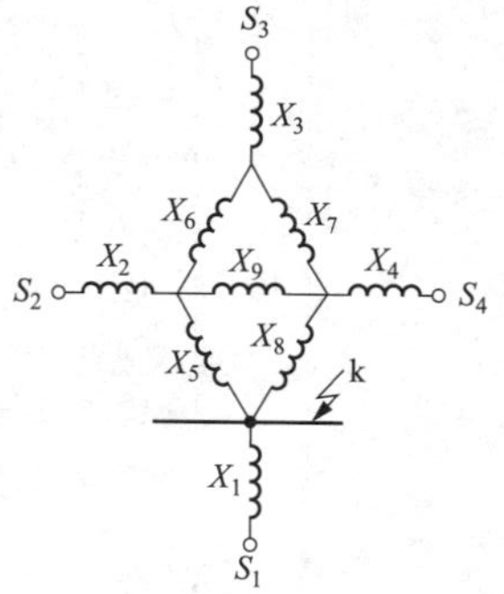	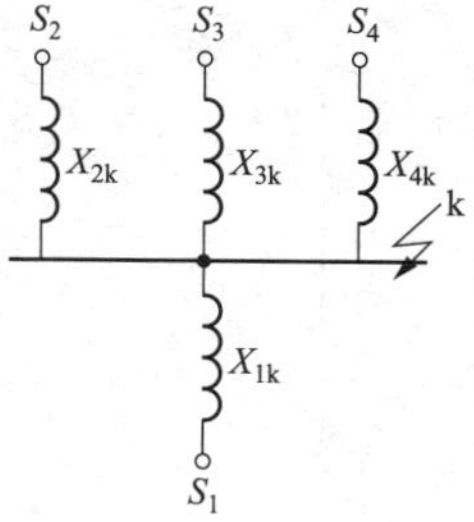	$X_{1k}=X_1$ $X_{2k}=\dfrac{Y_1}{\dfrac{X_5X_9}{Y_3}+\dfrac{X_2X_5}{Y_1\sum Y}+\dfrac{X_4X_5}{Y_2\sum Y}}$ $X_{3k}=\dfrac{X_3Y_3+X_6X_7}{Y_3\left(\dfrac{X_2}{Y_1\sum Y}+\dfrac{X_4}{Y_2\sum Y}\right)}$ $X_{4k}=\dfrac{Y_2}{\dfrac{X_7X_9}{Y_3}+\dfrac{X_2X_8}{Y_1\sum Y}+\dfrac{X_4X_8}{Y_2\sum Y}}$ $Y_1=\dfrac{X_2X_6X_9}{Y_3}+\dfrac{X_5X_6X_9}{Y_3}+X_2X_5$ $Y_2=\dfrac{X_4X_7X_9}{Y_3}+\dfrac{X_7X_8X_9}{Y_3}+X_4X_8$ $Y_3=X_6+X_7+X_9$ $\sum Y=\dfrac{Y_3}{X_3Y_3+X_7X_6}+\dfrac{X_2+X_5}{Y_1}+\dfrac{X_4+X_8}{Y_2}$	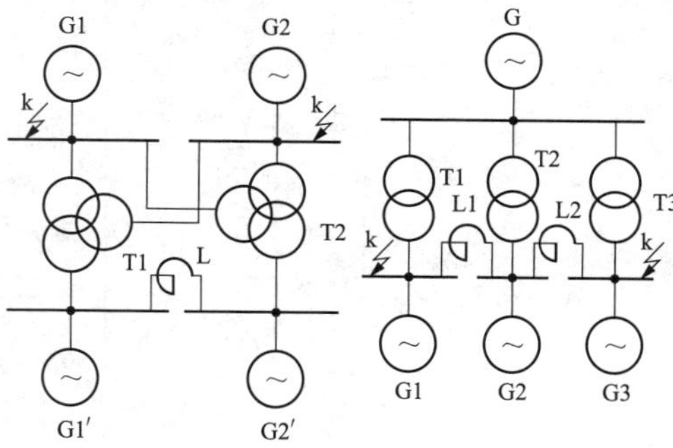 注：三绕组变压器 $U_k\%=0$

续表

序号	变换前的网络	变换后的网络	变换后网络元件的阻抗	适用接线图实例
3	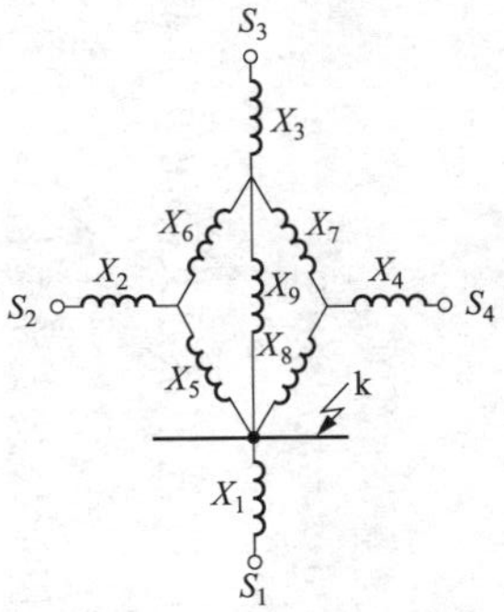	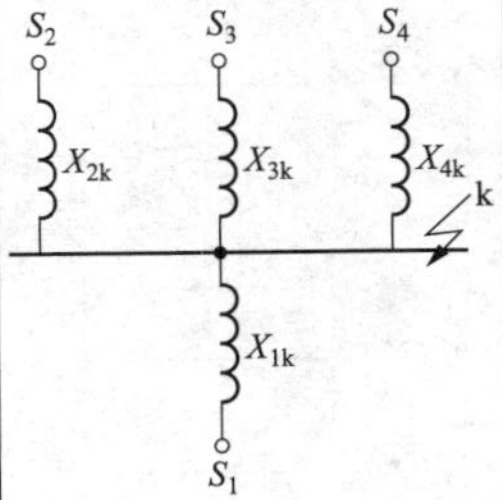	$X_{1k}=X_1$ $X_{2k}=\dfrac{Y_1}{X_6+\dfrac{X_5}{X_9\sum Y}+\dfrac{X_2X_5}{Y_1\sum Y}+\dfrac{X_4X_5}{Y_2\sum Y}}$ $X_{3k}=\dfrac{X_3X_5}{\dfrac{X_5}{X_9\sum Y}+\dfrac{X_2X_5}{Y_1\sum Y}+\dfrac{X_4X_5}{Y_2\sum Y}}$ $X_{4k}=\dfrac{Y_2}{X_7+\dfrac{X_8}{X_9\sum Y}+\dfrac{X_2X_8}{Y_1\sum Y}+\dfrac{X_4X_8}{Y_2\sum Y}}$ $Y_1=X_2X_5+X_2X_6+X_5X_6$ $Y_2=X_4X_8+X_4X_7+X_7X_8$ $\sum Y=\dfrac{1}{X_3}+\dfrac{1}{X_9}+\dfrac{X_2+X_5}{Y_1}+\dfrac{X_4+X_8}{Y_2}$	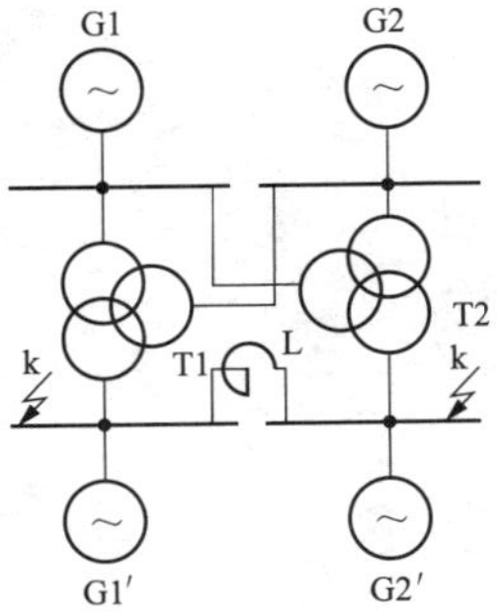 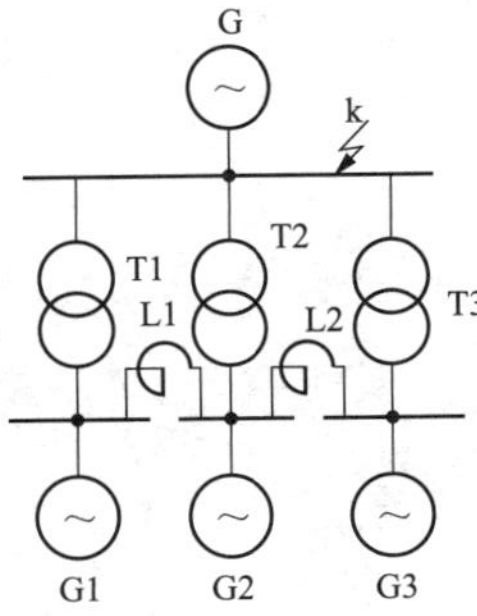 注：三绕组变压器 $U_k\%=0$
4	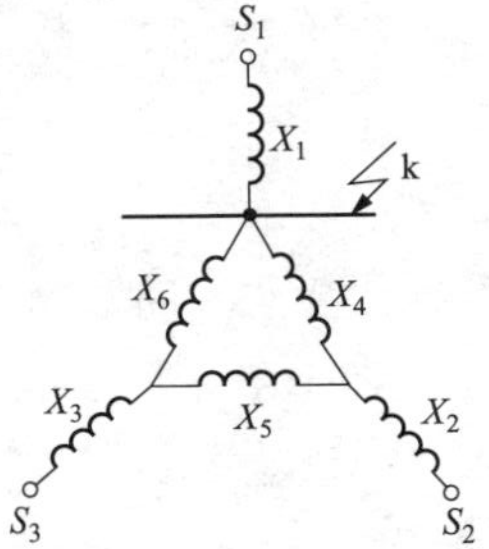	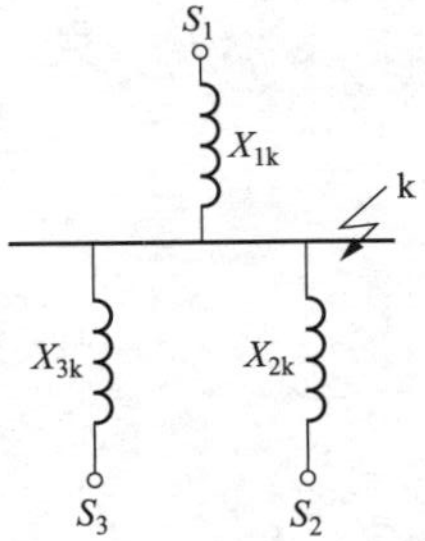	$X_{1k}=X_1$ $X_{2k}=X_2+\dfrac{X_4(X_5+X_6)}{Y_1}+\dfrac{X_4X_6(X_4X_5+Y_1X_2)}{(Y_1X_3+X_6X_5)Y_1}$ $X_{3k}=X_3+\dfrac{X_6(X_4+X_5)}{Y_1}+\dfrac{X_4X_6(X_6X_5+Y_1X_2)}{(Y_1X_2+X_4X_5)Y_1}$ $Y_1=X_5+X_4+X_6$	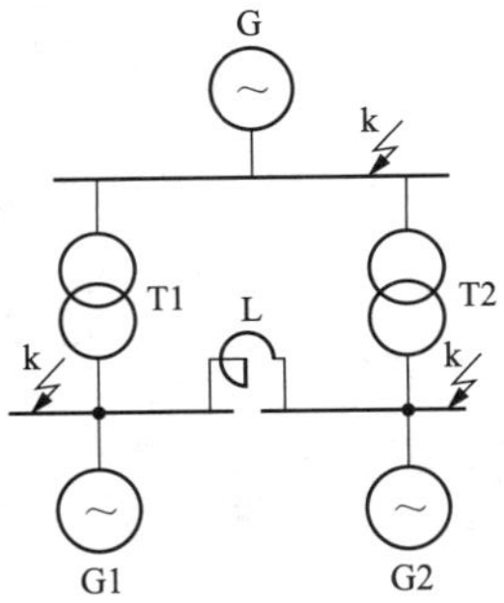

3. 并联电源支路的合并

对于 n 个并联电源支路，其等值电动势 $\dot{E}_e$ 和电抗 X_e 分别为

$$\dot{E}_e = \frac{\sum_{i=1}^{n} \dot{E}_i Y_i}{\sum_{i=1}^{n} Y_i} \tag{3-1}$$

$$X_e = \frac{1}{\sum_{i=1}^{n} Y_i} \tag{3-2}$$

式中　$\dot{E}_i$——电源 i 的电动势；

Y_i——各支路的电纳，$Y_i = \dfrac{1}{X_i}$。

4. 分裂电源和分裂短路点

在网络化简中，可将连在一个电源点上的各支路拆开。拆开后的各支路电抗分别接于与原来电动势相等的电源点上，其支路电抗值不变。同样，也可将接于短路点的各支路拆开，拆开后各支路仍带有原来的短路点。

5. 分布系数法

对于具有几个电源支路并联，又经同一公共支路连到短路点的网络（见图 3-1），欲求各电源与短路点之间的转移电抗，则使用分布系数法较为简便。将各电源供出的短路电流 I_m 与短路点总短路电流 I_k 之比值，分别称为各电源支路的分布系数 C_m，可表示为

$$C_m = I_m / I_k (m = 1, 2, \cdots, n) \tag{3-3}$$

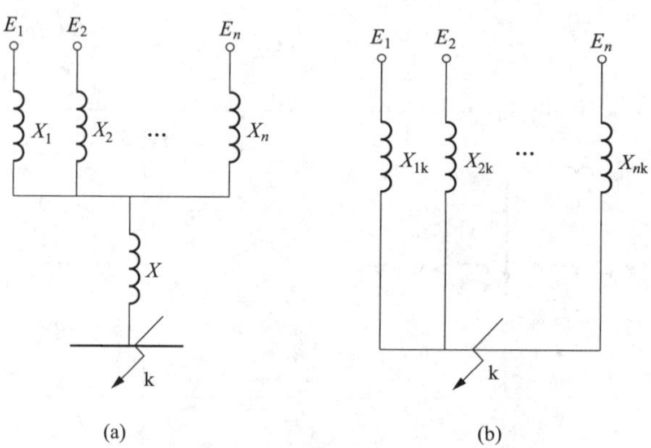

图 3-1　分布系数法示意图

（a）等值网络图；（b）转移电抗等效图

由于所有电源支路分布系数之和等于 1，所以分布系数又可用电抗表示为

$$C_m = X_{n\Sigma} / X_m \tag{3-4}$$

式中　$X_{n\Sigma}$——n 个电源支路的并联电抗（不包括公共支路电抗）；

X_m——电源 m 的支路电抗。

任一电源 m 与短路点 k 之间的转移电抗为

$$X_{mk}=X_{\Sigma}/C_m \tag{3-5}$$

式中 X_{Σ}——各电源到短路点之间的总电抗（包括公共支路）。

6. 单位电流法

单位电流法对于辐射形网最为方便。如图 3-2（a）所示网络，欲求得 E_1、E_2、E_3 对 k 点的转移阻抗。令各电势接地，$\dot{E}_1=\dot{E}_2=\dot{E}_3=0$，在 k 点加 $\dot{E}_k$ 使支路 x_1 中通过单位电流，即取 $\dot{I}_1=1$，如图 3-2（b）所示，则可以很方便地求助 $\dot{I}_2$、$\dot{I}_3$ 和 $\dot{E}_k$，即：

b 点电压 $U_b=I_1x_1=x_1$

x_2支路电流 $I_2=U_b/x_2=x_1/x_2$

x_4支路电流 $I_4=I_1+I_2$

求 a 点电压 $U_a=U_b+I_4x_4$

x_3支路电流 $I_3=U_a/x_3$

故

$$I_k=I_3+I_4E_k=U_a+I_kx_5 \tag{3-6}$$

根据互易定理，各转移电抗为

$$\left.\begin{aligned}x_{1k}&=E_k/I_1=E_k\\x_{2k}&=E_k/I_2\\x_{3k}&=E_k/I_3\end{aligned}\right\} \tag{3-7}$$

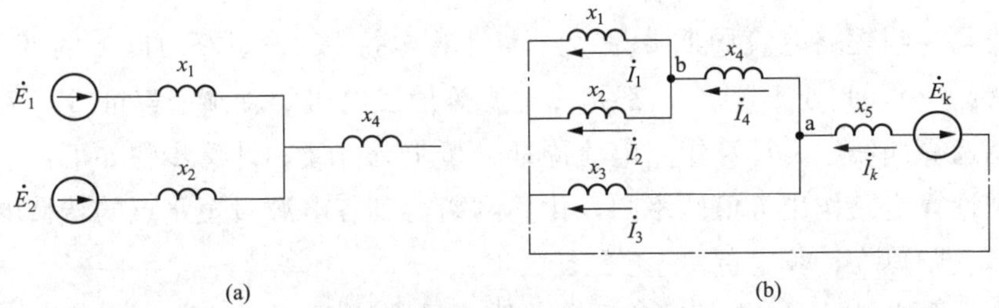

图 3-2 单位电流法求转移电抗

（a）原网络图；（b）单位电流法示意图

7. 等值电源的归并

在工程计算中，为进一步简化网络，减少计算工作量，常将短路电流变化规律相同或相近的电源归并为一个等值电源，归并的原则是：距短路点电气距离大致相等的同类型发电机可以合并；至短路点的电气距离较远，$X_{js}>1$ 的同一类型或不同类型的发电机也可以合并，直接接于短路点的发电机一般予以单独计算；无限大功率的电源应单独计算。

三、三相短路电流周期分量的计算

1. 计算电抗 X_{js}

计算电抗 X_{js}是将各电源与短路点之间的转移电抗 X_{mk}归算到以各供电电源（等值发电机）容量为基准值的电抗标幺值。其计算公式为

$$X_{js.m}=X_{mk}\frac{S_{N.m}}{S_B}(m=1,2,\cdots,n) \tag{3-8}$$

式中 $S_{N.m}$——第 m 个电源等值发电机的额定容量，MVA；

X_{mk}——第 m 个电源与短路点之间的转移电抗（标幺值）；

$X_{js.m}$——第 m 个电源至短路点的计算电抗（标幺值）。

2. 无限大功率电源的短路电流计算

无限大功率电源供给的短路电流，或计算电抗 $X_{js}\geqslant 3$ 时的短路电流，可以认为其周期分量不衰减。各短路电流标幺值的计算公式为

$$I''_{p*}=I''_{*}=I_{\infty *}=\frac{1}{X_{\Sigma *}}\left(\text{或}=\frac{1}{X_{js}}\right) \tag{3-9}$$

其中有名值为

$$I''_{p}=I''=I_{\infty}=I''_{*}I_B(\text{kA})$$

$$I_B=\frac{U_B}{\sqrt{3}X_B}=\frac{S_B}{\sqrt{3}U_B}(\text{kA}) \tag{3-10}$$

式中 $X_{\Sigma *}$——无限大功率电源到短路点之间的总电抗（标幺值）；

I''_{p}——短路电流周期分量有效值，kA；

I''——短路电流周期分量的初始值，kA；

I_{∞}——无穷大时间短路电流的稳态值，kA。

3. 有限功率电源的短路电流计算

运算曲线是一组短路电流周期分量 I_{pt*} 与计算电抗 X_{js}、短路时间 t 的变化关系曲线，即 $I_{pt*}=f(X_{js},\ t)$，此处 I_{pt*}、X_{js}都是以电源等值发电机的总额定容量 $S_{N\Sigma}$ 为基准功率。

使用实用运算曲线法，计算短路电流周期分量十分方便，计算步骤如下：

（1）根据计算电路作出等值网络图，化简网络得到各电源对短路点的转移电抗 X_{nk}。

（2）将 X_{mk}归算为计算电抗 X_{js}。

（3）根据计算电抗 X_{js}，查相应的运算曲线（见图 3-3～图 3-11），可分别查出对应于任何时间 t 的短路电流周期分量标幺值 $I_{pt\cdot m*}$，并由下式求出有名值。

$$I_{pt.m}=I_{pt.m*}\frac{S_{N.m}}{\sqrt{3}U_B}(\text{kA})(m=1,2,\cdots,n) \tag{3-11}$$

式中 $I_{pt.m}$——第 m 个电源，短路后第 t 秒钟短路电流周期分量有名值，kA；

$S_{N.m}$——第 m 个电源等值发电机额定容量，MVA。

一般当 $X_{js}\geqslant 3$ 时，可将电源当作无限大功率电源计算。

4. 短路点短路电流周期分量有名值

$$I_{pt}=\sum_{m=1}^{n}I_{pt.m*}\frac{S_{N.m}}{\sqrt{3}U_B}+I_{s*}\frac{S_B}{\sqrt{3}U_B}(\text{kA}) \tag{3-12}$$

式中 $I_{pt.m*}$——第 m 个有限功率电源供给的短路电流周期分量标幺值；

I_{s*}——无限大功率电源供给的短路电流标幺值；

I_{pt}——短路点 t 秒短路电流周期分量有效值，kA。

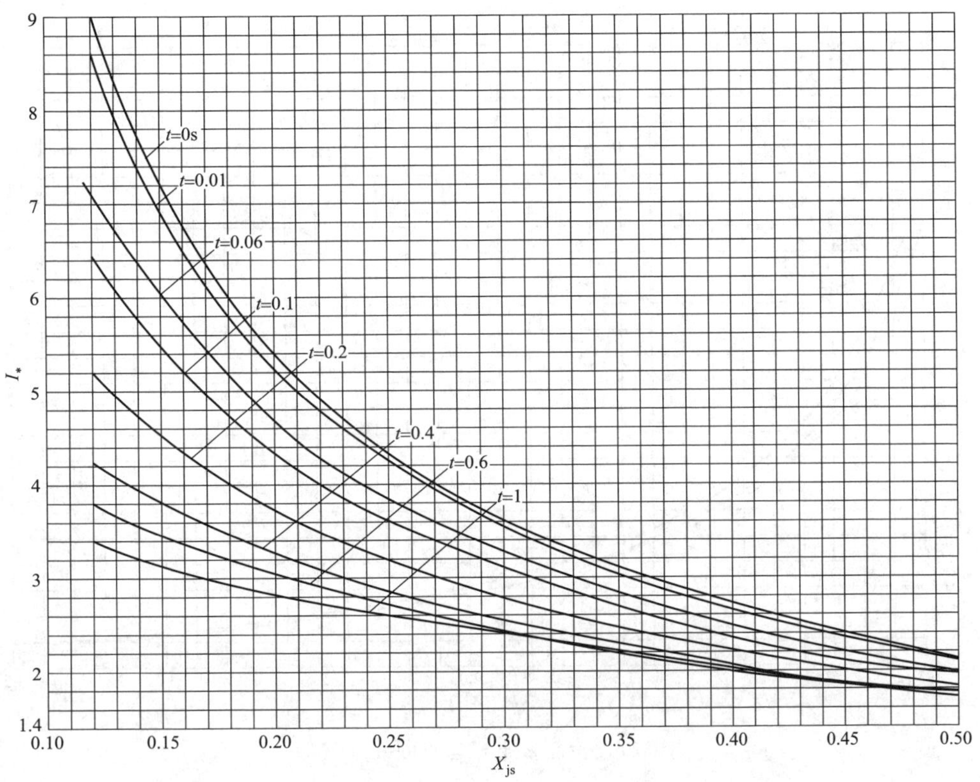

图 3-3　汽轮发电机运算曲线（一）

（X_{js}＝0.12～0.5；t＝0～1s）

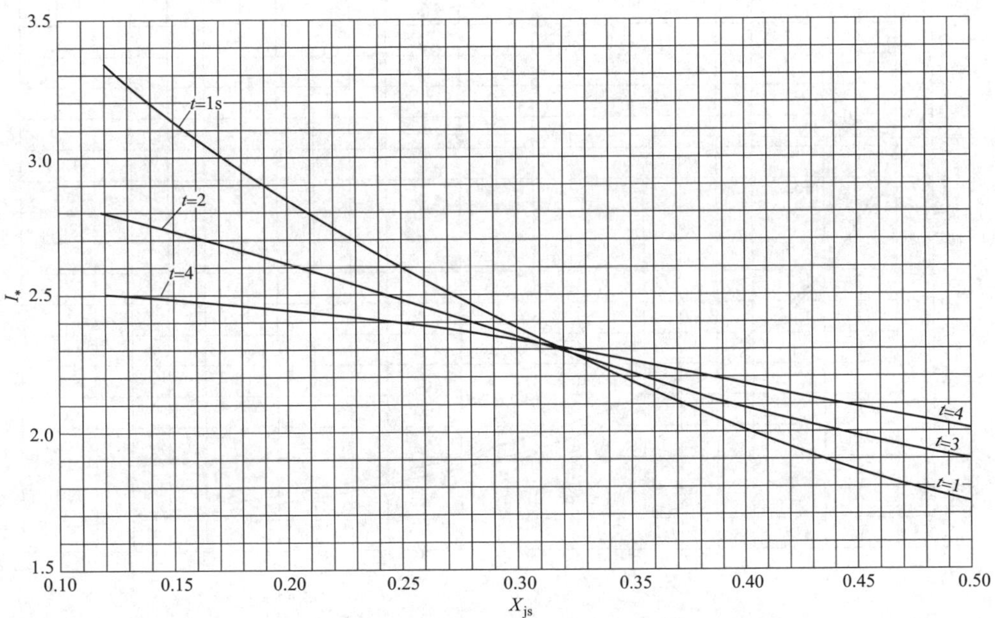

图 3-4　汽轮发电机运算曲线（二）

（X_{js}＝0.12～0.5；t＝1～4s）

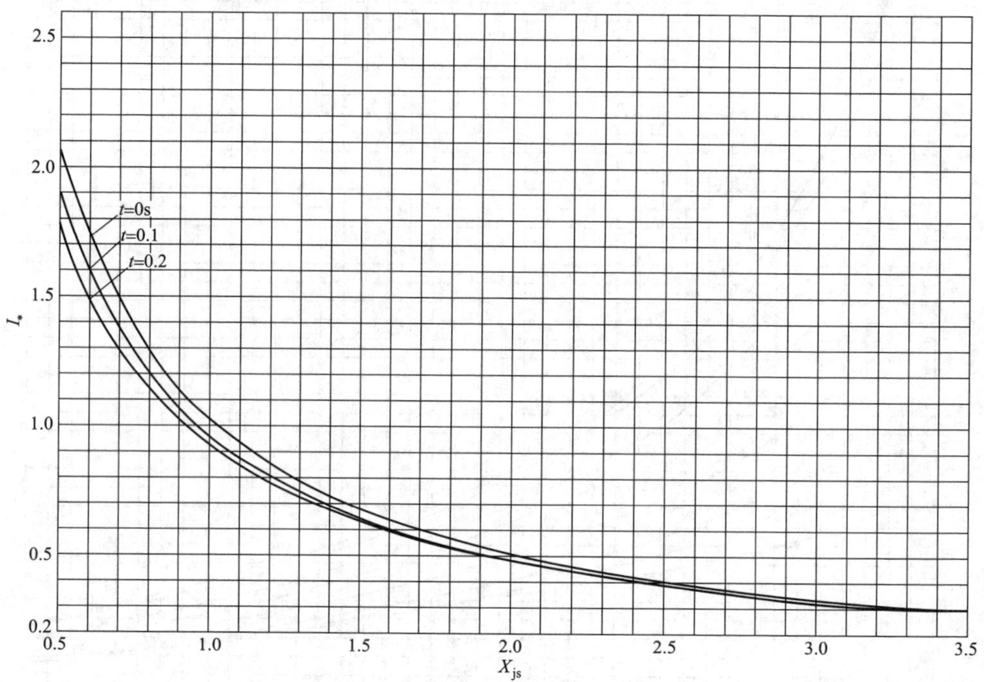

图 3-5 汽轮发电机运算曲线（三）

（X_{js}=0.5～3.45；t=0～0.2s）

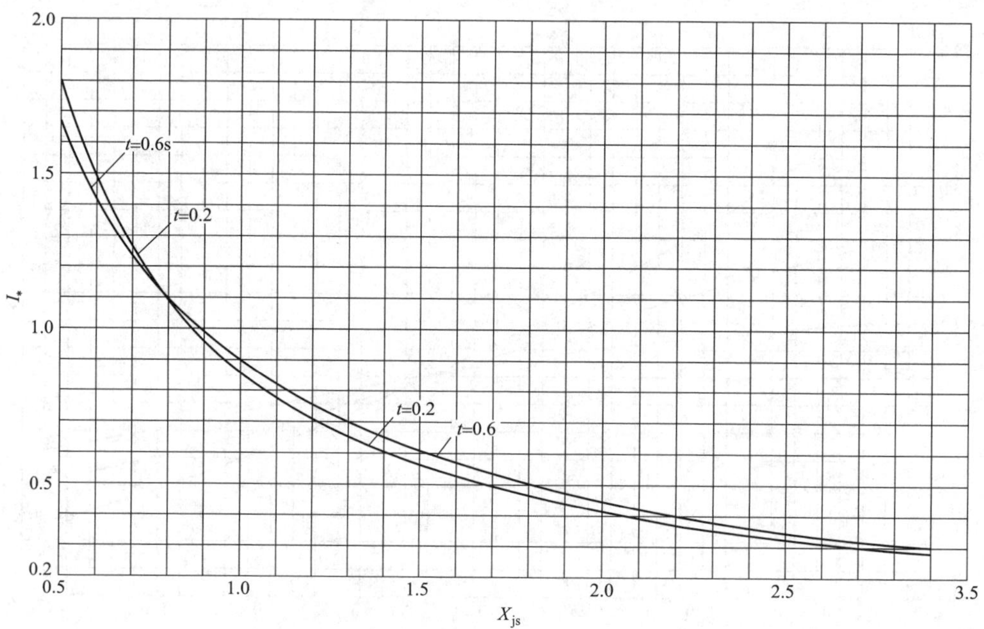

图 3-6 汽轮发电机运算曲线（四）

（X_{js}=0.5～3.45；t=0.2～0.6s）

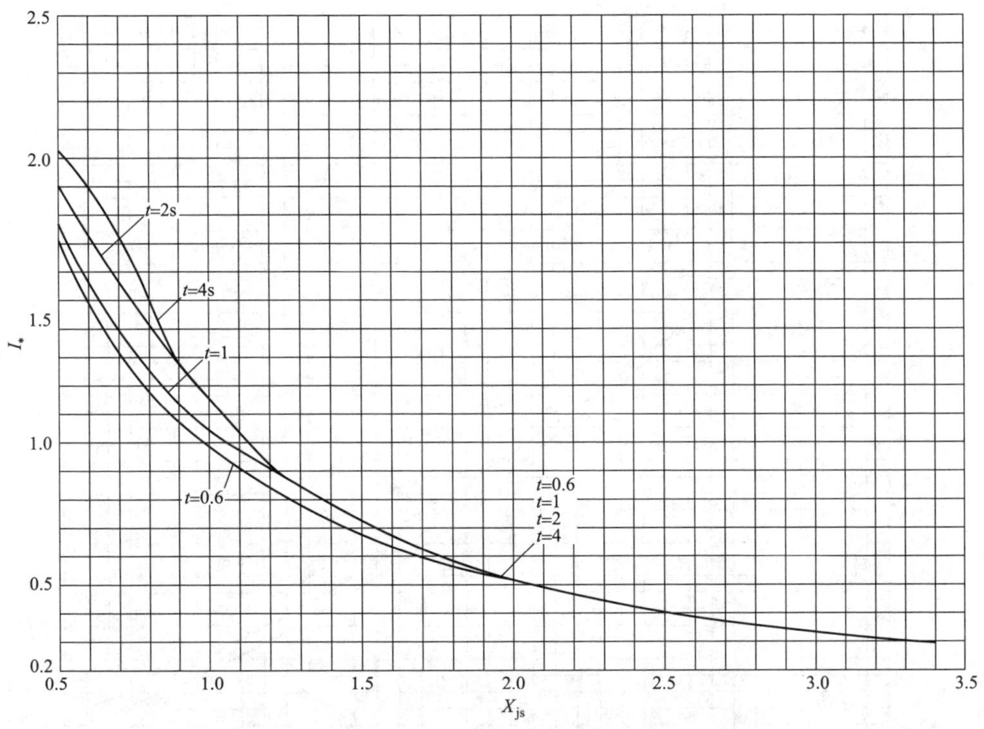

图 3-7　汽轮发电机运算曲线（五）

（X_{js}＝0.5～3.45；t＝0.6～4s）

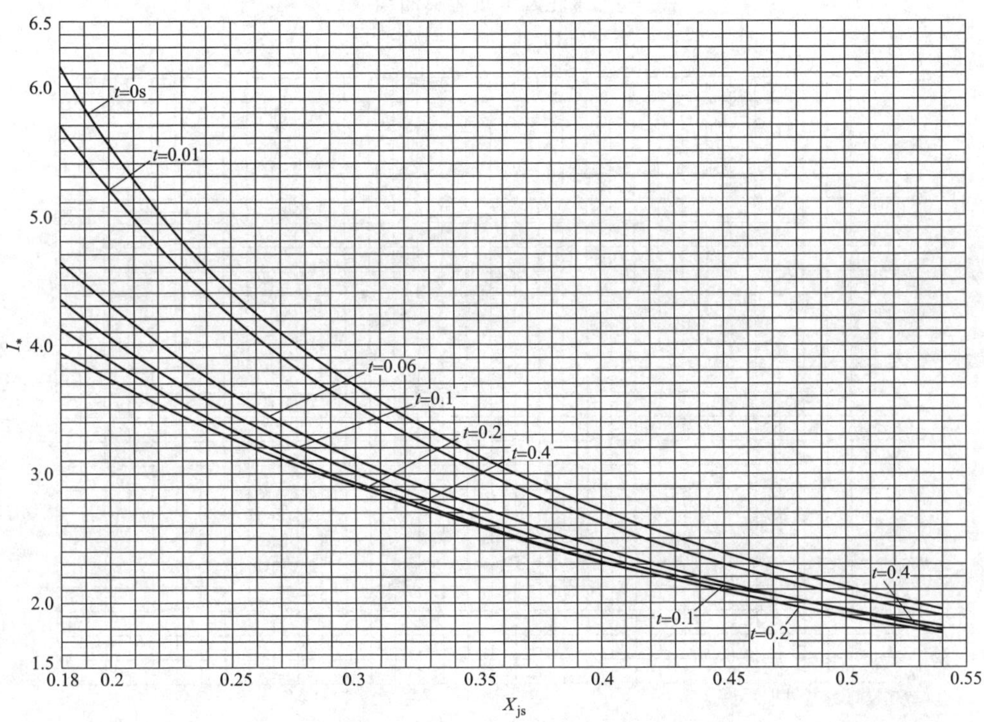

图 3-8　水轮发电机运算曲线（一）

（X_{js}＝0.18～0.56；t＝0～0.4s）

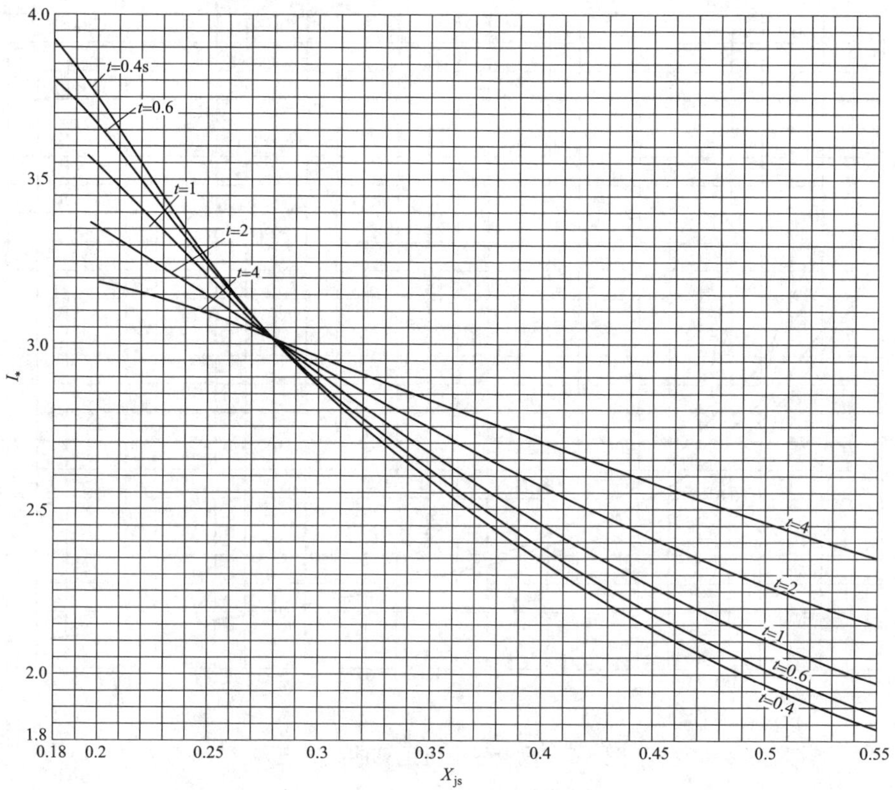

图 3-9　水轮发电机运算曲线（二）

（X_{js}=0.18～0.56；t=0.4～4s）

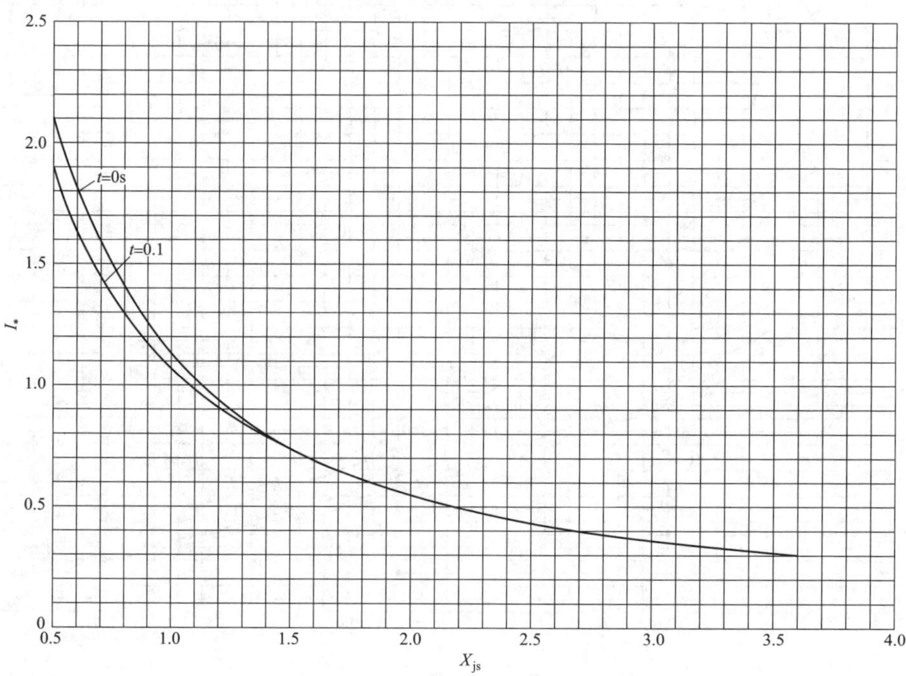

图 3-10　水轮发电机运算曲线（三）

（X_{js}=0.5～3.5；t=0～0.1s）

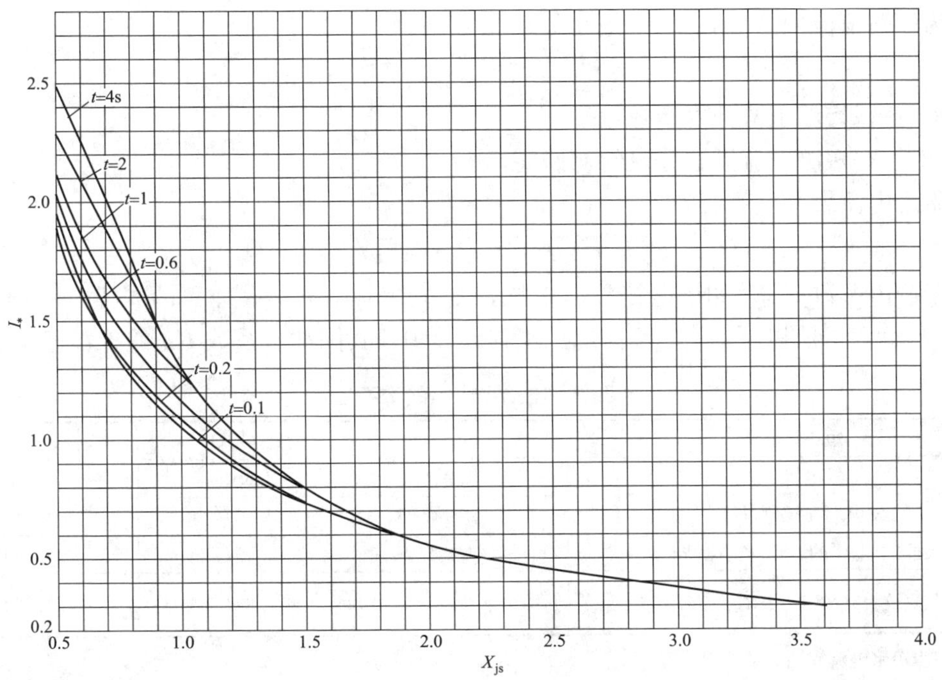

图 3-11　水轮发电机运算曲线（四）

（X_{js}=0.5～3.5；t=0.1～4s）

四、短路电流非周期分量的近似计算

起始值

$$I_{np0}=-\sqrt{2}\,I''$$

t 时刻值

$$\begin{aligned} I_{npt}&=I_{np0}e^{-\frac{t}{T_a}}=-\sqrt{2}\,I''e^{-\frac{t}{T_a}} \\ \omega&=2\pi f \\ T_a&=\frac{X_\Sigma}{R_\Sigma} \end{aligned} \tag{3-13}$$

式中　I_{np0}，I_{npt}——分别为 0s 和 t 时刻短路电流非周期分量，kA；

ω——角频率。

T_a——短路点等效时间常数，s。

不同短路点等效时间常数的推荐值见表 3-7。

表 3-7　不同短路点等效时间常数的推荐值

短路地点	T_a(s)	短路地点	T_a(s)
汽轮发电机端	80	高压侧母线（主变容量在 10～100MVA）	35
水轮发电机端	60	远离发电厂的短路点	15
高压母线侧（主变容量 100MVA 以上）	40	发电机在出线电抗器之后	40

五、短路电流冲击值及全电流最大有效值计算

短路电流最大峰值出现在短路后约半个周期时，当 f=50Hz 时发生在短路后 0.01s，该

峰值称为短路电流冲击值 i_{sh}，其表达式为

$$i_{sh}=\sqrt{2}I''(1+e^{-\frac{0.01}{T_a}})=\sqrt{2}K_{sh}I''(kA) \tag{3-14}$$

式中 K_{sh}——短路电流冲击系数；

I''——短路电流周期分量的初始值，kA。

短路全电流最大有效值为

$$I_{sh}=I''\sqrt{1+2(K_{sh}-1)^2}(kA) \tag{3-15}$$

对于冲击系数 K_{sh}，如果电路只有电抗，则 $T_a=\infty$，$K_{sh}=2$；如果电路只有电阻，则 $T_a=0$，$K_{sh}=1$。所以可知 $1\leqslant K_{sh}\leqslant 2$。工程设计中，我国冲击系数 K_{sh} 的推荐值见表 3-8。

表 3-8 我国冲击系数 K_{sh} 的推荐值

短路地点	K_{sh}	i_{sh}(kA)	I_{sh}(kA)
发电机端	1.9	$2.69I''$	$1.62I''$
发电厂高压侧母线	1.85	$2.63I''$	$1.56I''$
远离发电厂的地点（变电站）	1.8	$2.55I''$	$1.51I''$
在电阻较大（$R_\Sigma>\frac{1}{3}X_\Sigma$）的电路	1.3	$1.84I''$	$1.09I''$

注 I''为短路电流周期分量的初始值。

六、电动机对短路电流的影响

在计算机三相短路电流时，还应考虑直接连接在短路电路上且总容量大于 800kW 的高压电动机或单台容量在 20kW 以上的低压电动机的影响。

高压同步电动机所供给的短路电流，可按有限容量电源利用运算曲线计算。异步电动机供给的短路电流冲击值为

$$\begin{aligned} i_{sh.k}&=\sqrt{2}\frac{E''_*}{x''_*}K_{sh.k}I_{GN} \\ &\approx 4.5\sqrt{2}K_{sh.k}I_{GN} \end{aligned} \tag{3-16}$$

式中 E''_*——电动机次暂态电动势标幺值，一般约为 0.9；

x''_*——电动机次暂态电抗，取平均值为 0.2；

I_{GN}——电动机额定电流，kA；

$K_{sh.k}$——短路电流冲击系数（对 3～10kV 电动机可取 1.4～1.6，对 380V 电动机则近似取 1）。

计入电动机影响的短路电流冲击值和全电流最大有效值按下列两式计算：

$$i_{sh}=i_{sh.\Sigma}+i_{sh.k}(kA)$$

$$I_{sh}=\sqrt{(I''_\Sigma+I''_k)^2+2[(K_{sh.\Sigma}-1)I''_\Sigma+(K_{sk.k}-1)I''_k]^2}(kA) \tag{3-17}$$

式中 $i_{sh\cdot\Sigma}$——系统（其他电源）供给的短路冲击电流，kA；

I''_Σ——系统（其他电源）供给的 0 s 短路电流周期分量有效值，kA；

I''_k——电动机供给的短路电流周期分量起始值，$I''_k=4.5I_{GN}$(kA)；

$K_{sh\cdot\Sigma}$——系统短路电流冲击系数。

七、1000V 以下网络短路电流计算

1. 低压网络短路电流计算特点

(1) 可按无限大容量电源供电的计算短路电流方法进行计算。

（2）因电阻值较大，感抗值较小，所以短路电路中各元件的有效电阻，包括开关和电气设备触头的接触电阻均应计入。

（3）多匝电流互感器的阻抗，仅当三相都装有同样互感器时，才予考虑。

（4）低压电气设备元件的电阻多以毫欧计，因而短路电流一般采用有名值计算比较方便。

（5）由于电路电阻大，短路电流非周期分量远比高压系统衰减得快，因此一般可不考虑非周期分量，在离变压器低压侧很近处，例如低压侧母线上发生短路时，才需计算非周期分量，其短路电流冲击系数为1～1.3。

（6）异步电动机对短路冲击电流的影响，只有在短路点附近且单台容量在20kW以上时才予考虑。

2. 低压网络短路电流计算过程

三相阻抗相同的低压配电网络，三相短路电流周期分量起始值I''的计算式为

$$I''=\frac{U}{\sqrt{3(R_{\Sigma}^{2}+X_{\Sigma}^{2})}}(\mathrm{kA}) \tag{3-18}$$

式中　U——低压网络平均电压，一般取400V；

R_{Σ}，X_{Σ}——电源至短路点的总电阻、总电抗，mΩ。

其冲击电流为

$$i_{\mathrm{sh}}=\sqrt{2}K_{\mathrm{sh}}I''(\mathrm{kA}) \tag{3-19}$$

R_{Σ}、X_{Σ}应计及的电阻和电抗有下列各项：

（1）变压器绕组的电阻、阻抗和电抗。

$$\text{电阻}\qquad R=\frac{\Delta PU^{2}}{S_{\mathrm{N}}}(\mathrm{m\Omega})$$

$$\text{阻抗}\qquad Z=\frac{U_{\mathrm{k}}\%U^{2}}{100S_{\mathrm{N}}}(\mathrm{m\Omega}) \tag{3-20}$$

$$\text{电抗}\qquad X=\sqrt{Z^{2}-R^{2}}(\mathrm{m\Omega})$$

（2）开关设备触头的接触电阻（见表3-9）。

表3-9　常用开关设备触头的接触电阻（mΩ）

电阻 / 开关种类 \ 额定电流（A）	50	70	100	140	200	400	600	1000	2000	3000
自动空气开关	1.3	1.0	0.75	0.65	0.6	0.4	0.25	—	—	—
刀开关	—	—	0.5	—	0.4	0.2	0.15	0.08	—	—
隔离开关	—	—	—	—	—	0.2	0.15	0.08	0.03	0.02

（3）自动空气开关过电流线圈的阻抗（见表3-10），电流互感器一次绕组的阻抗（见表3-11）。

表3-10　自动空气开关过电流线圈的阻抗（mΩ）

线圈的额定电流（A）	50	70	100	140	200	400	600
电阻（65℃时）	5.5	2.35	1.30	0.74	0.36	0.15	0.12
电抗	2.7	1.3	0.86	0.55	0.28	0.10	0.09

表 3-11　　　　电流互感器一次绕组的阻抗（二次侧开路）(mΩ)

型号	变流比	5/5	7.5/5	10/5	15/5	20/5	30/5	40/5	50/5	
LQG0.5	电阻 电抗	600 4300	266 2130	150 1200	66.7 532	37.5 300	16.6 133	9.4 7.5	6 48	
0-49Y	电阻 电抗	480 3200	213 1420	120 800	53.2 355	30 200	13.3 88.8	7.5 50	4.8 32	
LQC-1	电阻 电抗	—	300 480	170 270	75 120	42 67	20 30	11 17	7 11	
LQC-3	电阻 电抗	—	130 120	75 70	33 30	19 17	8.2 8	4.8 4.2	3 2.8	
型号	**变流比**	**75/5**	**100/5**	**150/5**	**200/5**	**300/5**	**400/5**	**500/5**	**600/5**	**750/5**
LQG0.5	电阻 电抗	2.66 21.3	1.5 12	0.667 5.32	0.575 3	0.166 1.33	0.125 1.03	—	0.04 0.3	0.04 0.3
0-49Y	电阻 电抗	2.13 14.2	1.2 8	0.532 3.55	0.3 2	0.133 0.888	0.075 0.73	—	0.03 0.22	0.03 0.2
LQC-1	电阻 电抗	3 4.8	1.7 2.7	0.75 1.2	0.42 0.67	0.2 0.3	0.11 0.17	0.05 0.07	—	—
LQC-3	电阻 电抗	1.3 1.2	0.75 0.7	0.33 0.3	0.19 0.17	0.88 0.08	0.05 0.04	0.02 0.02	—	—

（4）长度在 10～15m 以上的母线及电缆的电阻。

第三节　发电机、调相机的技术数据

汽轮发电机型号含义如下：

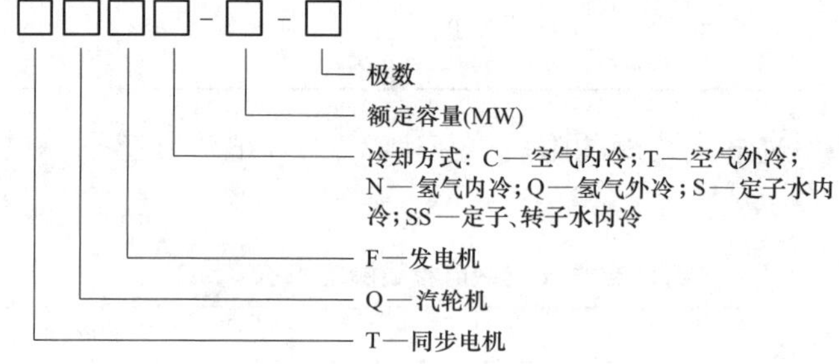

汽轮发电机的电抗标幺值见表 3-12～表 3-15。

表 3-12 汽轮发电机的电抗标幺值

汽轮发电机型号	额定容量 (MW)	功率因数 $\cos\varphi_N$	额定电压 (kV)	超瞬变电动势 E''_*	以电机、发电机额定容量为基准的参数标幺值（$S_B=S_N$）							电抗标幺值（S_B=100MVA）			定子绕组电阻（75℃）	
					直轴同步电抗 X_d	直轴瞬变电抗 X'_d	直轴超瞬变电抗 X''_d	交轴同步电抗 X_q	交轴超瞬变电抗 X''_q	负序电抗 X_2	零序电抗 X_0	直轴超瞬变电抗 X''_q	负序电抗 X_{*2}	零序电抗 X_{*0}	R% ($S_B=S_N$)	R_* (S_B=100MVA)
QFSN-600-2-22	600	0.9	22	—	1.892 9	0.242 1	0.182 6	1.892 9	0.182 6	0.204 5	0.088 1	—	—	—	—	—
QFS-300	300	0.85	18	—	2.263 9	0.268 9	0.167 0	2.263 9	0.167 0	0.204 0	0.089 2	0.047	0.058	0.025	0.232	0.000 66
QFQS-200-2	200	0.85	15.75	1.08	1.932 3	0.240 3	0.141 3	1.932 3	0.141 3	0.172 3	0.106 7	0.060	0.073	0.045	0.222	0.000 94
QFNS-200-2	200	0.85	15.75	1.08	1.940 6	0.245 6	0.145 6	1.940 6	0.145 6	0.177 8	0.077 7	0.062	0.075	0.033	0.223	0.000 95
QFNS-200-2	200	0.85	15.75	1.08	1.949 7	0.242 3	0.144 4	1.949 7	0.144 4	0.176 2	0.078 5	0.061	0.075	0.033	0.222	0.000 94
QFS-125-2	125	0.85	13.8	1.11	1.867 0	0.257 0	0.180 0	1.867 0	0.180 0	0.220 0	0.069 0	0.122	0.150	0.047	0.302	0.002 05
TQN-100-2	100	0.85	10.5	1.11	1.806 0	0.286 0	0.183 3	1.806 0	0.183 3	0.223 0	0.092 0	0.156	0.190	0.078	0.147	0.001 25
QFQ-50-2	50	0.80	6.3	1.08	1.860 0	0.185 0	0.116 0	1.860 0	0.116 0	0.142 0	0.075 4	0.186	0.227	0.121	0.175	0.002 81
TQQ-50-2	50	0.80	10.5	1.09	1.832 3	0.194 7	0.134 7	1.832 3	0.134 7	0.164 4	0.055 6	0.216	0.263	0.089	0.157	0.002 51
QFQ-50-2	50	0.80	10.5	1.08	1.860 0	0.200 0	0.124 0	1.860 0	0.124 0	0.152 5	0.081 0	0.198	0.244	0.130	0.174	0.002 78
QFS-50-2	50	0.80	10.5	1.09	1.823 2	0.236 0	0.141 0	1.823 2	0.141 0	0.172 0	0.065 1	0.226	0.276	0.104	0.171	0.002 64
QF_2-25-2	25	0.80	6.3	1.08	1.942 2	0.196 2	0.122 2	1.944 2	0.122 2	0.149 2	0.063 2	0.392	0.478	0.202	0.234	0.007 48
TQ_2-25-2	25	0.80	10.5	1.09	2.115 0	0.215 0	0.130 0	2.115 0	0.130 0	0.160 0	0.059 6	0.417	0.513	0.191	0.189	0.006 04
TQG-25-2	25	0.80	6.3	1.08	2.165 0	0.204 0	0.126 0	2.165 0	0.126 0	0.154 0	0.083 6	0.403	0.493	0.268	0.198	0.006 34
QF_2-12-2	12	0.80	6.3	1.08	1.901 0	0.200 0	0.122 1	1.901 0	0.122 1	0.149 0	0.043 3	0.814	0.993	0.289	0.375	0.025 00
QF_2-12-2	12	0.80	10.5	1.08	2.127 0	0.232 0	0.142 8	2.127 0	0.142 6	0.173 5	0.068 4	0.951	1.157	0.456	0.381	0.025 40
TQC-12/2	12	0.80	6.3	1.08	2.214 3	0.189 5	0.119 3	2.214 3	0.119 3	0.145 5	0.061 8	0.795	0.970	0.412	0.365	0.024 40

表 3-13 部分制造厂 600MW 汽轮发电机组主要参数

制造厂	额定容量（MVA）	最大连续容量（MVA）	额定电压（kV）	$\cos\varphi_N$	直轴超瞬变电抗（饱和值）X''_d	直轴瞬变电抗（饱和值）X'_d	同步电抗 X_d	短路比
东方电机厂	667	778	22	0.9	18.26%	23.92%	189%	0.6
上海电机厂	667	778	20	0.9	20.5%	26.5%	215.5%	0.54
哈尔滨电机厂	667	778	20	0.9	21.383%	26.71%	226.963%	0.54
北重阿尔斯通	716	796	22	0.9	—	27.4%	186.8%	0.55

表 3-14 部分制造厂 660MW 汽轮发电机组主要参数

制造厂	额定容量（MVA）	最大连续容量（MVA）	额定电压（kV）	$\cos\varphi_N$	直轴超瞬变电抗（饱和值）X''_d	直轴瞬变电抗（饱和值）X'_d	同步电抗 X_d	短路比
东方电机厂	733	756.9	22	0.9	19.49%	26.44%	208.11%	0.546
上海电机厂	733	733	20	0.9	23.1%	29.6%	238%	0.5
哈尔滨电机厂	733	806	20	0.9	22.386%	29.35%	249.624%	0.5
北重阿尔斯通	733	752	22	0.9	18.4%	25.8%	190.3%	0.545

表 3-15 部分制造厂 1000MW 汽轮发电机组主要参数

制造厂	额定容量（MVA）	最大连续容量（MVA）	额定电压（kV）	$\cos\varphi_N$	直轴超瞬变电抗（饱和值）X''_d	直轴瞬变电抗（饱和值）X'_d	同步电抗 X_d	短路比
东方电机厂	1112	1220	27	0.9	18%	22%	188%	0.53
上海电机厂	1112	1222	27	0.9	—	23.8%	261.4%	0.48
哈尔滨电机厂	1112	1222	27	0.9	21.4%	26.9%	218%	0.52

同期调相机型号含义如下：

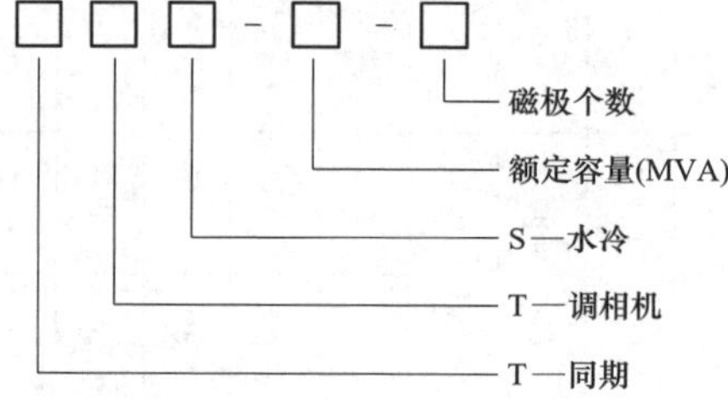

同期调相机的电抗标幺值见表 3-16。

表 3-16 同期调相机的电抗标幺值（S_B＝100MVA）

型号	额定容量（kVA）	额定电压（kV）	X''_d		X_2		X_0	
			X''_d%	X_*	X_2%	X_{2*}	X_0%	X_{0*}
TT-5-6	5000	6.6	12	2.4			7	1.4
TT-7.5-6	7500	6.6	14.6	1.95	15.5	2.07	8.03	1.07

续表

型号	额定容量（kVA）	额定电压（kV）	X''_d		X_2		X_0	
			$X''_d\%$	X_*	$X_2\%$	X_{2*}	$X_0\%$	X_{0*}
TT-7.5-11	7500	11	15	2	16	2.13	8	1.065
TT-15-8	15 000	6.6	12.85	0.856	12.8	0.854	8	0.533
TT-15-8	15 000	11	16	1.065	16	1.065	10	0.867
TT-30-6	30 000	11	16	0.533			10.5	0.35
TTS-60-6	60 000	11	16.58	0.276	17	0.284		

第四节　设计方案短路电流计算实例

在第二章第四节中根据原始资料进行了发电厂电气主接线的设计，共设计了六种方案，通过分析比较，确定了方案一和方案三为较优方案。随后对两种方案分别进行了主变的选择，确定了变压器的具体型号参数。接下来要做的工作就是计算这两种方案的短路电流，以便为后续各种电气设备的选择提供短路校验的条件依据。

一、发电机、变压器标幺值计算

（一）发电机

查表 3-12 可得短路计算所需发电机次暂态电抗 $X''_d\%$。QFS-50-2 型发电机，取 $S_B=100\text{MVA}$，$U_B=U_{av}$，得

$$X''_d=\frac{X''_d\%}{100}\frac{S_B}{S_G}=\frac{14.1\times100}{100\times50/0.8}=0.2256$$

TQN-100-2 型发电机，取 $S_B=100\text{MVA}$，$U_B=U_{av}$，得

$$X''_d=\frac{X''_d\%}{100}\frac{S_B}{S_G}=\frac{18.33\times100}{100\times100/0.85}=0.1558$$

QFQS-200-2 型发电机，取 $S_B=100\text{MVA}$，$U_B=U_{av}$，得

$$X''_d=\frac{X''_d\%}{100}\frac{S_B}{S_G}=\frac{14.13\times100}{100\times200/0.85}=0.0601$$

（二）变压器

对第二章第四节中较优的电气主接线方案（方案一和方案三）进行主变压器的选择。

1. 方案一所选变压器的主要技术参数（见表 3-17）

表 3-17　方案一所选变压器的主要技术参数表

型号	空载损耗 P_0(kW)	短路损耗 P_k(kW)			空载电流 I_0(%)	额定电压（kV）	阻抗电压 $U_k\%$		
		高—中 $P_{k(1\text{-}2)}$	高—低 $P_{k(1\text{-}3)}$	中—低 $P_{k(2\text{-}3)}$			高—中 $U_{k(1\text{-}2)}\%$	高—低 $U_{k(1\text{-}3)}\%$	中—低 $U_{k(2\text{-}3)}\%$
SF10-75000/110	44.6	246			0.2	121/10.5	10.5		
SFP7-120000/220	118	385			0.9	242/10.5	13		
SFP7-240000/220	200	630			0.7	242/15.75	14		
OSFPSL1-120000	106.4	461	431	392	1.0	220/121/6.6	10.26	17.85	11.4

取 $S_B=100\text{MVA}$，$U_B=U_{av}=230\text{kV}$，采用近似计算，则对于 SFP7-120000，有

$$X_{T*}=\frac{U_k\%}{100}\frac{S_B}{S_N}=\frac{13\times100}{100\times120}=0.108\ 3$$

对于 SFP7-240000，有

$$X_{T*}=\frac{U_k\%}{100}\frac{S_B}{S_N}=\frac{14\times100}{100\times240}=0.058\ 3$$

对于 SF10-75000/110，有

$$X_{T*}=\frac{U_k\%}{100}\frac{S_B}{S_N}=\frac{10.5\times100}{100\times75}=0.14$$

对于 OSFPSL_1-120000，有

$$U_{k(1\text{-}2)}\%=10.26(\%)$$

$$U_{k(1\text{-}3)}\%=2U'_{k(1\text{-}3)}\%=35.7(\%)$$

$$U_{k(2\text{-}3)}\%=2U'_{k(2\text{-}3)}\%=22.8(\%)$$

$$U_{k1}\%=\frac{1}{2}[U_{k(1\text{-}2)}\%+U_{k(1\text{-}3)}\%-U_{k(2\text{-}3)}\%]=\frac{1}{2}\times(10.26+35.7-22.8)=11.58(\%)$$

$$U_{k2}\%=\frac{1}{2}[U_{k(1\text{-}2)}\%+U_{k(2\text{-}3)}\%-U_{k(1\text{-}3)}\%]=\frac{1}{2}\times(10.26+22.8-35.7)=-1.32(\%)\approx0(\%)$$

$$U_{k3}\%=\frac{1}{2}[U_{k(2\text{-}3)}\%+U_{k(1\text{-}3)}\%-U_{k(1\text{-}2)}\%]=\frac{1}{2}\times(22.8+35.7-10.26)=24.12(\%)$$

可以得到

$$X_{1*}=\frac{U_{k1}\%}{100}\frac{S_B}{S_N}=\frac{11.58\times100}{100\times120}=0.096\ 5$$

$$X_{2*}=\frac{U_{k2}\%}{100}\frac{S_B}{S_N}=\frac{0\times100}{100\times120}=0$$

$$X_{3*}=\frac{U_{k3}\%}{100}\frac{S_B}{S_N}=\frac{24.12\times100}{100\times120}=0.201$$

2. 方案三所选变压器的主要技术参数（见表 3-18）

表 3-18　方案三所选变压器的主要技术参数表

型号	空载损耗 P_0(kW)	短路损耗 P_k(kW)	空载电流 I_0(%)	额定电压 (kV)	阻抗电压 U_k(%)		
					高—中 $U_{k(1\text{-}2)}\%$	高—低 $U_{k(1\text{-}3)}\%$	中—低 $U_{k(2\text{-}3)}\%$
SFP7-120000/220	118	385	0.9	242/10.5	13		
SFP7-240000/220	200	630	0.7	242/15.75	14		
SFPS10-90000/220	64.4	331.0	0.22	242/121/10.5	23	14	8

取 $S_B=100\text{MVA}$，$U_B=U_{av}$，采用近似计算，则对于 SFP7-120000，有

$$X_{T*}=\frac{U_k\%}{100}\frac{S_B}{S_N}=\frac{13\times100}{100\times120}=0.108\ 3$$

对于 SFP7-240000，有

$$X_{T*}=\frac{U_k\%}{100}\frac{S_B}{S_N}=\frac{14\times100}{100\times240}=0.0583$$

对于 SFPS10-90000/220，有

$$U_{k1}\%=\frac{1}{2}[U_{k(1-2)}\%+U_{k(1-3)}\%-U_{k(2-3)}\%]=\frac{1}{2}\times(23+14-8)=14.5(\%)$$

$$U_{k2}\%=\frac{1}{2}[U_{k(1-2)}\%+U_{k(2-3)}\%-U_{k(1-3)}\%]=\frac{1}{2}\times(23+8-14)=8.5(\%)$$

$$U_{k3}\%=\frac{1}{2}[U_{k(2-3)}\%+U_{k(1-3)}\%-U_{k(1-2)}\%]=\frac{1}{2}\times(8+14-23)=-0.5(\%)\approx0$$

可以得到

$$X_{1*}=\frac{U_{k1}\%}{100}\frac{S_B}{S_N}=\frac{14.5\times100}{100\times90}=0.1611$$

$$X_{2*}=\frac{U_{k2}\%}{100}\frac{S_B}{S_N}=\frac{8.5\times100}{100\times90}=0.09444$$

$$X_{3*}=\frac{U_{k3}\%}{100}\frac{S_B}{S_N}=\frac{0\times100}{100\times90}=0$$

10kV 双母线分段处加限流电抗器，电抗百分值取 8%～12%，电抗器的额定电压取 10kV，母线分段处的最大持续工作电流 I_{max} 一般取该母线上最大一台发电机额定电流的 50%～80%（参见第四章表 4-1）。

$$I_{GN}=\frac{P_N}{\sqrt{3}U_N\cos\varphi}=\frac{50}{\sqrt{3}\times10.5\times0.8}=3.4366(kA)$$

$$I_{max}=0.5I_{GN}=0.5\times3.4366=1.7183(kA)$$

故在母线分段处加型号为 XKK-10-2000-12 的电抗器。其电抗标幺值为

$$I_B=\frac{S_B}{\sqrt{3}U_B}=\frac{100}{\sqrt{3}\times10.5}=5.4986(kA)$$

$$X_{R*}=\frac{X_R\%}{100}\frac{U_{RN}}{U_B}\frac{I_B}{I_{RN}}=\frac{12}{100}\times\frac{10}{10.5}\times\frac{5.4986}{2}=0.3142$$

二、方案一的三相短路电流计算

（一）绘制等值网络

方案一的等值网络如图 3-12 所示。图中 G1、G2 为 50WM 发电机组，G3、G4 为 100WM 发电机组，G5 为 200WM 发电机组，S 连接 220kV 系统。

（二）化简等值网络，求出转移电抗

1. 化简等值网络的方法

（1）网络化简法。消除电源电动势节点和短路点以外的所有中间环节后，各电源点与短路点的直接联系阻抗即它们之间的转移阻抗。在最后的等值网络中，若除了某电源节点外其余电源均接地，则该电源节点与短路点间的阻抗，就是该电源电动势和短路点电流之比值，即为转移电抗。在化简过程中，可以把短路电流变化规律大体相同的发电机合并成等值机，以减少计算工作量，即一般在同一母线（非短路点）上的发电机可以合并成一台等值发电机。

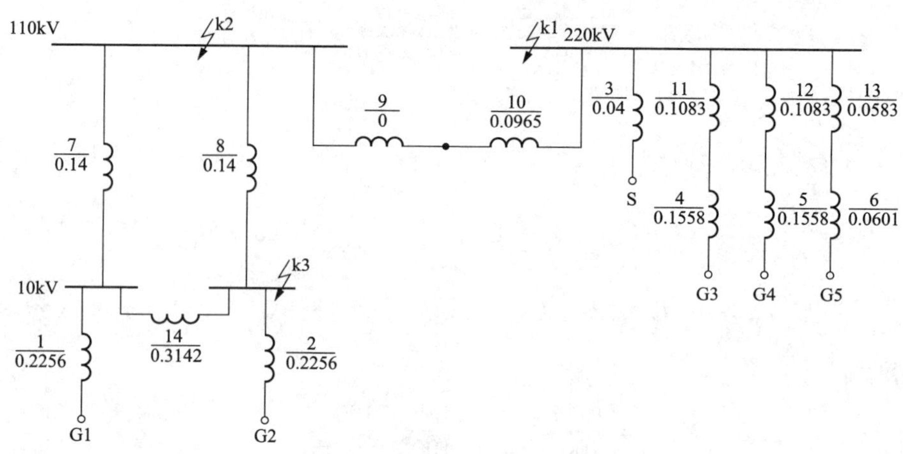

图 3-12　方案一的等值网络图

（2）单位电流法。这种方法对于辐射型网络最为方便。令电源点的电动势等于零，在短路点加电动势 E_k 使其中一条电源支路中通过单位电流，则通过等值网络可以很方便地求得其他电源支路的电流和短路点电动势 E_k。根据转移电抗的定义，短路点电动势 E_k 除去该电源支路的电流，即为该电源支路的转移电抗。

对图 3-12 所示网络进行化简，化简后的等值网络如图 3-13 所示。中高压侧联络变压器，因低压侧没有电源，只做厂用电备用，故只考虑高中压侧的等值电抗；同等容量参数的发电机参数可合并等效。

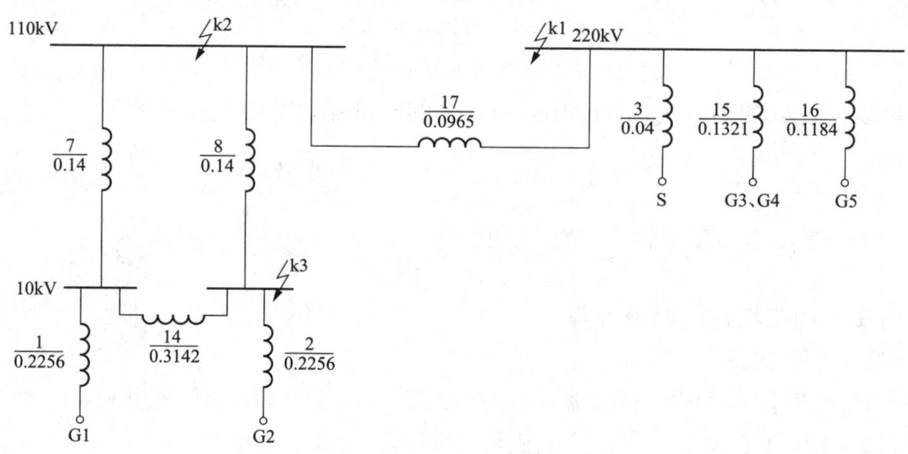

图 3-13　方案一的等值网络化简图

2. 220kV 母线短路等值网络化简并求转移电抗

220kV 母线短路等值网络如图 3-14 所示。

由图 3-14 得低压 10kV 侧 G1、G2 发电机到短路点的转移电抗为

$$X_{1,2k}=0.1828+0.0965=0.2793$$

高压 220kV 侧 100MW 发电机 G3、G4 到短路点的转移电抗 $X_{3,4k}$，200MW 发电机 G5 到短路点的转移电抗 X_{5k}，无限大功率电源到短路点的转移电抗 X_{Sk} 分别为

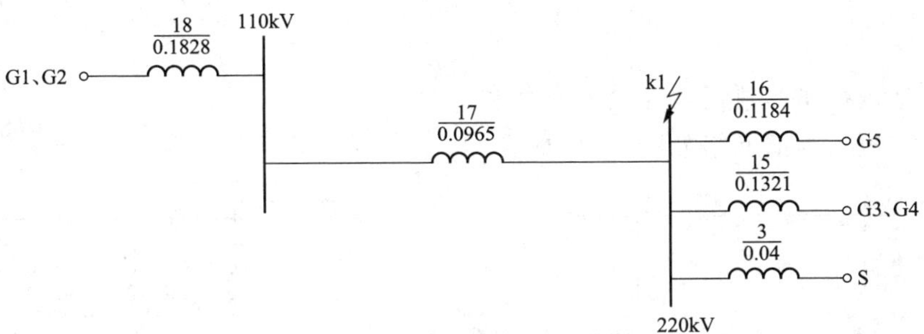

图 3-14　方案一 k1 短路时等值网络化简图

$$X_{3、4k}=0.1321$$

$$X_{5k}=0.1184$$

$$X_{Sk}=0.04$$

3. 110kV 母线短路等值网络化简并求转移电抗

110kV 母线短路等值网络如图 3-15 所示。

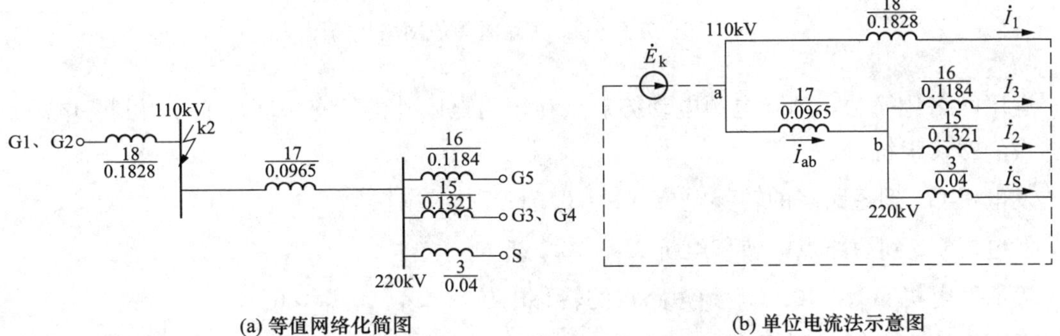

图 3-15　方案一 k2 短路时等值网络化简图

在短路点加电动势 E_k，使无限大功率电源支路中通过单位电流，即 $I_S=1$。

$$X_3=0.04$$

$$U_b=I_SX_3=1\times0.04=0.04$$

$$I_2=\frac{U_b}{X_{15}}=\frac{0.04}{0.1321}=0.3028$$

$$I_3=\frac{U_b}{X_{16}}=\frac{0.04}{0.1184}=0.3378$$

$$E_k=U_a=(I_S+I_2+I_3)X_{17}+U_b$$

$$=(1+0.3028+0.3378)\times0.0965+0.04=0.1983$$

$$X_{1、2k}=0.1828$$

$$X_{3、4k}=\frac{E_k}{I_2}=\frac{0.1983}{0.3028}=0.6549$$

$$X_{5k}=\frac{E_k}{I_3}=\frac{0.1983}{0.3378}=0.5870$$

$$X_{Sk}=\frac{E_k}{I_S}=\frac{0.198\ 3}{1}=0.198\ 3$$

4. 10kV 母线短路等值网络化简并求转移电抗

10kV 母线短路等值网络如图 3-16 所示。

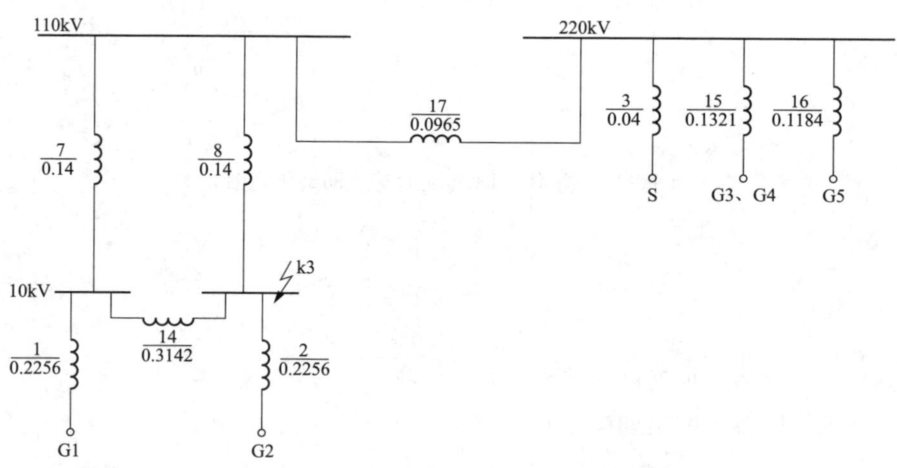

图 3-16 方案一 k3 短路时等值网络化简图

运用网络化简法，消除电源电动势节点和短路点以外的所有中间环节，得到各电源点与短路点的转移阻抗。

发电机 G1 到短路点的转移电抗 $X_{1k}=0.517\ 7$。

发电机 G2 到短路点的转移电抗 $X_{2k}=0.225\ 6$。

等值发电机 G3、G4、G5 到短路点的转移电抗 $X_{3\sim5k}=0.680\ 6$。

无限大功率电源 S 到短路点的转移电抗 $X_{Sk}=0.436\ 3$。

（三）求各电源的计算电抗

1. 求解计算电抗的方法

（1）系统作为无限大功率电源不必查运算曲线，系统对短路点的短路电流为计算电抗的倒数。

（2）将各发电机组对短路点的转移电抗归算到以该电源容量为基准的计算电抗，然后查相应的发电机运算曲线。

2. 220kV 母线短路计算电抗

等值发电机 G1、G2 的计算电抗为

$$X_{js1、2}=X_{1、2k}\frac{S_N}{S_B}=0.279\ 3\times\frac{2\times50}{0.8\times100}=0.349\ 1$$

等值发电机 G3、G4 的计算电抗为

$$X_{js3、4}=X_{3、4k}\frac{S_N}{S_B}=0.132\ 1\times\frac{2\times100}{0.85\times100}=0.310\ 8$$

发电机 G5 的计算电抗为

$$X_{js5}=X_{5k}\frac{S_N}{S_B}=0.1184\times\frac{200}{0.85\times100}=0.2786$$

3. 110kV 母线短路计算电抗

$$X_{js1、2}=X_{1、2k}\frac{S_N}{S_B}=0.1828\times\frac{2\times50}{0.8\times100}=0.2285$$

$$X_{js3、4}=X_{3、4k}\frac{S_N}{S_B}=0.6549\times\frac{2\times100}{0.85\times100}=1.5409$$

$$X_{js5}=X_{5k}\frac{S_N}{S_B}=0.5870\times\frac{200}{0.85\times100}=1.3812$$

4. 10kV 母线短路计算电抗

$$X_{js1}=X_{1k}\frac{S_N}{S_B}=0.5177\times\frac{50}{0.8\times100}=0.3236$$

$$X_{js2}=X_{2k}\frac{S_N}{S_B}=0.2256\times\frac{50}{0.8\times100}=0.1410$$

$$X_{js3\sim5}=X_{3\sim5k}\frac{S_N}{S_B}=0.6806\times\frac{400}{0.85\times100}=3.2028$$

（四）由运算曲线查出各发电机组对短路点的短路电流标幺值，计算出短路电流有名值

1. 220kV 母线短路各时刻短路电流（0、0.1、0.2、2、4s）

无限大功率电源 S 提供的短路电流为

$$I''_S=\frac{1}{X_{Sk}}\frac{S_B}{\sqrt{3}U_B}=\frac{1}{0.04}\times\frac{100}{\sqrt{3}\times230}=6.2755(\text{kA})$$

等值发电机 G1、G2 提供的 0、0.1、0.2、2、4s 时刻短路电流分别为

$$I''_{1、2}=3.08\frac{S_N}{\sqrt{3}U_B}=3.08\times\frac{2\times50}{0.8\times\sqrt{3}\times230}=0.9664(\text{kA})$$

$$I_{1、2(0.1)}=2.62\frac{S_N}{\sqrt{3}U_B}=2.62\times\frac{2\times50}{0.8\times\sqrt{3}\times230}=0.8221(\text{kA})$$

$$I_{1、2(0.2)}=2.41\frac{S_N}{\sqrt{3}U_B}=2.41\times\frac{2\times50}{0.8\times\sqrt{3}\times230}=0.7562(\text{kA})$$

$$I_{1、2(2)}=2.22\frac{S_N}{\sqrt{3}U_B}=2.22\times\frac{2\times50}{0.8\times\sqrt{3}\times230}=0.6966(\text{kA})$$

$$I_{1、2(4)}=2.28\frac{S_N}{\sqrt{3}U_B}=2.28\times\frac{2\times50}{0.8\times\sqrt{3}\times230}=0.7154(\text{kA})$$

等值发电机 G3、G4 提供的 0、0.1、0.2、2、4s 时刻短路电流分别为

$$I''_{3、4}=3.42\frac{S_N}{\sqrt{3}U_B}=3.42\times\frac{2\times100}{0.85\times\sqrt{3}\times230}=2.02(\text{kA})$$

$$I_{3、4(0.1)}=2.98\frac{S_N}{\sqrt{3}U_B}=2.98\times\frac{2\times100}{0.85\times\sqrt{3}\times230}=1.7601(\text{kA})$$

$$I_{3、4(0.2)}=2.62\frac{S_N}{\sqrt{3}U_B}=2.62\times\frac{2\times100}{0.85\times\sqrt{3}\times230}=1.5475(\text{kA})$$

$$I_{3、4(2)}=2.33\frac{S_N}{\sqrt{3}U_B}=2.33\times\frac{2\times100}{0.85\times\sqrt{3}\times230}=1.3762(\text{kA})$$

$$I_{3、4(4)}=2.32\frac{S_N}{\sqrt{3}U_B}=2.32\times\frac{2\times100}{0.85\times\sqrt{3}\times230}=1.3703(\text{kA})$$

发电机 G5 提供的 0、0.1、0.2、2、4s 时刻短路电流分别为

$$I''_5=3.85\frac{S_N}{\sqrt{3}U_B}=3.85\times\frac{200}{0.85\times\sqrt{3}\times230}=2.274(\text{kA})$$

$$I_{5(0.1)}=3.28\frac{S_N}{\sqrt{3}U_B}=3.28\times\frac{200}{0.85\times\sqrt{3}\times230}=1.9373(\text{kA})$$

$$I_{5(0.2)}=2.9\frac{S_N}{\sqrt{3}U_B}=2.9\times\frac{200}{0.85\times\sqrt{3}\times230}=1.7129(\text{kA})$$

$$I_{5(2)}=2.42\frac{S_N}{\sqrt{3}U_B}=2.42\times\frac{200}{0.85\times\sqrt{3}\times230}=1.4293(\text{kA})$$

$$I_{5(4)}=2.38\frac{S_N}{\sqrt{3}U_B}=2.38\times\frac{200}{0.85\times\sqrt{3}\times230}=1.4057(\text{kA})$$

2. 110kV 母线短路各时刻短路电流（0、0.1、0.2、2、4s）

$$I''_S=\frac{1}{X_{Sk}}\frac{S_B}{\sqrt{3}U_B}=\frac{1}{0.1983}\times\frac{100}{\sqrt{3}\times115}=2.5317(\text{kA})$$

$$I''_{1、2}=4.78\frac{S_N}{\sqrt{3}U_B}=4.78\times\frac{2\times50}{0.8\times\sqrt{3}\times115}=2.9997(\text{kA})$$

$$I_{1、2(0.1)}=3.83\frac{S_N}{\sqrt{3}U_B}=3.83\times\frac{2\times50}{0.8\times\sqrt{3}\times115}=2.4035(\text{kA})$$

$$I_{1、2(0.2)}=3.4\frac{S_N}{\sqrt{3}U_B}=3.4\times\frac{2\times50}{0.8\times\sqrt{3}\times115}=2.1337(\text{kA})$$

$$I_{1、2(2)}=2.52\frac{S_N}{\sqrt{3}U_B}=2.52\times\frac{2\times50}{0.8\times\sqrt{3}\times115}=1.5814(\text{kA})$$

$$I_{1、2(4)}=2.43\frac{S_N}{\sqrt{3}U_B}=2.43\times\frac{2\times50}{0.8\times\sqrt{3}\times115}=1.5250(\text{kA})$$

$$I''_{3、4}=0.67\frac{S_N}{\sqrt{3}U_B}=0.67\times\frac{2\times100}{0.85\times\sqrt{3}\times115}=0.7915(\text{kA})$$

$$I_{3、4(0.1)}=0.62\frac{S_N}{\sqrt{3}U_B}=0.62\times\frac{2\times100}{0.85\times\sqrt{3}\times115}=0.7324(\text{kA})$$

$$I_{3、4(0.2)}=0.62\frac{S_N}{\sqrt{3}U_B}=0.62\times\frac{2\times100}{0.85\times\sqrt{3}\times115}=0.7324(\text{kA})$$

$$I_{3、4(2)}=0.69\frac{S_N}{\sqrt{3}U_B}=0.69\times\frac{2\times100}{0.85\times\sqrt{3}\times115}=0.8151(\text{kA})$$

$$I_{3、4(4)}=0.69\frac{S_N}{\sqrt{3}U_B}=0.69\times\frac{2\times100}{0.85\times\sqrt{3}\times115}=0.8151(\text{kA})$$

$$I''_5=0.73\frac{S_N}{\sqrt{3}U_B}=0.73\times\frac{200}{0.85\times\sqrt{3}\times115}=0.8623(\text{kA})$$

$$I_{5(0.1)}=0.72\frac{S_N}{\sqrt{3}U_B}=0.72\times\frac{200}{0.85\times\sqrt{3}\times115}=0.8505(\text{kA})$$

$$I_{5(0.2)}=0.71\frac{S_N}{\sqrt{3}U_B}=0.71\times\frac{200}{0.85\times\sqrt{3}\times115}=0.8387(\text{kA})$$

$$I_{5(2)}=0.78\frac{S_N}{\sqrt{3}U_B}=0.78\times\frac{200}{0.85\times\sqrt{3}\times115}=0.9214(\text{kA})$$

$$I_{5(4)}=0.78\frac{S_N}{\sqrt{3}U_B}=0.78\times\frac{200}{0.85\times\sqrt{3}\times115}=0.9214(\text{kA})$$

3. 10kV 母线短路各时刻短路电流（0、0.1、0.2、2、4s）

$$I''_S=\frac{1}{X_{Sd}}\frac{S_B}{\sqrt{3}U_B}=\frac{1}{0.4363}\times\frac{100}{\sqrt{3}\times10.5}=12.6027(\text{kA})$$

$$I''_1=3.32\frac{S_N}{\sqrt{3}U_B}=3.32\times\frac{50}{0.8\times\sqrt{3}\times10.5}=11.4095(\text{kA})$$

$$I_{1(0.1)}=2.88\frac{S_N}{\sqrt{3}U_B}=2.88\times\frac{50}{0.8\times\sqrt{3}\times10.5}=9.8974(\text{kA})$$

$$I_{1(0.2)}=2.59\frac{S_N}{\sqrt{3}U_B}=2.59\times\frac{50}{0.8\times\sqrt{3}\times10.5}=8.9008(\text{kA})$$

$$I_{1(2)}=2.29\frac{S_N}{\sqrt{3}U_B}=2.29\times\frac{50}{0.8\times\sqrt{3}\times10.5}=7.8698(\text{kA})$$

$$I_{1(4)}=2.31\frac{S_N}{\sqrt{3}U_B}=2.31\times\frac{50}{0.8\times\sqrt{3}\times10.5}=7.9386(\text{kA})$$

$$I''_2=7.38\frac{S_N}{\sqrt{3}U_B}=7.38\times\frac{50}{0.8\times\sqrt{3}\times10.5}=25.3621(\text{kA})$$

$$I_{2(0.1)}=5.56\frac{S_N}{\sqrt{3}U_B}=5.56\times\frac{50}{0.8\times\sqrt{3}\times10.5}=19.1075(\text{kA})$$

$$I_{2(0.2)}=4.61\frac{S_N}{\sqrt{3}U_B}=4.61\times\frac{50}{0.8\times\sqrt{3}\times10.5}=15.8428(\text{kA})$$

$$I_{2(2)}=2.72\frac{S_N}{\sqrt{3}U_B}=2.72\times\frac{50}{0.8\times\sqrt{3}\times10.5}=9.3476(\text{kA})$$

$$I_{2(4)}=2.51\frac{S_N}{\sqrt{3}U_B}=2.51\times\frac{50}{0.8\times\sqrt{3}\times10.5}=8.6259(\text{kA})$$

$$I''_{3\sim5}=0.32\frac{S_N}{\sqrt{3}U_B}=0.32\times\frac{400}{0.85\times\sqrt{3}\times10.5}=8.2802(\text{kA})$$

$$I''_{3\sim5(0.1)}=0.31\frac{S_N}{\sqrt{3}U_B}=0.31\times\frac{400}{0.85\times\sqrt{3}\times10.5}=8.0214(\text{kA})$$

$$I''_{3\sim5(0.2)}=0.31\frac{S_N}{\sqrt{3}U_B}=0.31\times\frac{400}{0.85\times\sqrt{3}\times10.5}=8.0214(\text{kA})$$

$$I''_{3\sim5(2)}=0.30\frac{S_N}{\sqrt{3}U_B}=0.30\times\frac{400}{0.85\times\sqrt{3}\times10.5}=7.7627(\text{kA})$$

$$I''_{3\sim5(4)}=0.30\frac{S_N}{\sqrt{3}U_B}=0.30\times\frac{400}{0.85\times\sqrt{3}\times10.5}=7.7627(\text{kA})$$

（五）计算短路电流冲击值、短路电流最大有效值、短路容量

短路电流冲击值

$$i_{sh}=\sqrt{2}K_{sh}I''$$

其中，K_{sh}为短路电流冲击系数，表示冲击电流对周期分量幅值的倍数。实用计算时，短路发生在发电机出口时$K_{sh}=1.9$；短路发生在发电厂高压母线及发电机电压电抗器后时$K_{sh}=1.85$；在其他地点短路时$K_{sh}=1.8$。

短路电流最大有效值

$$I_{sh}=I''\sqrt{1+2(K_{sh}-1)^2}$$

短路容量

$$S_k=\sqrt{3}U_{av}I''$$

220kV 母线短路电流冲击值、短路电流最大有效值、短路容量。

$$i_{shS}=\sqrt{2}K_{sh}I''_S=\sqrt{2}\times1.85\times6.2755=16.4186(\text{kA})$$

$$i_{sh1、2}=\sqrt{2}K_{sh}I''_{1、2}=\sqrt{2}\times1.85\times0.9664=2.5284(\text{kA})$$

$$i_{sh3、4}=\sqrt{2}K_{ch}I''_{3、4}=\sqrt{2}\times1.85\times2.02=5.2849(\text{kA})$$

$$i_{sh5}=\sqrt{2}K_{sh}I''_5=\sqrt{2}\times1.85\times2.2740=5.9495(\text{kA})$$

$$I_{shS}=I''_S\sqrt{1+2(K_{sh}-1)^2}=1.56I''_S=1.56\times6.2755=9.7898(\text{kA})$$

$$I_{sh1、2}=1.56I''_{1、2}=1.56\times0.9664=1.5076(\text{kA})$$

$$I_{sh3、4}=1.56I''_{3、4}=1.56\times2.02=3.1512(\text{kA})$$

$$I_{sh5}=1.56I''_5=1.56\times2.274=3.5474(\text{kA})$$

$$S_{Sk}=\sqrt{3}U_{av}I''_S=\sqrt{3}\times230\times6.2755=2499.9815(\text{MVA})$$

$$S_{1、2k}=\sqrt{3}U_{av}I''_{1、2}=\sqrt{3}\times230\times0.9664=384.9864(\text{MVA})$$

$$S_{3、4k}=\sqrt{3}U_{av}I''_{3、4}=\sqrt{3}\times230\times2.02=804.7108(\text{MVA})$$

$$S_{5k}=\sqrt{3}U_{av}I''_5=\sqrt{3}\times230\times2.274=905.8972(\text{MVA})$$

110kV 母线、10kV 母线短路计算过程同上，短路电流计算结果汇总见表 3-19。

表 3-19　　方案一短路电流计算汇总表（kA）

短路点	支路名称	转移电抗 X_{nk}	计算电抗 X_{js}	初始 0s 短路电流		0.1s 短路电流		0.2s 短路电流		2s 短路电流		4s 短路电流		短路冲击电流 i_{sh}	全电流最大有效值 I_{sh}	短路容量 S_k (MVA)
				标幺值 I''_*	有名值 I''	标幺值 $I_{0.1*}$	有名值 $I_{0.1}$	标幺值 $I_{0.2*}$	有名值 $I_{0.2}$	标幺值 I_{2*}	有名值 I_2	标幺值 I_{4*}	有名值 I_4			
220kV 母线	2×50MW 发电机	0.279 3	0.349 1	3.080 0	0.966 4	2.620 0	0.822 1	2.410 0	0.756 2	2.220 0	0.696 6	2.280 0	0.715 4	2.528 4	1.507 6	384.986 4
	2×100MW 发电机	0.132 1	0.310 8	3.420 0	2.020 0	2.980 0	1.760 1	2.620 0	1.547 5	2.330 0	1.376 2	2.320 0	1.370 3	5.284 9	3.151 2	804.710 8
	200MW 发电机	0.118 4	0.278 6	3.850 0	2.274 0	3.280 0	1.937 3	2.900 0	1.712 9	2.420 0	1.429 3	2.380 0	1.405 7	5.949 5	3.547 4	905.897 2
	220kV 系统	0.040 0	0.040 0	25.000 0	6.275 5	25.000 0	6.275 5	25.000 0	6.275 5	25.000 0	6.275 5	25.000 0	6.275 5	16.418 6	9.789 8	2499.981 5
110kV 母线	2×50MW 发电机	0.182 8	0.228 5	4.780 0	2.999 7	3.830 0	2.403 5	3.400 0	2.133 7	2.520 0	1.581 4	2.430 0	1.525 0	7.848 1	4.679 5	597.497 8
	2×100MW 发电机	0.654 9	1.540 9	0.670 0	0.791 5	0.620 0	0.732 4	0.620 0	0.732 4	0.690 0	0.815 1	0.690 0	0.815 1	2.070 8	1.234 7	157.655 6
	200MW 发电机	0.587 0	1.381 2	0.730 0	0.862 3	0.720 0	0.850 5	0.710 0	0.838 7	0.780 0	0.921 4	0.780 0	0.921 4	2.256 0	1.345 2	171.758 0
	220kV 系统	0.198 3	0.198 3	5.042 9	2.531 7	5.042 9	2.531 7	5.042 9	2.531 7	5.042 9	2.531 7	5.042 9	2.531 7	6.623 7	3.949 5	504.278 8
10kV 母线	50MW 发电机	0.517 7	0.323 6	3.280 0	11.272 1	2.880 0	9.897 4	2.590 0	8.900 8	2.290 0	7.869 8	2.310 0	7.938 6	29.491 1	17.584 5	205.000 4
	50MW 发电机	0.225 6	0.141 0	7.380 0	25.362 1	5.560 0	19.107 5	4.610 0	15.842 8	2.720 0	9.347 6	2.510 0	8.625 9	66.354 7	39.564 9	461.248 7
	2×100MW 发电机	0.680 6	3.202 8	0.320 0	3.914 1	0.310 0	3.791 7	0.310 0	3.791 7	0.300 0	3.669 4	0.300 0	3.669 4	10.240 4	6.106 0	71.183 9
	200MW 发电机				4.366 1		4.229 7		4.229 7		4.093 3		4.093 3	11.423 0	6.811 1	79.404 2
	220kV 系统	0.436 3	0.436 3	2.292 0	12.602 7	2.292 0	12.602 7	2.292 0	12.602 7	2.292 0	12.602 7	2.292 0	12.602 7	32.972 4	19.660 2	229.199 4

三、方案三的三相短路电流的计算

（一）绘制等值网络

方案三的等值网络如图 3-17 所示。

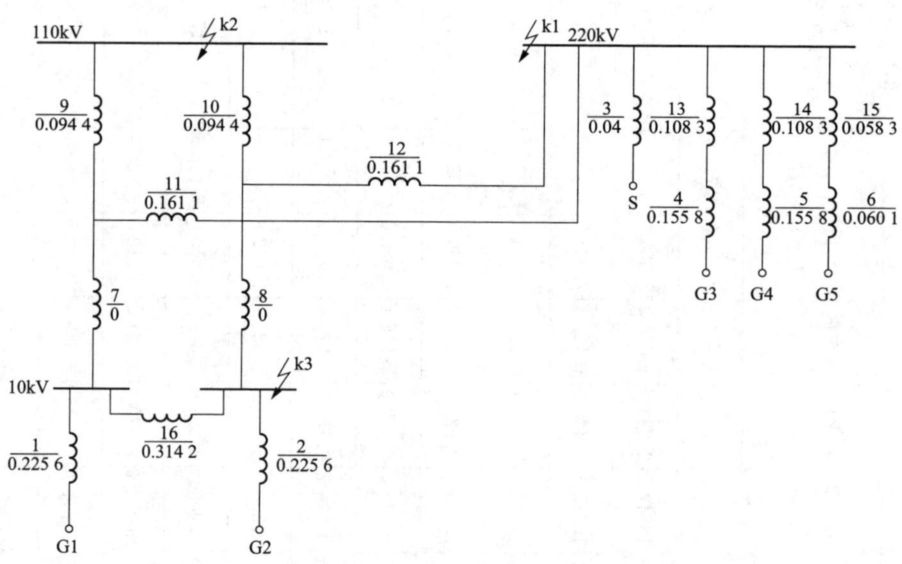

图 3-17　方案三的等值网络图

（二）化简等值网络，求出转移电抗

对图 3-17 所示网络进行化简，同等容量参数的发电机参数，可并联等效。化简后的等值网络如图 3-18 所示。

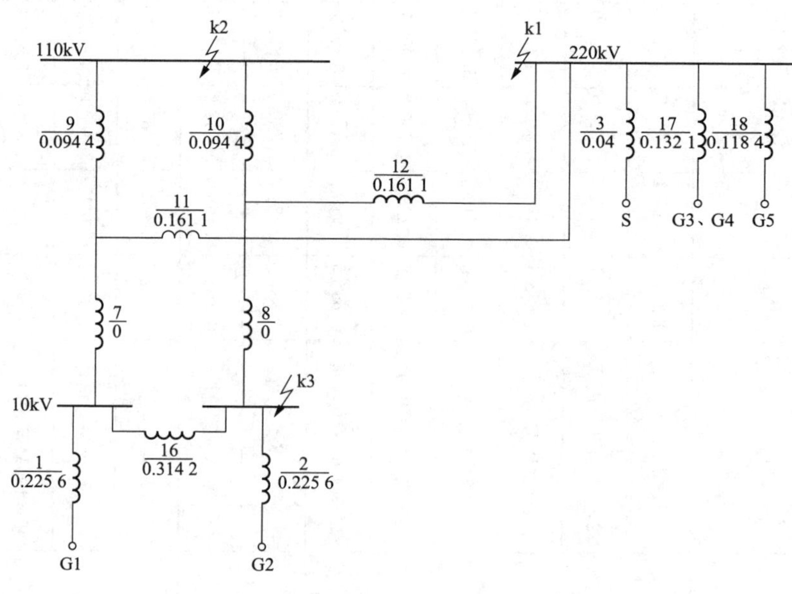

图 3-18　方案三的等值网络化简图

由于三绕组变压器联络了三个电压等级，因此会有两个 T 型的网络跨接于三个电压等级之间，因为两台变压器是并列运行，且变压器参数相同，故可以认为两者的“中性点”是等电位的，变压器参数可并联等效。

1. 220kV 母线短路等值网络化简并求转移电抗

220kV 母线短路等值网络如图 3-19 所示。

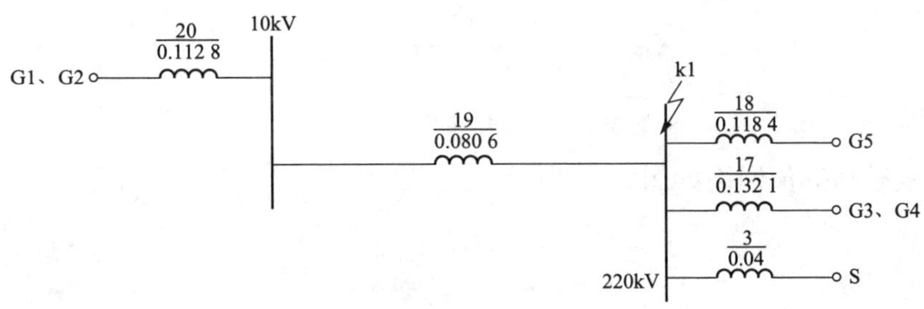

图 3-19　方案三 k1 短路时等值网络化简图

由化简等值网络可得到各电源对短路点的转移电抗分别为

$$X_{1、2k}=0.1128+0.0806=0.1934$$

$$X_{3、4k}=0.1321$$

$$X_{5k}=0.1184$$

$$X_{Sk}=0.04$$

2. 110kV 母线短路等值网络化简并求转移电抗

110kV 母线短路等值网络如图 3-20 所示。

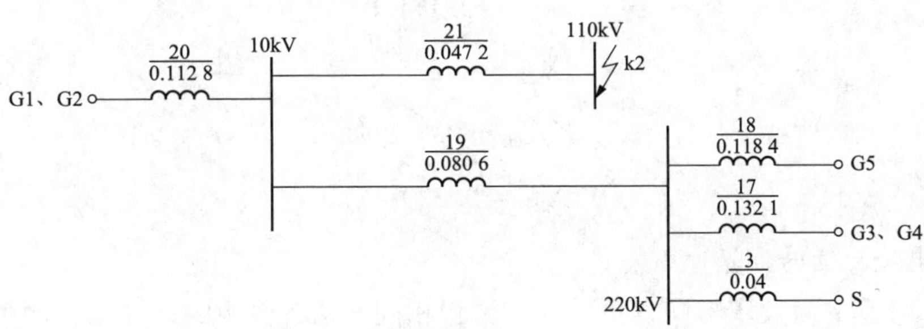

图 3-20　方案三 k2 短路时等值网络化简图

在短路点加电动势 E_k，使S支路中通过单位电流，计算过程同方案一，得到转移电抗：

$$X_{1、2k}=\frac{E_k}{I_1}=\frac{0.321\,7}{1.526\,9}=0.210\,7$$

$$X_{3、4k}=\frac{E_k}{I_2}=\frac{0.321\,7}{0.302\,8}=1.062\,4$$

$$X_{5k}=\frac{E_k}{I_3}=\frac{0.321\,7}{0.337\,8}=0.952\,3$$

$$X_{Sk}=\frac{E_k}{I_S}=\frac{0.321\,7}{1}=0.321\,7$$

3. 10kV 母线短路等值网络化简，求转移电抗

10kV 母线短路等值网络如图 3-21 所示。

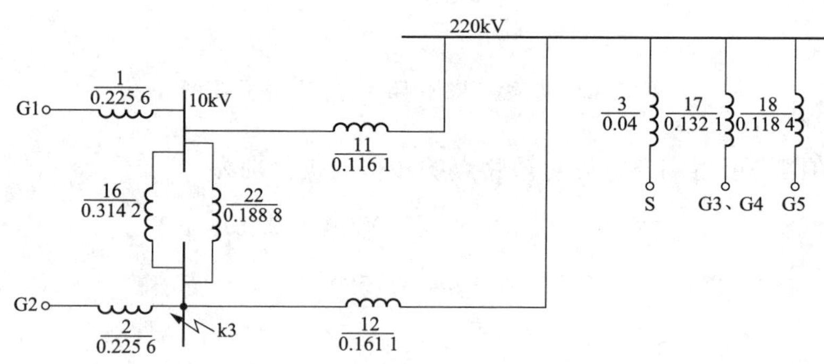

图 3-21 方案三 k3 短路时等值网络化简图

运用网络化简法，消除电源电动势节点和短路点以外的所有中间环节，得到各电源点与短路点的转移电抗。

$$X_{1k}=0.451\,4$$

$$X_{2k}=0.225\,6$$

$$X_{3\sim5k}=0.358\,4$$

$$X_{Sk}=0.229\,7$$

4. 短路电流后续的计算过程

短路电流计算的后续步骤同方案一计算过程相同。求各电源的计算电抗，由运算曲线查出各发电机组对短路点的短路电流标幺值，计算出短路电流的有名值；最后计算出短路电流冲击值、短路电流最大有效值、短路容量。方案三短路电流计算结果汇总见表 3-20。

表 3-20 方案三短路电流计算汇总表（kA）

短路点	支路名称	转移电抗 X_{nk}	计算电抗 X_{js}	初始 0s 短路电流		0.1s 短路电流		0.2s 短路电流		2s 短路电流		4s 短路电流		短路冲击电流 i_{sh}	全电流最大有效值 I_{sh}	短路容量 S_k（MVA）
				标幺值 I''_*	有名值 I''	标幺值 $I_{0.1*}$	有名值 $I_{0.1}$	标幺值 $I_{0.2*}$	有名值 $I_{0.2}$	标幺值 I_{2*}	有名值 I_2	标幺值 I_{4*}	有名值 I_4			
220kV 母线	2×50MW 发电机	0.193 4	0.241 7	4.500 0	1.412 0	3.630 0	1.139 0	3.240 0	1.016 6	2.510 0	0.787 6	2.420 0	0.759 3	3.694 2	2.202 7	526.500 8
	2×100MW 发电机	0.132 1	0.310 8	3.420 0	2.020 0	2.980 0	1.760 1	2.620 0	1.547 5	2.330 0	1.376 2	2.320 0	1.370 3	5.284 9	3.151 2	804.710 8
	200MW 发电机	0.118 4	0.278 6	3.850 0	2.274 0	3.280 0	1.937 3	2.900 0	1.712 9	2.420 0	1.429 3	2.380 0	1.405 7	5.949 5	3.547 4	905.897 2
	220kV 系统	0.040 0	0.040 0	25.000 0	6.275 5	25.000 0	6.275 5	25.000 0	6.275 5	25.000 0	6.275 5	25.000 0	6.275 5	16.418 6	9.789 8	2499.981 5
110kV 母线	2×50MW 发电机	0.210 7	0.263 4	4.120 0	2.585 5	3.410 0	2.140 0	3.040 0	1.907 8	2.460 0	1.543 8	2.400 0	1.506 1	6.764 4	4.033 4	514.995 0
	2×100MW 发电机	1.062 4	2.499 8	0.410 0	0.484 3	0.390 0	0.460 7	0.385 0	0.454 8	0.405 0	0.478 4	0.405 0	0.478 4	1.267 1	0.755 5	96.465 7
	200MW 发电机	0.952 3	2.240 7	0.460 0	0.543 4	0.430 0	0.508 0	0.430 0	0.508 0	0.450 0	0.531 6	0.450 0	0.531 6	1.421 7	0.847 7	108.237 6
	220kV 系统	0.321 7	0.321 7	3.108 5	1.560 6	3.108 5	1.560 6	3.108 5	1.560 6	3.108 5	1.560 6	3.108 5	1.560 6	4.083 0	2.434 5	310.849 4
10kV 母线	50MW 发电机	0.451 4	0.282 1	3.680 0	12.646 7	3.200 0	10.997 1	2.800	9.622 5	2.380 0	8.179 1	2.370 0	8.144 8	33.087 5	19.728 9	229.999 6
	50MW 发电机	0.225 6	0.141 0	7.380 0	25.362 1	5.560 0	19.107 5	4.610 0	15.842 8	2.720 0	9.347 6	2.510 0	8.625 9	66.354 7	39.564 9	461.248 7
	2×100MW 发电机	0.358 4	1.686 6	0.550 0	6.726 6	0.530 0	6.226 8	0.530 0	6.226 8	0.590 0	7.215 9	0.590 0	7.215 9	17.598 8	10.493 5	122.333 5
	200MW 发电机				7.505 0		6.947 3		6.947 3		8.050 8		8.050 8	19.635 3	11.707 8	136.489 9
	220kV 系统	0.229 7	0.229 7	4.353 5	23.938 0	4.353 5	23.938 0	4.353 5	23.938 0	4.353 5	23.938 0	4.353 5	23.938 0	62.628 9	37.343 3	435.349 2

第四章　导体和电气设备的选择

第一节　导体和电气设备选择的一般规定

导体和电气设备的选择设计，同样必须执行国家的有关技术经济政策，并应做到技术先进、经济合理、安全可靠、运行方便和适当地留有余地，以满足电力系统安全经济运行的需要。

DL/T 5222—2005《导体和电器选择设计技术规定》对于导体和电气设备选择设计的规定简述如下。

一、一般原则

（1）应贯彻国家技术经济政策，考虑工程建设条件、发展规划和分期建设的可能，力求技术先进、安全可靠、经济适用、符合国情。

（2）应满足正常运行、检修、短路和过电压情况下的要求，并适应远景发展。

（3）应满足当地环境条件要求。

（4）应与整个工程的建设标准协调一致。

（5）同类电气设备规格品种不宜过多。

（6）在设计中应积极、慎重地选用通过试验、正式鉴定合格并具备工程运行经验的新技术、新设备。

（7）除执行本规定外，尚应执行国家、行业的有关标准、规范、规定。

二、导体和电气设备选择的一般条件

导体和电气设备应按正常运行的情况选择，按短路条件验算其动、热稳定，并按环境条件校核电气设备的基本使用条件。

（一）长期工作条件

1. 额定电压

一般可按导体和电气设备的额定电压 U_N 不低于装设地点的电网额定电压 U_{Ns} 的条件选择，即

$$U_N \geqslant U_{Ns} \tag{4-1}$$

裸导体承受电压的能力由绝缘子及安全净距保证，无额定电压选择问题。

电气设备安装地点的海拔对绝缘介质强度有影响。随着海拔的增加，空气密度和湿度相对减少，使空气间隙和外绝缘的放电特性下降，设备外绝缘强度将随着海拔的升高而降低，导致设备允许的最高工作电压下降。当海拔在 1000～4000m 时，一般按海拔增加 100m，最高工作电压下降 1%予以修正。当电气设备允许的最高工作电压不能满足要求时，应选用高原型产品或外绝缘提高一级的产品。对现有 110kV 及以下的电气设备，由于其外绝缘有较大裕度，可在海拔 2000m 以下使用。

2. 额定电流

电气设备的额定电流 I_N 是指在额定环境条件下，电气设备的长期允许电流。I_N 应不小

于该回路在各种合理运行方式下的最大持续工作电流 I_{max}，即

$$I_N \geqslant I_{max} \tag{4-2}$$

我国规定电气设备的一般额定环境条件为：①额定环境温度（又称计算温度或基准温度）θ_N，裸导体和电缆的 θ_N 为 25℃，断路器、隔离开关、电流互感器、电抗器等电气设备的 θ_N 为 40℃；②无日照；③海拔不超过 1000m。

在正常运行条件下，各回路的最大持续工作电流应按表 4-1 计算。

表 4-1　各回路的最大持续工作电流

<table>
<tr><th colspan="2">回路名称</th><th>最大持续工作电流 I_{max}</th><th>说明</th></tr>
<tr><td rowspan="5">出线</td><td>带电抗器出线</td><td>电抗器额定电流</td><td>—</td></tr>
<tr><td>单回路</td><td>线路最大负荷电流</td><td>包括线路损耗与事故时转移过来的负荷</td></tr>
<tr><td>双回路</td><td>1.2～2 倍一回线的正常最大负荷电流</td><td>包括线路损耗与事故时转移过来的负荷</td></tr>
<tr><td>环形与 3/2 断路器接线回路</td><td>两个相邻回路正常负荷电流</td><td>考虑断路器事故或检修时，一个回路加另一最大回路负荷电流的可能</td></tr>
<tr><td>桥形接线</td><td>最大元件负荷电流</td><td>桥回路尚需考虑系统穿越功率</td></tr>
<tr><td colspan="2" rowspan="2">变压器回路</td><td>1.05 倍变压器额定电流</td><td>—</td></tr>
<tr><td>1.3～2 倍变压器额定电流</td><td>若要求承担另一台变压器事故或检修时转移的负荷，应考虑变压器允许的过负荷时间</td></tr>
<tr><td colspan="2">母线联络回路</td><td>母线上最大一个电源元件的计算电流</td><td>—</td></tr>
<tr><td colspan="2">母线分段回路</td><td>分段电抗器额定电流</td><td>（1）考虑电源元件事故跳闸后仍能保证该段母线负荷；
（2）分段电抗器一般发电厂为最大一台发电机额定电流的 50%～80%，变电站应满足用户的一级负荷和大部分二级负荷</td></tr>
<tr><td colspan="2">旁路回路</td><td>需旁路的回路最大额定电流</td><td>—</td></tr>
<tr><td colspan="2">发电机回路</td><td>1.05 倍发电机额定电流</td><td>当发电机冷却气体温度低于额定值时，允许提高电流为每低 1℃加额定值的 0.5%，必要时可按此计算</td></tr>
<tr><td colspan="2">电动机回路</td><td>电动机的额定电流</td><td>—</td></tr>
</table>

3. 选择设备的种类和型式

（1）应按电气设备的装置地点、使用条件、检修和运行等要求，对设备进行种类（如户内或户外型电气设备）和型式的选择。

（2）选择导体和电气设备时，应按当地环境条件校核。当气温、日照、风速、冰雪、湿度、污秽、海拔、地震、噪声等环境条件超出一般电气设备的基本使用条件时（如台风经常侵袭或最大风速超过 35m/s 的地区、重冰区、湿热带、污秽严重地区等），应通过技术经济比较分别采取下列措施：

1）向制造部门提出补充要求，订制符合当地环境条件的产品；

2）在设计或运行中采用相应的防护措施，如采用屋内配电装置、水冲洗、加减（隔）震器等。

选择导体和电气设备时所用的环境温度宜采用表 4-2 所列数值。电气设备允许使用的环境温度见表 4-3。

表 4-2　　选择导体和电气设备时的实际环境温度

<table>
<tr><th rowspan="2">类别</th><th rowspan="2">安装场所</th><th colspan="2">环境温度</th></tr>
<tr><th>最高</th><th>最低</th></tr>
<tr><td rowspan="2">裸导体</td><td>室外</td><td>最热月平均最高温度</td><td rowspan="2"></td></tr>
<tr><td>室内</td><td>该处通风设计温度。当无资料时，可取最热月平均最高温度加 5℃</td></tr>
<tr><td rowspan="3">电气设备</td><td>室外其他</td><td>年最高温度</td><td>年最低温度</td></tr>
<tr><td>室内变压器和电抗器</td><td>该处通风设计最高排风温度</td><td rowspan="2"></td></tr>
<tr><td>屋内其他</td><td>该处通风设计温度。当无资料时，可取最热月平均最高温度加 5℃</td></tr>
</table>

注　1. 年最高（或最低）温度为一年中所测得的最高（或最低）温度的多年平均值。
2. 最热月平均最高温度为最热月每日最高温度的月平均值，取多年平均值。
3. 室外 SF_6 绝缘设备选择时应按照极端最低温度校验。

一般电气设备的正常使用环境条件为周围空气温度不高于 40℃，且 24h 测得的温度平均值不超过 35℃。户外设备最低环境温度的优选值为－10、－25、－30、－40℃；户内设备最低环境温度的优选值为－5、－15、－25℃。

表 4-3　　电气设备允许使用的环境温度

<table>
<tr><th colspan="2" rowspan="2">设备
项目</th><th colspan="2">绝缘子</th><th rowspan="2">隔离开关</th><th rowspan="2">断路器</th><th rowspan="2">电流互感器</th><th rowspan="2">电压互感器</th><th rowspan="2">变压器</th><th rowspan="2">电抗器</th><th rowspan="2">熔断器</th><th rowspan="2">电力电容器</th></tr>
<tr><th>支柱</th><th>穿墙</th></tr>
<tr><td rowspan="3">环境温度（℃）</td><td>额定</td><td colspan="5">40</td><td>40</td><td colspan="3">40</td><td>25</td></tr>
<tr><td>最高</td><td colspan="5">40</td><td>40</td><td colspan="3">40</td><td>40</td></tr>
<tr><td>最低</td><td colspan="5">－40</td><td>－30</td><td>－30</td><td>—</td><td>－40</td><td>－40</td></tr>
</table>

电气设备的一般使用条件为海拔不超过 1000m。对于安装在海拔超过 1000m 地区的电气设备，其外绝缘应予以加强。当海拔在 1000m 以上、4000m 以下时，设备外绝缘强度应参照 GB 311.1—2012《绝缘配合　第 1 部分：定义、原则和规则》中相关公式进行海拔修正。对海拔高于 4000m 的电气设备外绝缘，应开展专题研究后确定。对于现有 110kV 及以下的电气设备，因为大多数电气设备的外绝缘留有一定裕度，故可使用在海拔 2000m 以下的地区。

我国主要城市的温度及海拔数据可参见表 4-4。

表 4-4　**我国主要城市气象资料数据**

地名	海拔（m）	累年最热月（7月）温度（℃）		极端最高温度（℃）	极端最低温度（℃）	雷暴日数（日/年）	最热月地面下0.8m处土壤平均温度（℃）
		平均	平均最高				
北京	30.5	26.0	31.1	40.6	−27.4	36.7	25.0
天津	5.2	26.4	30.6	39.7	−22.9	26.8	24.5
石家庄	82.3	26.7	32.2	42.7	−26.5	27.9	27.3
太原	779.3	23.7	29.9	39.4	−25.5	37.1	24.7
呼和浩特	1063.0	21.8	28.0	37.3	−32.8	39.5	20.1
沈阳	43.3	24.6	29.3	38.3	−30.6	31.5	21.7
长春	215.7	22.9	27.9	38.0	−36.5	35.8	19.3
哈尔滨	146.6	22.7	27.7	36.4	−38.1	28.9	18.4
合肥	32.3	28.5	32.6	41.0	−20.6	30.4	
福州	92.0	28.7	34.0	39.3	−1.2	63.2	
南昌	49.9	29.7	34.0	40.6	−9.3	58.4	29.9
南京	12.5	28.2	32.5	40.7	−14.0	34.4	27.7
杭州	8.0	28.7	33.9	39.6	−9.6	43.2	27.7
贵阳	1071.2	23.8	28.5	37.5	−7.8	48.9	24.1
昆明	1892.5	19.9	23.9	31.5	−5.4	62.8	22.9
成都	507.4	25.8	29.9	37.3	−5.9	36.9	26.7
重庆	260.6	27.8	32.7	40.2	−1.8	58.0	28.2
南宁	72.2	28.3	33.5	40.4	−2.1	88.6	
广州	7.3	28.3	32.0	38.7	0.0	87.6	30.4
长沙	81.3	29.4	34.1	40.6	−11.3	48.7	29.1
汉口	23.3	28.1	33.8	39.4	−17.3	36.7	
郑州	111.4	27.5	33.2	43.0	−17.9	21.0	26.3
济南	57.8	27.6	32.2	42.5	−19.7	25.0	28.7
西安	396.8	26.7	32.5	41.7	−20.6	15.4	
兰州	1518.3	22.4	29.0	39.1	−21.7	25.1	21.5
西宁	2296.3	17.2	24.5	33.5	−26.6	39.1	17.4
银川	1113.1	23.5	29.4	39.3	−30.6	23.2	21.5
乌鲁木齐	654.0	25.7	32.3	40.9	−32.0	9.4	22.1
拉萨	3659.4	15.5	21.8	29.4	−16.5	75.4	

选择电气设备时，应根据当地地震烈度选用能够满足要求的产品。地震基本烈度为7度及以下地区的电气设备，可不采取防震措施。

（二）短路校验条件

1. 短路电流的计算条件

校验导体和电气设备时，所用短路电流的相关计算条件见第三章第一节。

2. 短路计算时间

(1) 断路器全开断时间包括断路器固有分闸时间和开断时电弧持续时间。

(2) 电气设备和110kV及以上充油电缆的短路电流计算时间，一般采用后备保护动作时间加相应的断路器全开断时间。

(3) 校验导体和110kV以下电缆短路热稳定时，所用的计算时间，一般采用主保护的动作时间加相应的断路器全开断时间。如主保护有死区时，则应采用能对该死区起作用的后备保护的动作时间，并采用相应的短路电流值。

3. 热稳定和动稳定校验

(1) 热稳定校验。

热稳定是要求所选的电气设备能承受短路电流所产生的热效应，在短路电流通过时，电气设备各部分的温度（或发热效应）应不超过允许值。

1) 导体和电缆满足热稳定的条件为

$$S \geqslant S_{\min} \tag{4-3}$$

式中 S——按正常工作条件选择的导体或电缆的截面积，mm^2；

$S_{\min}$——按热稳定确定的导体或电缆的最小截面积，mm^2。

2) 电气设备满足热稳定的条件为

$$I_t^2 t \geqslant Q_k \tag{4-4}$$

式中 I_t——制造厂规定的允许通过电气设备的热稳定电流，kA；

t——制造厂规定的允许通过电气设备的热稳定时间，s；

Q_k——短路电流通过电气设备时所产生的热效应，$kA^2 \cdot s$。

验算短路热稳定时，导体的最高允许温度可参照表4-5所列数值。

表4-5 硬导体、裸导线及电缆长期允许工作温度和短路时最高允许温度及热稳定系数 *C* 值

导体种类和材料		长期允许工作温度（℃）	短路时最高允许温度（℃）	C 值
硬导体及裸导线	铜	70	300	171
	铝及铝合金	70	200	87
普通油浸绝缘	3kV（铝芯）	80	200	87
	6kV（铝芯）	65	200	93
	10kV（铝芯）	60	200	95
	10kV（铜芯）	60	220	165
交联聚乙烯绝缘电缆	10kV及以下（铝芯）	90	200	82
	20kV及以上（铝芯）	80	200	86
	铜芯	90	230	135
聚氯乙烯绝缘电缆	铝芯	65	130	65
	铜芯	65	130	100

(2) 动稳定校验。动稳定就是要求电气设备能承受短路冲击电流所产生的电动力效应。

1) 硬导体满足动稳定的条件为

$$\sigma_y \geqslant \sigma_{max} \tag{4-5}$$

式中　σ_y——导体材料最大允许应力，Pa；

σ_{max}——短路时作用在导体上的最大计算应力，Pa。

2）电气设备满足动稳定的条件为

$$i_{es} \geqslant i_{sh} \tag{4-6}$$

式中　i_{es}——电气设备允许通过的动稳定电流（或称极限通过电流）幅值，kA；

i_{sh}——短路冲击电流幅值，kA。一般高压电路短路时，$i_{sh}=2.55I''$；发电机端或发电机电压母线短路时，$i_{sh}=2.69I''$；I''为短路电流周期分量的起始值，kA。

校验短路动稳定时，硬导体的最大允许应力不应大于表4-6所列数值。重要回路的硬导体应力计算，还应考虑共振的影响。

表4-6　硬导体的最大允许应力σ_y(MPa)

项目	导体材料及牌号和状态							
	铜/硬铜	铝及铝合金						
		1060 H112	IR35 H112	1035 H112	3A21 H18	6063 T6	6061 T6	6R05 T6
最大允许应力	120/70	30	30	35	100	120	115	125

注　表内所列数值为计及安全系数后的最大允许应力，安全系数一般取1.7（对应于材料破坏应力）或1.4（对应于屈服点应力）。

（3）可不校验热稳定或动稳定的情况。

1）用熔断器保护的电气设备，其热稳定由熔断时间保证，故可不校验热稳定；支柱绝缘子不流过电流，不用校验热稳定。

2）用限流熔断器保护的设备，可不校验动稳定；电缆因有足够的强度，可不校验动稳定。

3）电压互感器及装设在其回路中的裸导体和电气设备，可不校验动、热稳定。

三、导体和电气设备选择和校验项目

在选择导体和电气设备时，应能在长期工作条件下保持正常运行，在发生过电压、过电流的情况下保证其功能。选择电气设备时应按表4-7所列各项进行选择和校验。

表4-7　常用电气设备的一般技术条件

序号	电气设备名称	额定电压(kV)	额定电流(A)	额定容量(kVA)	额定开断电流(kA)	短路稳定性		绝缘水平(kV)	机械荷载(N)	其他
						热稳定	动稳定			
1	高压断路器	√	√		√	√	√	√	√	1
2	高压隔离开关	√	√			√	√	√	√	
3	敞开式组合电器	√	√			√	√	√	√	
4	负荷开关	√	√			√	√	√	√	
5	熔断器	√	√		√			√	√	2
6	电压互感器	√						√	√	

续表

序号	电气设备名称	额定电压（kV）	额定电流（A）	额定容量（kVA）	额定开断电流（kA）	短路稳定性		绝缘水平（kV）	机械荷载（N）	其他
						热稳定	动稳定			
7	电流互感器	√	√			√	√	√	√	
8	限流电抗器	√	√			√	√	√	√	3
9	消弧线圈	√	√	√				√	√	
10	避雷器	√						√	√	
11	GIS	√	√		√	√	√	√	√	
12	HGIS	√	√		√	√	√	√	√	
13	穿墙套管	√	√			√	√	√	√	
14	绝缘子	√					√	√	√	4
15	导线		√			√	√			5
16	电缆	√	√			√				6

注 1—用于切断长线路时应校验过电压；2—选择保护熔断器特性；3—选择电抗百分数；4—悬式绝缘子不校验动稳定；5—电晕及允许电压校验；6—允许电压校验。

第二节 导体和电气设备选择的技术条件和计算

一、高压断路器

断路器用于在高压输配电线路中开断、关合、承载运行线路的正常电流，同时能在规定时间内承载、关合及开断规定的异常电流（如短路电流），担负电力系统的控制及保护作用。

1. 高压断路器的型号

高压断路器的型号含义如下：

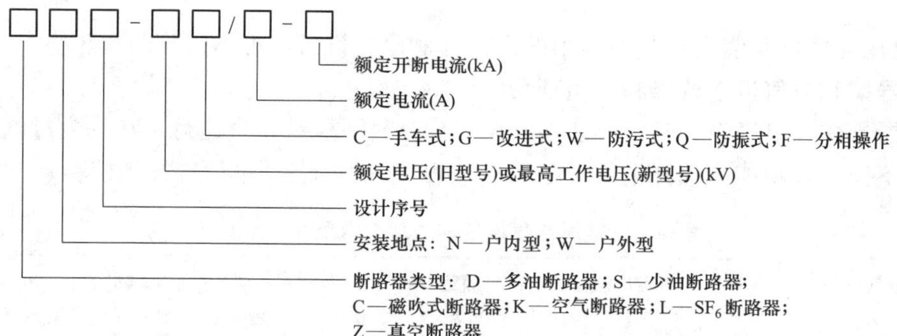

2. 型式选择

高压断路器在高压回路中起着控制和保护的作用，是高压电路中重要的电气设备。选择断路器时应满足以下基本要求：

（1）应当满足正常运行、检修、短路和过电压情况下的要求，并考虑远景发展的需要；

（2）在合闸运行时应为良导体，不但能长期通过负荷电流，即使通过短路电流，也应该具有足够的热稳定性和动稳定性；

（3）在跳闸状态下应具有良好的绝缘性；

（4）应有足够的开断能力和尽可能短的开断时间；

（5）应有尽可能长的机械寿命和电气寿命，并要求结构简单、体积小、质量轻、安装维护方便；

（6）应力求技术先进和合理性，并且尽量减少品种。

断路器型式的选择，除应满足各项技术参数要求和环境条件外，还应考虑便于施工和运行维护，并经过技术经济比较后确定。目前，在发电厂及变电站中最常用的是 SF_6 断路器和真空断路器，部分 20 世纪投运的厂站还有少量的少油断路器尚在运行中，而空气断路器在国内已趋于淘汰。我国高压断路器的产品正在向两极化方向发展。在 126kV 及以上电压等级，乃至超高压和特高压等级中为 SF_6 系列断路器；而在中压（12～40.5kV）等级，真空系列占绝对优势，特别在量大面广的 12kV 等级中占到 99.39%。目前对于高压（72kV 以上）等级真空断路器，世界各国均处于研究试制及试运行阶段，如高电压真空绝缘、大电流开断、额定电流与温升、机械特性、灭弧室外壳绝缘及容性、小感性电流开断等技术均有待攻关。大容量机组采用封闭母线时，如果需要装设断路器，宜选用发电机专用断路器。高地震烈度区、极寒地区优先选用罐式断路器。

3. 额定电压选择

断路器的额定电压应满足式（4-1），即 $U_N \geqslant U_{Ns}$。

4. 额定电流选择

断路器的额定电流应满足式（4-2），即 $I_N \geqslant I_{max}$。

由于高压断路器没有连续过载的能力，在选择其额定电流时，应满足各种可能运行方式下回路持续工作电流的要求，即取最大持续工作电流 I_{max}。

当断路器使用的环境温度高于设备最高允许环境温度，即高于＋40℃（但不高于＋60℃）时，环境温度每增高 1℃，建议减少额定电流 I_N 的 1.8%；当使用的环境温度低于＋40℃时，环境温度每降低 1℃，建议增加额定电流的 0.5%，但其最大过负荷不得超过 20% I_N。

5. 额定开断电流（或开断容量）选择

额定开断电流（或开断容量）应满足

$$I_{Nbr} \geqslant I_{pt}（或\ S_{Nbr} \geqslant S_{pt}） \tag{4-7}$$

式中　I_{Nbr}——断路器的额定开断电流，kA；

I_{pt}——断路器实际开断时间 t 秒的短路电流周期分量，kA；

S_{Nbr}——断路器的额定开断容量，MVA；

S_{pt}——断路器 ts 的开断容量，MVA。

断路器的实际开断时间 t，为继电保护主保护动作时间与断路器固有分闸时间之和。

额定开断电流应包括短路电流的周期分量和非周期分量，而高压断路器的 I_{Nbr} 是以周期分量有效值表示，并计入了 20%的非周期分量。一般中小型发电厂和变电站采用中、慢速断路器，开断时间较长（≥0.1s），可不计非周期分量影响，采用起始次暂态电流 I'' 校验。

由于电力系统大容量机组的出现，快速保护和高速断路器的使用，其开断时间小于 0.1s，在靠近电源处的短路点（如发电机回路、发电机电压配电装置、高压厂用配电装置、发电厂及枢纽变电站的高压配电装置等），计算的短路电流非周期分量可能超过周期分量的 20%，需用短路开断计算时间 t'_k 对应的短路全电流 I'_k 进行校验。

当非周期分量所占实际比值大于20%时，超过了断路器型式试验的条件，此时应向制造部门咨询断路器的开断性能，或要求制造部门做补充实验。

装有自动重合闸装置的断路器，应考虑重合闸对额定开断电流的影响。某些型式的断路器重合闸后的开断电流达不到额定值，在选用时应以制造部门提供的为准。

在3/2断路器接线、多角形接线、桥形接线和双断路器接线等的接线中，应校验断路器并联开断性能，并要求制造部门满足并联开断条件。

6. 额定关合电流选择

为了保证断路器在关合短路电流时的安全，不会引起触头熔焊和遭受电动力的损坏，应满足

$$i_{Ncl} \geqslant i_{sh} \tag{4-8}$$

式中 i_{Ncl}——断路器的额定关合电流，kA；

i_{sh}——三相短路电流最大冲击值，kA。

在断路器的产品目录中，部分产品未给出 i_{Ncl}，而给出该参数的均有 $i_{Ncl}=i_{es}$，GB 1984—2003第4.6条指出："额定峰值耐受电流等于额定短路关合电流"，故动稳定校验包含了对 i_{Ncl} 的选择，即 i_{Ncl} 的选择可省略。

7. 热稳定校验

热稳定 Q_k 的计算，过去采用等值时间法。采用的周期分量等值时间曲线，是根据当时小系统的50MW以下的机组做出的。后来又提出了实用计算法，它是根据数学上任意曲线定积分的辛普森公式推导的，理论上在已知短路电流曲线后的计算结果可达任意精度，但计算十分烦琐。工程上采用简化辛普森法，又称1-10-1法。

（1）等值时间法。热稳定校验应满足式（4-4），即

$$I_t^2 t \geqslant I_\infty^2 t_{dz} \tag{4-9}$$

式中 I_t——断路器额定短时耐受电流，kA；

I_∞——稳态三相短路电流，kA；

t_{dz}——短路电流发热等值时间（又称假想时间），$t_{dz}=t_z+0.05\beta''^2$，s。

由 $\beta''\left(=\dfrac{I''}{I_\infty}\right)$ 和短路电流计算时间 t，可在图4-1中查出短路电流周期分量等值时间 t_z，从而可计算出 t_{dz}。

（2）简化辛普森法（加热稳定计算内容）。

短路电流在导体和电气设备中引起的热效应：

$$\begin{aligned} Q_k &= \int_0^{t_k} i_{kt}^2 \mathrm{d}t = \int_0^{t_k} (\sqrt{2} I_{pt}\cos\omega t + i_{np0}\mathrm{e}^{-\frac{t}{T_a}})^2 \mathrm{d}t \\ &\approx \int_0^{t_k} I_{pt}^2 \mathrm{d}t + \int_0^{t_k} i_{np0}^2 \mathrm{e}^{-\frac{2t}{T_a}} \mathrm{d}t = Q_p + Q_{np} \end{aligned} \tag{4-10}$$

式中 i_{kt}——t 时刻短路全电流瞬时值，kA；

I_{pt}——t 时刻的短路电流周期分量有效值，kA；

i_{np0}——短路电流非周期分量的起始值，kA；

T_a——短路电流非周期分量衰减的时间常数，rad；

Q_p——短路电流周期分量的热效应，kA²·s；

Q_{np}——短路电流非周期分量的热效应，kA²·s。

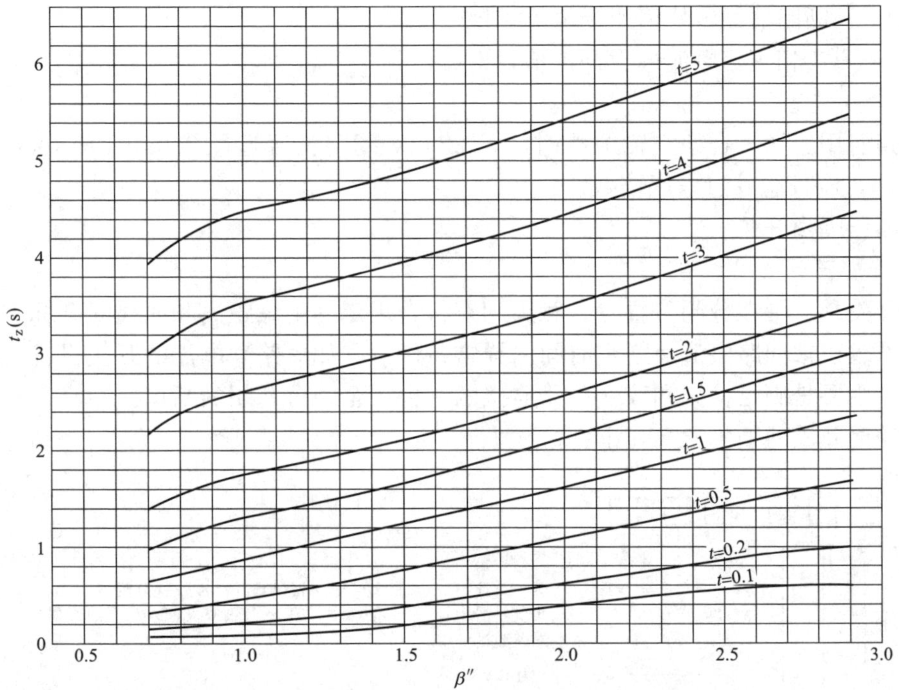

图 4-1　具有自动电压调节器的发电机短路电流周期分量发热等值曲线

短路电流周期分量热效应 Q_p 计算式为

$$Q_p=\int_0^{t_k} I_{pt}^2 dt=\frac{t_k}{12}(I''^2+10I_{t_k/2}^2+I_{t_k}^2) \tag{4-11}$$

短路电流非周期分量热效应 Q_{np} 计算式为

$$Q_{np}=\frac{T_a}{2}\left(1-e^{-\frac{2t_k}{T_a}}\right)i_{np0}^2=T_a\left(1-e^{-\frac{2t_k}{T_a}}\right)I''^2=TI'' \tag{4-12}$$

式中　T——非周期分量的等效时间，s，可由表 4-8 查得。

表 4-8　非周期分量等效时间 T

短路点	T(s)	
	$t\leqslant 0.1$	$t>0.1$
发电厂出口及母线	0.15	0.2
发电厂升高电压母线及出线 发电机电压电抗器后	0.08	0.1
变电站各级电压母线及出线	0.05	

如果短路电流持续时间 $t_k>1$s，导体的短时发热主要由周期分量决定，在此情况下可不计非周期分量的影响。当多个支路向短路点供给短路电流时应先求短路电流和，再求总热效应。

热稳定校验应满足式（4-4），即 $I_t^2 t\geqslant Q_k$。

8. 动稳定校验

动稳定校验应满足　　　　$i_{es}\geqslant i_{sh}$

式中 i_{es}——断路器额定峰值耐受电流，kA；

i_{sh}——三相短路电流最大冲击值，kA。

9. 过电压校验

当断路器用于切、合架空输电线时，若220kV线路长度超过200km，330kV线路长度超过250km，应校验其过电压倍数。

二、高压隔离开关

1. 高压隔离开关的型号

隔离开关是一种在分闸位置时，触头间有符合规定的绝缘距离和明显断开标志；合闸位置时，能承载正常回路电流及规定时间内异常条件下（如短路）电流的开关设备。隔离开关在线路中，主要是满足检修和改变回路连接的一种安全、可开闭的断口。

高压隔离开关的型号含义如下：

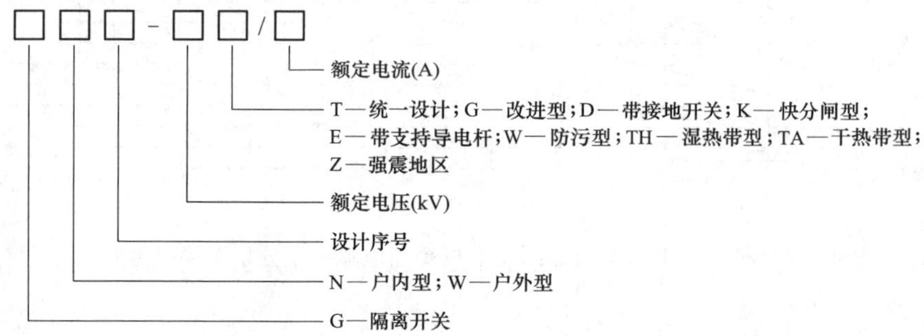

隔离开关型式的选择，应根据配电装置的布置特点和使用要求等因素，进行综合的技术经济比较后确定。

2. 电气主接线中隔离开关的配置原则

（1）各种接线的断路器两侧一般均应装设隔离开关。

（2）双母线或单母线接线中母线避雷器和电压互感器，宜合用一组隔离开关。

（3）角形接线中的进出线应装设隔离开关。

（4）桥形接线中的跨条宜用两组隔离开关串联。

（5）中性点直接接地的普通型变压器均应通过隔离开关接地。

（6）电压互感器与母线间也应装设隔离开关。

（7）小型发电机出口位置一般装设隔离开关。容量为125MW及以上大中型机组与双绕组变压器为单元接线时，其出口不装设独立的隔离开关，可设置可拆卸连接点。

由于隔离开关不具有关合和开断其所承受额定工作电流和短路故障电流的能力，故在校验时不用考虑开断电流的能力，只需校验动稳定性与热稳定性。其选择的技术条件与断路选择的技术条件3、4、7、8相同，此处不再重复。

三、高压负荷开关

高压负荷开关是一种功能介于高压断路器和高压隔离开关之间的电气设备。高压负荷开关具有简单的灭弧装置，能通断一定的负荷电流和过负荷电流，但不能断开短路电流，所以其一般与高压熔断器联合使用，可替代断路器作短路保护。

高压负荷开关的型号含义如下：

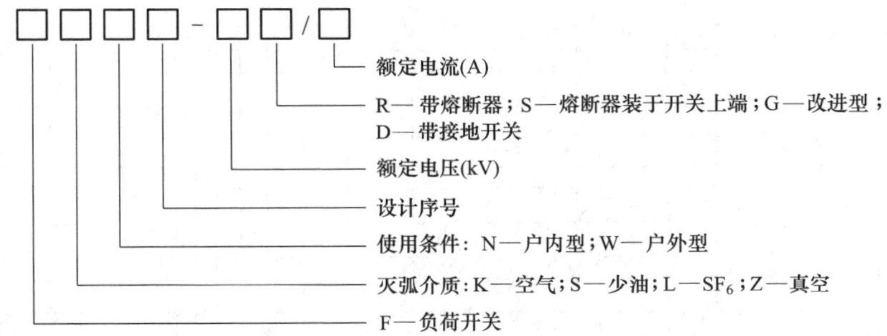

负荷开关型式选择的技术条件与断路器基本相同（不用选择开断电流），并可酌情从简。

四、高压熔断器

高压熔断器是电力系统中过载和短路故障的保护设备，当电流超过给定值一定时间后，通过熔化一个或几个特殊设计的组件，用分断电流来断开所接入电路的器件。

1. 熔断器的型号

熔断器的型号含义如下：

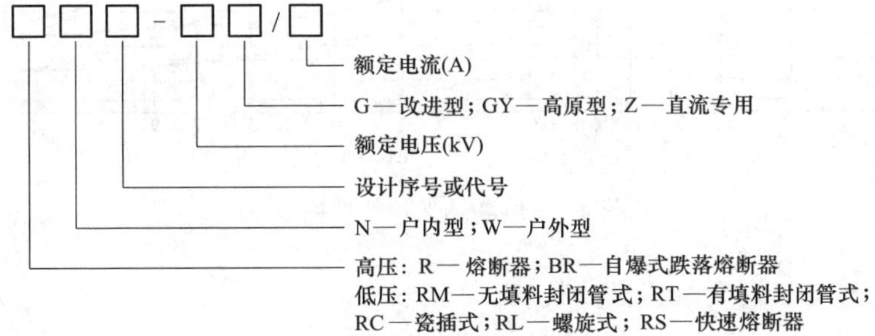

2. 型式选择

熔断器按照使用场所的不同，可分为户内高压熔断器和户外高压熔断器两类。户外式高压熔断器的种类较多，按环境、用途和技术条件进行选择。户内高压熔断器主要有 RN1、RN2 和 RNZ 系列。RN1（RN3、RN5、RN6）系列熔断器一般在 3～35kV 户内用电回路中作过载及短路保护；RN2（RN4）系列熔断器用于电压互感器的短路保护，但不能作过载保护；RNZ 系列直流熔断器供直流配电装置作过载和短路保护用。

3. 额定电压选择

熔断器额定电压选择应满足　　$U_N \geqslant U_{Ns}$

限流式高压熔断器不宜使用在电网工作电压（U_{Ns}）低于其额定电压（U_N）的电网中，以免因过电压而使电网中的电气设备损坏，故应为 $U_N = U_{Ns}$。

4. 额定电流选择

熔断器额定电流选择应满足

$$I_{FTN} \geqslant I_{FSN} \geqslant I_{max} \tag{4-13}$$

式中　I_{FTN}——熔断器熔管的额定电流，kA；

I_{FSN}——熔断器熔体的额定电流，kA。

熔体的额定电流应按高压熔断器的保护熔断特性选择。熔断器保护特性曲线（即熔体熔断时间和通过电流的关系曲线）如图 4-2 所示。

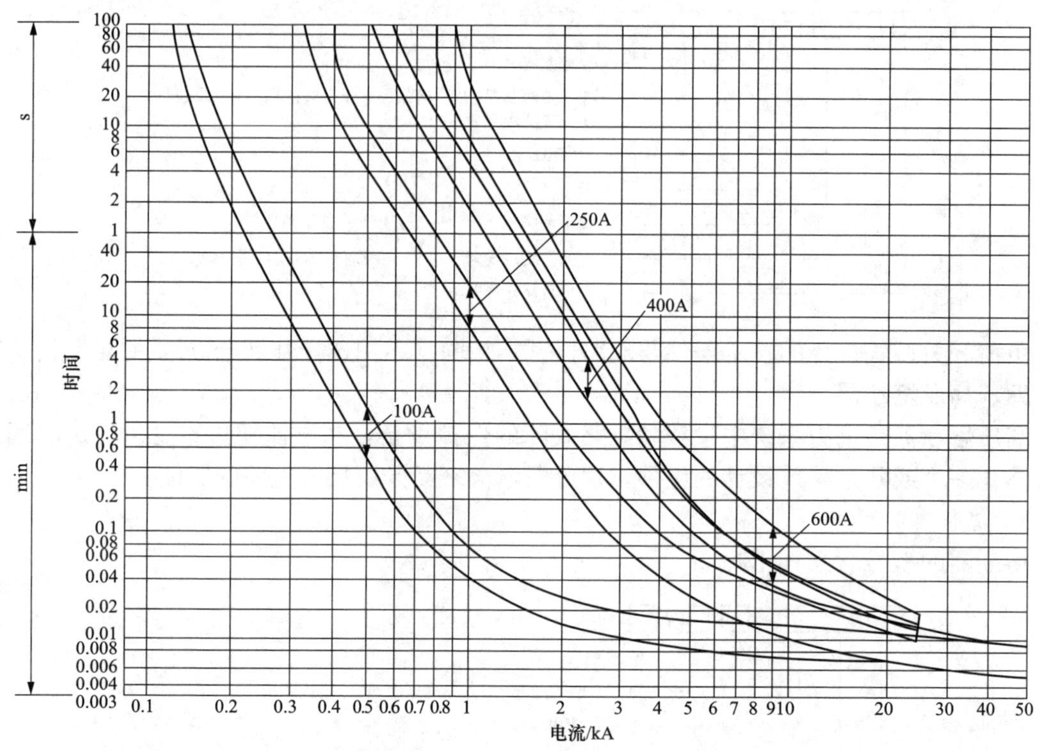

图 4-2 熔断器保护特性曲线

5. 额定开断电流（或开断容量）校验

$$I_{\mathrm{Nbr}} \geqslant I_{\mathrm{sh}}(\text{或 } I'') \tag{4-14}$$

式中 I_{Nbr}——熔断器的开断电流，kA；

I_{sh}——三相短路冲击电流的有效值，kA；

I''——起始次暂态电流。

对于没有限流作用的熔断器，用冲击电流的有效值 I_{sh} 进行校验，且某些系列产品（如屋外跌落式高压熔断器）尚需分别对开断电流的上、下限进行校验，以确保最小运行方式下的三相短路的有效开断；对于有限流作用的熔断器，在电流达最大值之前已截断，故可不计非周期分量影响，而采用 I'' 进行校验。

高压熔断器熔体在满足可靠性和下一段保护选择性的前提下，当在本段保护范围内发生短路时，应能在最短时间内切断故障，以防止熔断时间过长而加剧被保护电气设备的损坏。

跌落式高压熔断器在灭弧时，会喷出大量的游离气体并发出很大响声，故一般只在户外使用。跌落式高压熔断器的断流容量应分别按上、下限制校验，开断电流以短路全电流校验。

保护电压互感器的熔断器，只需按额定电压和开断电流选择即可。

6. 选择性校验

根据保护动作选择性的要求校验熔体额定电流，应保证前后两级熔断器之间，或熔断器与电源侧继电保护装置之间，以及熔断器与负荷侧继电保护装置之间动作的选择性，须进行熔体选择性校验。

五、限流电抗器

限流电抗器串联于出线端或母线间，当线路或母线发生故障时，限流电抗器可将短路电流限制在其他电气设备的动、热稳定或断路器开断能力范围内，并使母线电压不致过低。

1. 电抗器的型号

电抗器的型号含义如下：

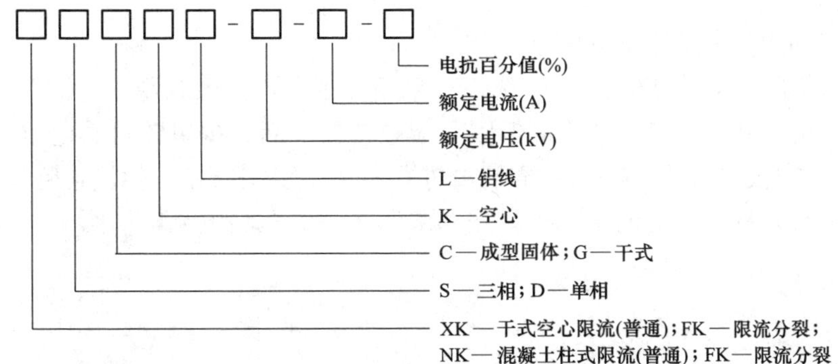

2. 额定电压选择

额定电压选择应满足式（4-1），即

$$U_N \geqslant U_{Ns}$$

3. 额定电流选择

额定电流选择应满足式（4-2），即

$$I_N \geqslant I_{max}$$

对 I_N 的修正同断路器。

4. 电抗百分值 $X_L\%$ 选择

（1）普通电抗器的选择。

1）将短路电流限制到要求值 I''，则应满足

$$X_L\% \geqslant \left(\frac{I_B}{I''} - X'_{\Sigma *}\right)\frac{I_N U_B}{I_B U_N} \times 100(\%) \tag{4-15}$$

式中　$X_L\%$——电抗器电抗百分值；

I_B——基准电流，A；

U_B——基准电压，kV；

I_N——电抗器的额定电流，A；

U_N——电抗器的额定电压，kV；

$X'_{\Sigma *}$——以 I_B、U_B 为基准值计算至所选电抗器前的网络电抗标幺值。

2）电压损失校验。正常工作时，电抗器的电压损失不得大于母线额定电压的 5%（对于出线电抗器、尚应计及出线上的电压损失）。电压损失计算可按下式

$$\Delta U\% = X_L\% \times \frac{I_L}{I_N}\sin\varphi \leqslant 0.05U_N \tag{4-16}$$

式中　I_L——流过电抗器的正常工作电流，A；

φ——负荷功率因数角（一般取 $\sin\varphi = 0.6$）。

3）当出线电抗器未设置速断保护，应按在电抗器后发生短路，母线剩余电压 $\Delta U_{re}\%$ 应

按不低于电网额定电压的60%～70%校验。若电抗器装在6kV发电机主母线上，则取上限值。其校验公式为

$$\Delta U_{re}\% = X_L\% \frac{I''}{I_N} \geqslant 60\% \sim 70\% \tag{4-17}$$

对于分段电抗器、带几回出线的电抗器及其他具有时限继电保护的出线，不必校验短路时母线剩余电压。

（2）分裂电抗器电抗百分值的选择。

1）按将短路电流限制到要求值 I'' 选择。采用分裂电抗器限制短路电流所需的电抗器电抗百分值 $X_L\%$ 可按式（4-15）计算。但因分裂电抗器产品是按单臂自感电抗 $X_{L1}\%$ 标称的电抗值，所以应按设计中可能的运行方式进行换算，以求出待选定电抗器的 $X_L\%$ 值。$X_{L1}\%$ 与 $X_L\%$ 的关系决定于电源连接方式和限制某一侧短路电流，如图4-3（a）所示

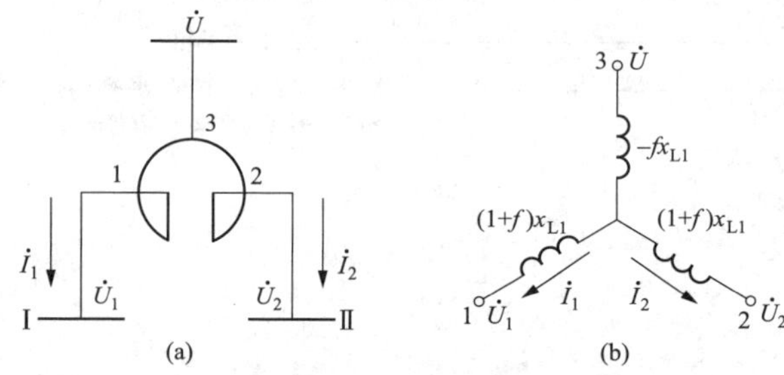

图4-3　分裂电抗器的接线

（a）接线图；（b）等值电路

（a）当3侧有电源，1、2侧无电源，在1（或2）短路时，有

$$X_{L1}\% = X_L\% \tag{4-18}$$

（b）当3侧无电源，1（或2）侧有电源，在2（或1）侧短路时，有

$$X_{L1}\% = \frac{1}{2(1+f)} X_L\% \tag{4-19}$$

式中　$X_{L1}\%$——电抗器一臂的额定自感电抗百分值；

$X_L\%$——电抗器的额定等值电抗百分值；

f——分裂电抗器的互感系数，当无资料时，可取0.5。

（c）当1、2侧有电源，在3侧短路时，有

$$X_{L1}\% = \frac{2}{1-f} X_L\% \tag{4-20}$$

2）电压波动校验。按正常工作时分裂电抗器两臂母线的电压波动不大于母线额定电压的5%校验，即为

$$\frac{U_1}{U_N} \times 100 = \frac{U}{U_N} \times 100 - X_L\% \left(\frac{I_1 \sin\varphi_1}{I_N} - f \frac{I_2 \sin\varphi_2}{I_N} \right) \leqslant 0.05U_N \tag{4-21}$$

$$\frac{U_2}{U_N} \times 100 = \frac{U}{U_N} \times 100 - X_L\% \left(\frac{I_2 \sin\varphi_2}{I_N} - f \frac{I_1 \sin\varphi_1}{I_N} \right) \leqslant 0.05U_N \tag{4-22}$$

式中　U_1，U_2——1、2段母线上的电压，kV；

U——供电电源侧电压，kV；

$X_L\%$——电抗器一臂的额定电抗百分值；

I_1，I_2——1、2段母线上的负荷电流，无资料时，可取一臂为 $70\% I_N$，另一臂为 $30\% I_N$；

f——分裂电抗器的互感系数，当无资料时，可取0.5。

3）按某一段母线上的馈线短路时另一段母线电压升高计算。设Ⅱ段母线上的馈线短路，则 $U_2 \approx 0$，$I_2 = I''$，$\sin\varphi_2 \approx 1$，由式（4-21）及式（4-22）可推导得

$$\frac{U_1}{U_N} \times 100 = X_{L1}\%(1+f)\left(\frac{I''}{I_N} - \frac{I_1 \sin\varphi_1}{I_N}\right) \approx X_{L1}\%(1+f)\frac{I''}{I_N} \tag{4-23}$$

同理，Ⅰ段母线上得馈线短路时，有

$$\frac{U_2}{U_N} \times 100 \approx X_{L1}\%(1+f)\frac{I''}{I_N} \tag{4-24}$$

5. 热稳定校验

热稳定校验应满足式（4-9），即

$$I_t^2 t \geqslant I_\infty^2 t_{dz}$$

或满足式（4-4），即 $I_t^2 t \geqslant Q_K$。

6. 动稳定校验

动稳定校验应满足式（4-6），即

$$i_{es} \geqslant i_{sh}$$

式中　i_{es}——电抗器的动稳定电流；

i_{sh}——电抗器后三相短路电流最大冲击值。分裂电抗器应分别按单臂流过 i_{sh} 和两臂同时流过反向 i_{sh} 进行校验。

六、电压互感器

电压互感器是电力系统中提供电压测量和保护用的重要设备。

1. 电压互感器的型号

电压互感器的型号含义如下：

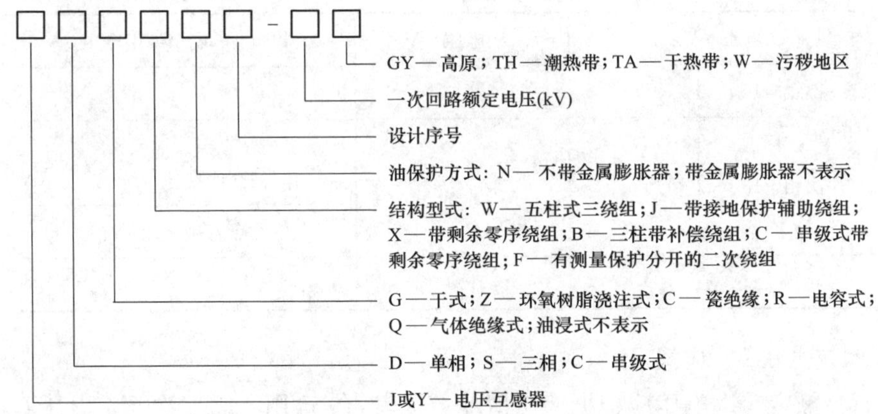

2. 电压互感器的配置

（1）电压互感器的数量和配置与主接线方式有关，并应满足测量、保护、同期和自动装置的要求。电压互感器的配置应能保证在运行方式改变时，保护装置不得失压，同期点的两侧都能提取到电压。

（2）每组工作母线的三相或单相上装设电压互感器，用于同步、测量仪表和保护装置。

（3）发电机回路一般装设 2～4 组电压互感器，用于自动调节励磁装置、测量仪表、同期和保护装置。大、中型发电机中性点常接有单相电压互感器，用于 100%定子接地保护。

（4）220kV 出线由于与系统相连，在出线侧上也需装设一组电压互感器，用于监视线路有无电压、进行同步和设置重合闸。或者，其他当需要监视和检测线路侧有无电压时，出线侧的一相上应装设电压互感器。

3. 型式选择

（1）3～35kV 屋内配电装置宜采用固体绝缘的电磁式电压互感器。35kV 屋外配电装置可采用固体绝缘或油浸绝缘的电磁式电压互感器。

（2）110kV 配电装置一般采用油浸绝缘结构的电磁式电压互感器。当容量和准确度等级满足要求时，宜采用电容式电压互感器。

（3）220kV 及以上电压等级配电装置宜采用电容式电压互感器，经技术经济论证，也可采用电子式电压互感器。

（4）SF_6气体绝缘全封闭开关设备的电压互感器，宜采用电磁式或电子式电压互感器。

（5）在满足二次电压和负荷要求的条件下，电压互感器宜采用简单接线。3～20kV 配电装置中，可选用三相式电压互感器（选用三相五柱式，而不是三相三柱式）；在需要检查和监视一次回路单相接地时，应选用三相五柱式电压互感器或具有第三绕组的单相电压互感器组。

（6）用于接入准确度要求较高的计费电能表时，不宜采用三相式电压互感器。

4. 一次额定电压 U_1 选择

$$1.1U_N > U_1 > 0.9U_N \tag{4-25}$$

其中，U_N 为电压互感器额定一次线电压，1.1 和 0.9 为允许的一次电压的波动范围。

应根据互感器的接线方式来确定其相电压或相间电压，见表 4-9。

表 4-9　　电压互感器的额定电压选择

<table>
<tr><th>型式</th><th colspan="2">一次电压（V）</th><th>二次电压（V）</th><th colspan="2">剩余绕组电压（V）</th></tr>
<tr><td rowspan="3">单相</td><td>接于一次线电压上</td><td>U_N</td><td>100</td><td colspan="2">—</td></tr>
<tr><td rowspan="2">接于一次相电压上</td><td rowspan="2">$U_N/\sqrt{3}$</td><td rowspan="2">$100/\sqrt{3}$</td><td>中性点不接地或经消弧线接地系统</td><td>100/3</td></tr>
<tr><td>中性点直接接地系统</td><td>100</td></tr>
<tr><td>三相</td><td colspan="2">U_N</td><td>100</td><td colspan="2">100/3</td></tr>
</table>

5. 二次额定电压 U_2 选择

电压互感器额定二次电压应根据使用情况，按表 4-9 选用所需二次额定电压 U_{2N}。

6. 准确级选择

常用的测量仪表类型、用途和对准确等级要求的规定如下：

（1）在电压互感器二次回路，同一回路接有几种不同形式和用途的表计时，应按要求准确等级高的仪表，确定为电压互感器工作的最高准确度等级。

（2）一般用于电能测量，准确级不应低于 0.5 级；用于电压测量，准确级不应低于 1

级；用于继电保护，准确级不应低于 3 级。

(3) 用于发电机、变压器、调相机、厂用（或站用）馈线、出线等回路中的电能表，其准确等级要求为 0.5 级。

(4) 供运行监视估算电能的电能表、功率表和电压继电器等，其准确等级要求一般为 1 级。

7. 二次负荷 S_2 选择

在选定准确级之后，在此准确级下的额定二次容量 S_{2N}，应不小于互感器的二次负荷 S_2，即

$$S_{2N} \geqslant S_2 \tag{4-26}$$

最好使 S_{2N} 与 S_2 相近，因为 S_2 超过 S_{2N} 或比 S_{2N} 小得过多时，都会使准确级降低。互感器二次负荷的计算式为

$$S_2 = \sqrt{(\sum S\cos\varphi)^2 + (\sum S\sin\varphi)^2} = \sqrt{(\sum P)^2 + (\sum Q)^2}$$

式中　S ——仪表和继电器电压线圈消耗的视在功率，VA；

P ——仪表和继电器电压线圈消耗的有功功率，W；

Q ——仪表和继电器电压线圈消耗的无功功率，W；

$\cos\varphi$ ——仪表和继电器电压线圈的功率因数。

S_2 与测量仪表的类型、数量和接入电压互感器的接线方式有关。因此，在计算 S_2 时，先应确定所有测量仪表和继电器接入电压互感器的接线圈。电压互感器接线图和使用范围见表 4-10。

表 4-10　　电压互感器的接线图及使用范围

序号	接线图	采用的电压互感器	使用范围	备注
1	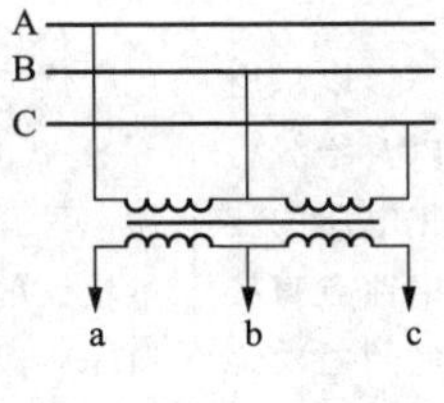 A B C a b c	两个单相电压互感器接成 Vv 形	用于表计和继电器的线圈接入 ab 和 cb 两相间电压	
2	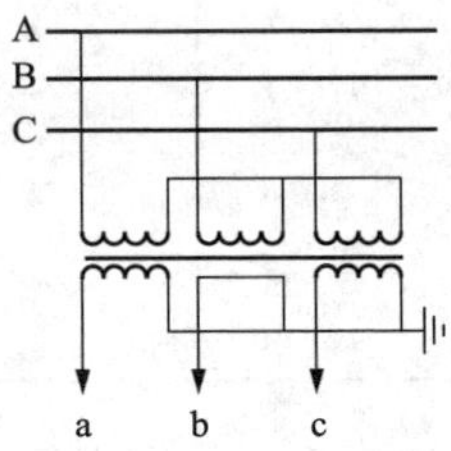 A B C a b c	三个单相电压互感器接成YY形，高压侧中点不接地	用于表计和继电器的线圈接入相间电压和相电压。此种接线不能用来供电给绝缘检查电压表	

续表

<table>
<tr><th>序号</th><th>接线图</th><th>采用的电压互感器</th><th>使用范围</th><th>备注</th></tr>
<tr><td>3</td><td> 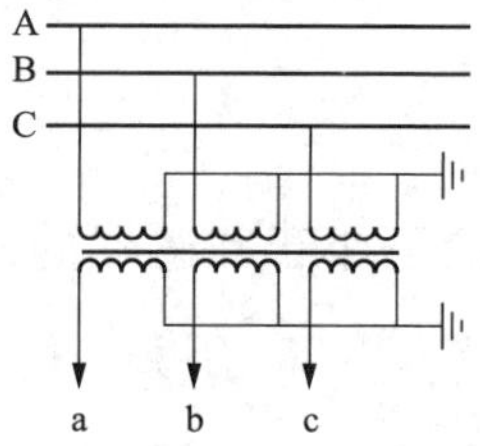</td><td>三个单相电压互感器接成YY形，高压侧中点接地</td><td>用于供电给要求相间电压的表计和继电器以及供电给绝缘检查电压表，如果高压侧系统中性点直接接地，则可接入要求相电压的测量表计；如果高压侧系统中性点与地绝缘或经阻抗接地，则不允许接入要求相电压的测量表计</td><td></td></tr>
<tr><td>4</td><td> 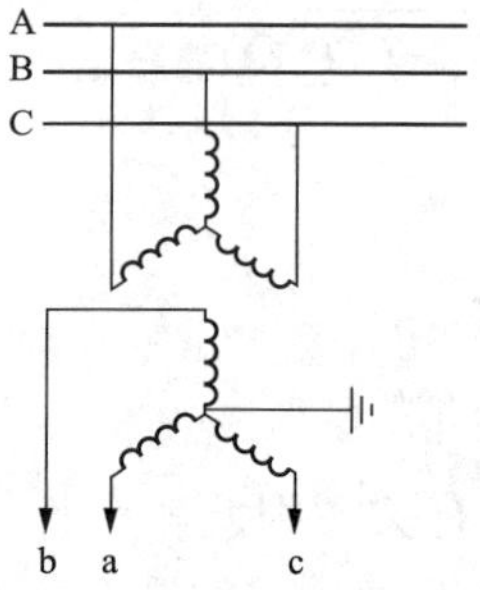</td><td>一个三相三柱式电压互感器</td><td>用于表计和继电器的线圈接入相间电压和相电压。此种接线不能用来供电给绝缘检查电压表</td><td>不允许将电压互感器高压侧中性点接地</td></tr>
<tr><td>5</td><td> 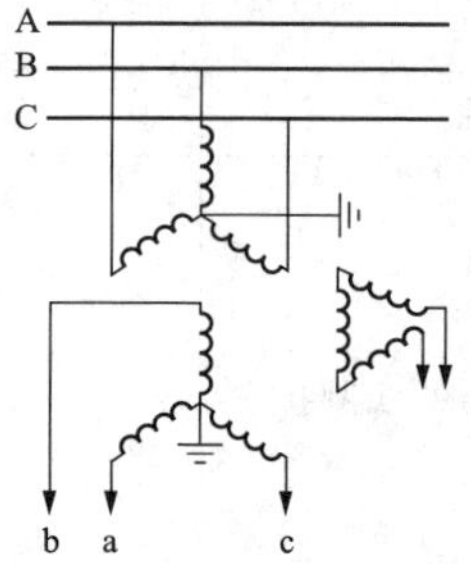</td><td>一个三相五柱式电压互感器</td><td rowspan="2">主二次绕组连接成Y形以供电给测量表计、继电器以及绝缘检查电压表，对于要求相电压的测量表计，只有在系统中性点直接接地时才能接入。附加的二次绕组接成开口三角形，构成零序电压滤过器，供电给保护继电器和接地信号（绝缘检查）继电器</td><td rowspan="2">应优先采用三相五柱式电压互感器，只有在要求容量较大的情况下或110kV以上无三相式电压互感器时，才采用三个单相三绕组电压互感器</td></tr>
<tr><td>6</td><td> 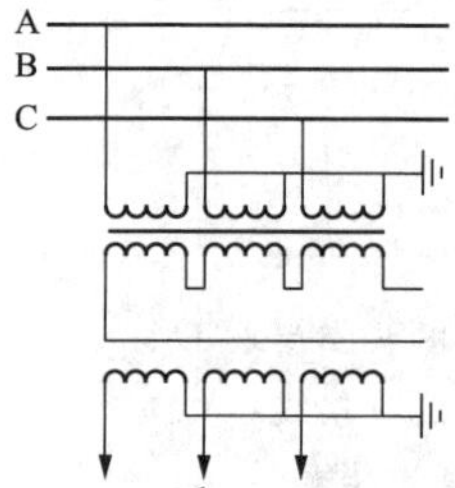</td><td>三个单相三绕组电压互感器</td></tr>
</table>

由于电压互感器的三相负荷经常是不平衡的，所以通常用最大相的负荷和电压互感器一相的额定容量相比较。

各回路应配置的测量仪表可参见 DL/T 5137—2001《电测量及电能计量装置设计技术规程》。常用测量仪表技术数据见表 4-11。

表 4-11　　常用测量仪表技术数据

项目 仪表名称	型号	电流线圈				电压线圈				准确度等级
		线圈电流（A）	二次负荷（Ω）	每相消耗功率（VA）	线圈数目	线圈电压（V）	每相消耗功率（VA）	cosφ	线圈数目	
电流表	1T1-A	5	0.12	3	1					1.5
电压表	1T1-V					100	4.5	1	1	1.5
三相有功功率表	1D1-W	5	0.058	1.45	2	100	0.75	1	2	2.5
三相无功功率表	1D1-VAR	5	0.058	1.45	2	100	0.75	1	2	2.5
有功—无功功率表	1D1-W，1D1-VAR	5	0.06	1.5	2	100	0.75	1	2	2.5
三相三线有功电能表	DS1，DS2，DS8	5	0.02	0.5	2	100	1.5	0.38	2	0.5
三相三线无功电能表	DX1，DX2，DX8	5	0.02	0.5	2	100	1.5	0.38	2	0.5
功率因数表	1D1-cosφ			3.5	2	100	0.75		1	2.5
频率表	1D1-HZ					100				
有功功率记录表	LD6-W				2				2	
无功功率记录表	LD6-VAR									
电流表	16L1-A			0.5	1					
电压表	16L1-V					100	0.3	1	1	
有功功率表	16D3-W			1.5	2	100	1.0	1	2	
无功功率表	16D3-VAR			1.5	2	100	1.0	1	2	
有功—无功功率表	16D3-W 16D3-VAR			1.5	2	100	1.0	1	2	

七、电流互感器

电流互感器是电力系统中提供测量和二次保护电流信号的重要设备。

1. 电流互感器的型号

电流互感器的型号含义如下：

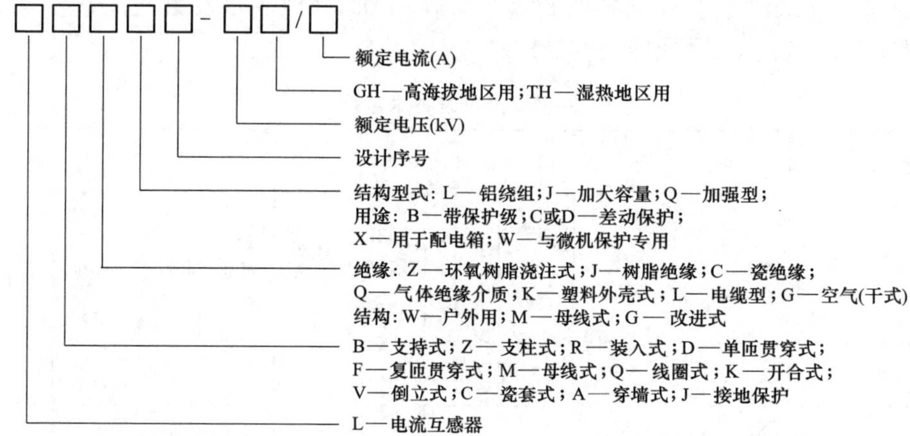

2. 电流互感器的配置

(1) 凡装有断路器的回路，如发电机、变压器、出线、母线分段及母联断路器回路中均应装设电流互感器，其数量应满足测量仪表、保护和自动装置要求。

(2) 电流互感器一般随断路器间隔对应装设。在未设断路器的下列地点也应装设电流互感器：发电厂的主变出线套管、发电机和变压器中性点、单元接线发电机出口、高压并联电抗器出口及其中性点、桥形接线的跨条等。

(3) 对于中性点直接接地系统，电流互感器一般按三相配置；对于非直接接地系统，依具体要求按二相或三相配置。

(4) 为了防止电流互感器套管闪络造成母线故障，电流互感器通常布置在断路器的出线侧或变压器侧，即尽可能不在紧靠母线侧装设电流互感器。

(5) 对于高压配电装置采用 GIS、HGIS 或罐式断路器时，宜在断路器两侧分别配置电流互感器。

(6) 对于单母线、单母线分段、双母线、双母线分段接线，进出线、分段、母联间隔均装设一组电流互感器，电流互感器装设在断路器与隔离开关之间；当电压等级为 220kV 及以上时，进出线间隔宜配置至少 4 组保护级绕组和 2 组测量（计量）级绕组电流互感器；分段间隔宜配置 5 组保护级绕组和 1 组测量级绕组电流互感器；当电压等级为 110kV 及以下采用单套保护配置时，电流互感器可相应减少保护级绕组数量；进出线间隔电流互感器保护级绕组宜靠近母线侧，测量（计量）级绕组宜靠近线路侧。

(7) 对于 3/2 断路器接线、4/3 断路器接线，电流互感器随断路器间隔对应装设，电流互感器装设在断路器与隔离开关之间；当电压等级为 220kV 及以上时，各断路器间隔电流互感器宜配置至少 5 组保护级绕组和 2 组测量（计量）级绕组。

(8) 主变中性点侧和高压侧应装设电流互感器，主变高压侧套管电流互感器宜配置 2 组保护级绕组和 1 组测量级绕组。当变压器进线需设置短引线差动保护时，还应增加设置 2 组保护级绕组。当电压等级为 110kV 及以上时，主变高压侧中性点电流互感器宜配置 1～2 组保护级绕组；当采用经隔离开关及间隙接地时，中性点间隙电流互感器宜配置 1～2 组保护级绕组。

3. 型式选择

电流互感器的型式应根据安装使用条件及设备情况选择。3～35kV 屋内配电装置，宜采用树脂浇注绝缘结构；35kV屋外配电装置可采用固体绝缘或油浸绝缘型式。110kV及以上可采用油浸绝缘型式或SF_6气体绝缘型式电流互感器。在有条件时，应优先采用套管式电流互感器，以节约投资、减少占地。

4. 一次回路额定电压和额定电流选择

一次回路额定电压应满足式（4-1），即

$$U_N \geqslant U_{Ns}$$

一次回路额电流应满足式（4-2），即

$$I_N \geqslant I_{max}$$

式中　I_{max}——电流互感器安装处的一次回路最大持续工作电流；

I_N——电流互感器一次额定电流。

当电流互感器使用地点环境温度不等于+40℃时，应对I_N进行修正。修正的方法与断路器I_N的修正方法相同。

5. 额定二次电流选择

额定二次电流I_{2N}有5A和1A两种，一般弱电系统采用1A，强电系统采用5A。当配电装置距离控制室较远时，为能使电流互感器能多带二次负荷或减小电缆截面，提高准确度，应尽量采1A。

6. 准确级选择

电流互感器准确度等级的确定与电压互感器相同，需先确定电流互感器二次回路所接测量仪表的类型及对准确度等级的要求，并按准确度等级要求最高的表计来选择。

（1）用于测量准确度要求较高的大容量发电机、变压器、系统干线和500kV电压级的电流互感器，宜用0.2级。

（2）供重要回路（如发电机、调相机、变压器、厂用馈线、出线等）中的电能表和所有计费用的电能表的电流互感器，不应低于0.5级。

（3）供运行监视的电流表、功率表、电能表的电流互感器，用0.5～1级。

（4）供估计被测数值的仪表的电流互感器，可用3级。

（5）供继电保护用的电流互感器，应用D级或B级（或新型号P级、TPY级）。

7. 二次负荷S_2选择

二次负荷S_2选择应满足

$$S_2 \leqslant S_{2N} \quad (VA) \tag{4-27}$$

由于电流互感器二次额定电流I_{2N}已标准化（5A或1A），电流互感器的额定容量S_{2N}，制造厂也常用额定负荷阻抗（Z_{2N}）的形式给出，并以欧姆值表示，即

$$S_2 = I_{2N}^2 Z_2, S_{2N} = I_{2N}^2 Z_{2N}$$

$$Z_2 \leqslant Z_{2N} \tag{4-28}$$

所以，电流互感器的二次负荷也主要决定于外接阻抗Z_2，若不计负荷电抗值时，则

$$Z_2 \approx \sum r_1 + r_2 + r_3 \quad (\Omega) \tag{4-29}$$

式中　$\sum r_1$——接入电路的仪表串联线圈总电阻，Ω；

r_3——连接导线的电阻，Ω；

r_2——接触电阻，一般取0.1Ω。

电流互感器二次回路接入仪表确定以后，式（4-29）中仅有连接导线的电阻是可变的，为了使电流互感器的负荷 S_2（或 Z_2）在所要求的准确等级下，不超过其额定容量 S_{2N}（或 Z_{2N}），则 r_3 应满足

$$r_3 \leqslant \frac{S_{2N} - I_{2N}^2(\sum r_1 + r_2)}{I_{2N}^2} = Z_{2N} - (\sum r_1 + r_2) \quad (\Omega)$$

若导线长度和电流互感器接线方式一定，则连接导线的截面积为

$$S = \frac{\rho L}{r_3} = \frac{\rho K l}{r_3} \times 10^{-3} \quad (\text{mm}^2)$$

式中 S——导线截面积（铜导体应不小于 1.5mm²，铝不小于 2.5mm²）；

ρ——导线原材料的电阻率，$\Omega \cdot \text{mm}^2/\text{m}$，在网络计算时，$\rho$ 值通常使用修正后的电阻率，即铜为 18.8，铝为 31.7；

L——连接导线的计算长度，$L = Kl$，m；

l——电流互感器安装地点到测量仪表之间实际的路径长度，m；

K——接线系数。

K 值与电流互感器的接线方式有关，图 4-4（a）所示单相接线，$K=2$；图 4-4（b）所示三相星形接线，$K=1$；图 4-4（c）所示两相星形接线，$K=\sqrt{3}$。

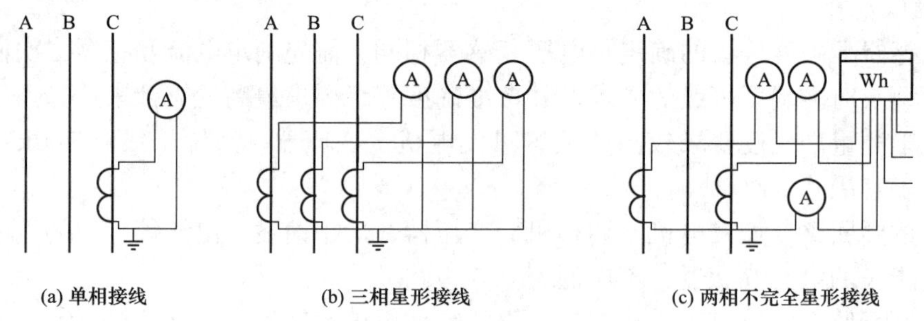

图 4-4 电流互感器与测量仪表接线图

8. 热稳定校验

热稳定校验应满足式（4-9）或式（4-4），即

$$(I_{1N}K_t)^2 \geqslant I_\infty^2 t_{dz} \quad 或 \quad (I_{1N}K_t)^2 \geqslant Q_k$$

式中 K_t——电流互感器的 1s 热稳定倍数；

I_∞——稳态三相短路电流，kA；

t_{dz}——短路电流发热等值时间，s。

9. 动稳定校验

（1）内部动稳定校验。

$$i_{sh} \leqslant \sqrt{2} I_{1N} K_{es} \tag{4-30}$$

式中 K_{es}——电流互感器动稳定电流倍数，它等于电流互感器极限通过电流峰值 i_{es} 与一次绕组额定电流 I_{1N} 峰值之比，即 $K_{es} = i_{es}/(\sqrt{2} I_{1N})$。

（2）外部动稳定（三种情况）校验。

1）当产品样本上标明瓷帽端部或接地端的允许力为 F_y 时，按下式校验：

$$F_y \geqslant 0.5 \times 1.73 i_{sh}^2 \frac{l}{a} \times 10^{-7} \quad (N) \tag{4-31}$$

式中　a——相间距离，m；

l——电流互感器出线（瓷帽）端部至最近一个支柱绝缘子的距离，m。

2）当产品样本未标明 F_y，而给出相间距离 $a=40$cm、$l=50$cm 时的动稳定倍数 K_{es} 时，则应满足

$$\sqrt{2} K_{es} I_{1N} \sqrt{\frac{50a}{40l}} \times 10^{-3} \geqslant i_{sh} \quad (kA) \tag{4-32}$$

3）对于母线型电流互感器，当产品样本上标明允许力 F_y 时，有

$$F_y \geqslant 1.73 i_{sh}^2 \frac{L}{a} \times 10^{-7} \quad (N) \tag{4-33}$$

$$L = \frac{l + l_1}{2}$$

式中　l_1——电流互感器长度，m；

L——导体平均计算长度，m。

对于环氧树脂浇注的母线型电流互感器，可不校验动稳定。

八、支柱绝缘子及穿墙套管

绝缘子即使导体与支架在电气上绝缘，也使导体与支架在机械上相连。

1. 支柱绝缘子的型号

支柱绝缘子的型号含义如下：

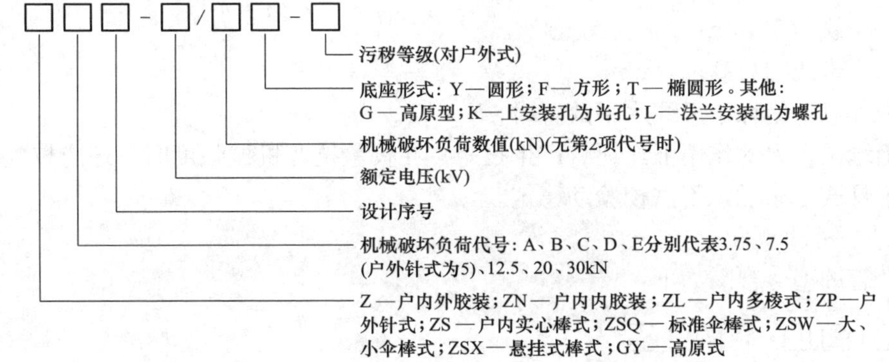

2. 支柱绝缘子的选择

（1）型式选择。用于屋内时，一般采用联合胶装的多棱式支柱绝缘子。用于屋外时，一般采用棒式支柱绝缘子。在需要倒装时，宜用悬挂式支柱绝缘子。在污秽地区应尽量采用防污盘式绝缘子，并与其他电气设备采用相同的防污措施。当屋外有污秽或冰雪时，3～20kV 支柱绝缘子一般采用高一级电压的产品。

（2）额定电压选择。

额定电压应满足式（4-1），即

$$U_N \geqslant U_{Ns}$$

（3）动稳定校验。

$$F_c \leqslant 0.6 F_y \quad (N) \tag{4-34}$$

式中 F_y——支柱绝缘子或穿墙套管的抗弯破坏负荷，N；

F_c——短路时作用在支柱绝缘子或穿墙套管上的最大力，N。

当三相母线布置在同一平面时，中间相母线受的电动力最大，其值为

$$F_{max}=1.73K\frac{L}{a}i_{sh}^2\times10^{-7}\quad(N)$$

式中 a——母线相间距离，m；

L——绝缘子间的跨距，m（当绝缘子两边跨距不相等时，取相邻两跨间的平均值）；

K——绝缘子受力折算系数；

i_{sh}——三相短路电流最大冲击值。

由于绝缘子抗弯破坏负荷是作用在绝缘子帽上，而电动力则作用在母线中间，二者力臂不等。为了使力臂相等，故需增大电动力，K 值为

$$K=\frac{H}{H_1}$$

$$H=H_1+b+\frac{h}{2}$$

$$F_c=F_{max}$$

式中 H——从绝缘子底部到母线水平中心线的高度，mm；

H_1——绝缘子高度，mm；

b——母线下部至绝缘子帽的距离，矩形母线立放为18mm，矩形母线平放和槽形母线为12mm；

h——母线的总高度，mm。

对于两片以下绝缘子母线水平放置时，$K\approx1$。

支柱绝缘子在力的作用下，还将产生扭矩。在校验抗弯机械强度时，还应校验抗扭机械强度。对于悬式绝缘子，不需校验动稳定。

3. 穿墙套管的型号

穿墙套管的型号含义如下：

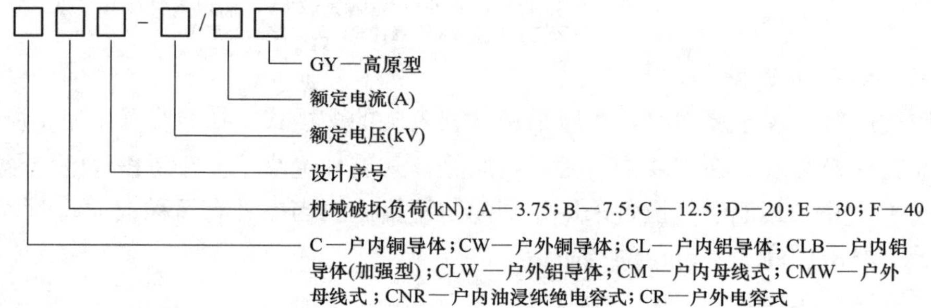

4. 穿墙套管的选择

（1）型式选择。屋内配电装置宜采用铝导体穿墙套管。对于母线型穿墙套管，应校验窗口允许穿过的母线尺寸。

（2）额定电压选择。

额定电压应满足式（4-1），即

$$U_N \geqslant U_{Ns}$$

（3）额定电流选择。

额定电流应满足式（4-2），即

$$I_N \geqslant I_{max}$$

式中　I_{max}——穿墙套管安装处最大持续工作电流；

I_N——穿墙套管的额定电流，当环境温度不等于40℃时，I_N应进行修正，方法与断路器相同。

（4）热稳定校验。

应满足式（4-4），即

$$I_t^2 t \geqslant Q_k$$

或满足式（4-9），即

$$I_t^2 t \geqslant I_\infty^2 t_{dz}$$

（5）动稳定校验。

$$0.6F_y \geqslant F_{max} \tag{4-35}$$

$$F_{max} = 1.73 \times \frac{1}{2} \times \frac{L_1 + L_2}{a} i_{sh}^2 \times 10^{-7}$$

$$= 0.865 \times \frac{L_1 + L_2}{a} i_{sh}^2 \times 10^{-7} \quad (N)$$

式中　L_1——套管本身长度，m；

L_2——套管端部至最近一个支柱绝缘子间的距离，m。

九、消弧线圈

在中性点不接地系统中，变压器中性点常通过消弧线圈接地。消弧线圈的作用是：当三相线路的一相发生弧光接地故障时，产生电感电流，抵消由线路对地电容引起的电容电流，消除因电容电流存在而引起故障点的电弧持续，避免故障范围扩大，提高电力系统供电可靠性。

1. 消弧线圈的型号

消弧线圈的型号含义如下：

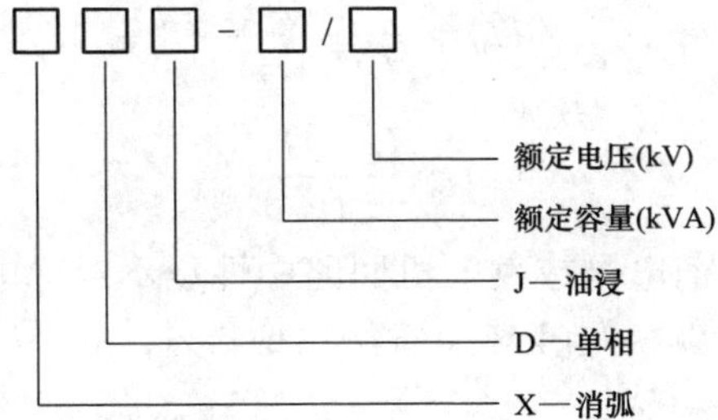

2. 型式选择

消弧线圈宜选用油浸式。装设在屋内且相对湿度小于80％场所的消弧线圈，也可选用干式。在电容电流变化较大的场所，宜选用自动跟踪动态补偿式消弧线圈。

3. 额定电压选择

额定电压应满足式（4-1），即

$$U_N \geqslant U_{Ns}$$

4. 额定容量选择

消弧线圈的补偿容量的计算式为

$$Q = KI_C \frac{U_N}{\sqrt{3}} \quad (\text{kVA}) \tag{4-36}$$

式中 Q——消弧线圈补偿容量，kVA；

K——系数，装于电网的变压器中性点的消弧线圈，以及具有直配线的发电机中性点消弧线圈，应采用过补偿方式，K 取 1.35；

U_N——电网或发电机回路的额定电压，V；

I_C——电网或发电机电容电流，A。

计算电网的电容电流时，应考虑电网 5～10 年的发展。电网的电容电流应包括有电气连接的所有架空线路、电缆线路的电容电流，架空线可按 $I_C = U_N L/350$(A) 估算，电缆线按 $I_C = 0.1U_N L$ (A) 估算，L 为线路长度，单位为 km。

为便于运行调谐，消弧线圈的额定容量宜选用接近于计算值 Q。在选择消弧线圈的台数和容量时，应考虑消弧线圈的安装地点，并按下列原则进行：

(1) 在任何运行方式下（如断开一两条线路时），大部分电网不得失去消弧线圈的补偿。不应将多台消弧线圈集中安装在一处，并应尽量避免电网仅装一台消弧线圈。

(2) 消弧线圈一般装在变压器的中性点上。安装在 YNd 接线双绕组或 YNynd 接线的三绕组变压器中性点上消弧线圈的容量，不应超过变压器三相总容量的 50%，并不应大于三绕组变压器任一绕组的容量。

若接于零序磁通未经铁芯闭路的、YNyn 接线的、内铁芯式变压器中性点上，消弧线圈容量不应超过变压器三相绕组总容量的 20%。消弧线圈不应装设在零序磁通经铁芯闭路 YNyn 接线的变压器中性点上，如单相变压器组或外铁芯变压器。

5. 中性点位移电压

中性点经消弧线圈接地的电网，在正常情况下，长时间中性点位移电压不应超过额定相电压的 15%，脱谐度一般不大于 10%，消弧线圈分接头一般选用 5 个。

中性点位移电压一般按下式计算：

$$U_0 = \frac{U_{bd}}{\sqrt{d^2 + v^2}} \tag{4-37}$$

$$v = \frac{I_C - I_L}{I_C}$$

式中 U_{bd}——消弧线圈投入前电网或发电机回路中性点不对称电压，一般取 0.8%相电压；

d——阻尼率，一般 60～110kV 架空线路取 3%，35kV 及以下架空线路取 5%，电缆线路取 2%～4%；

v——脱谐度；

I_C——电网或发电机回路的电容电流，A；

I_L——消弧线圈电感电流，A。

十、避雷器

避雷器是用来保护电气设备免受高瞬态过电压危害的一类电气设备。它可限制续流通过的时间，也常用来限制续流通过的幅值。

1. 避雷器的型号

避雷器的型号含义如下：

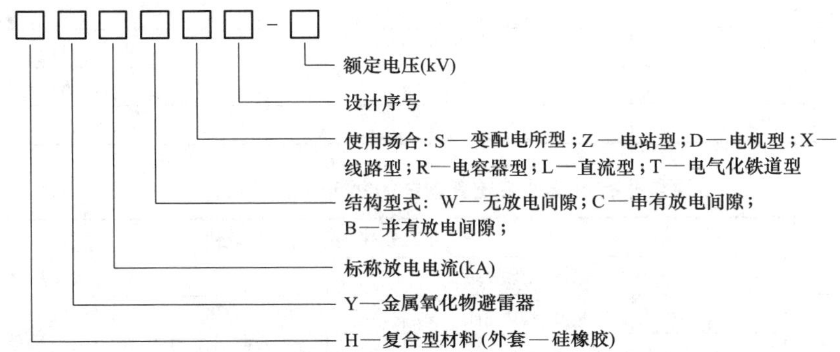

2. 型式选择

避雷器按间隙结构分类，可分为无间隙型避雷器和有间隙型避雷器；按所使用的非线性电阻片材料分类，可分为碳化硅阀式避雷器和金属氧化物避雷器，前者除了少量在用之外，已基本淘汰；按外壳材质分类，可分为瓷壳避雷器、复合外套避雷器和罐式避雷器；按标称放电电流分类，主要有 20、15、10、5、2、1kA 等。选择避雷器型式时，应考虑被保护电气设备的绝缘水平和使用特点，宜按表 4-12 选择。

表 4-12　避雷器的分类

标称放电电流（kA）	20	10	5	2.5	1.5
避雷器额定电压 U_{rN}（方均根值，kV）	$360 \leqslant U_{rN} \leqslant 756$①	$3 \leqslant U_{rN} \leqslant 468$	$U_{rN} \leqslant 132$	$U_{rN} \leqslant 36$	$U_{rN} \leqslant 207$
应用场合	变电站用避雷器，线路避雷器	变电站用避雷器，线路用避雷器，电气化铁路用避雷器	线路用避雷器，变电站用避雷器，发电机用避雷器，配电用避雷器，并联补偿电容器用避雷器，电气化铁路用避雷器	电动机用避雷器	电机中性点用避雷器，变压器中性点用避雷器，低压避雷器

注　20kA 级的强雷电负载避雷器的额定电压范围为 $3\text{kV} \leqslant U_r \leqslant 60\text{kV}$。

目前变电站内主要采用金属氧化物避雷器，其拥有优异的非线性伏安特性，残压随冲击电流波头时间的变化特性平稳，陡波响应特性好，没有间隙的击穿特性和灭弧问题；电阻片单位体积吸收能量大，可并联使用。

3. 持续运行电压选择

为了保证使用寿命，应保证长期作用在避雷器上的电压不得超过避雷器的持续运行电压。

4. 额定电压选择

避雷器的额定电压通常取等于或大于安装点的最大工频暂时过电压。中性点有效接地系统避雷器的典型额定电压值见表 4-13，中性点非有效接地系统避雷器的额定电压建议值见表 4-14。

表 4-13 中性点有效接地系统避雷器的典型额定电压值（kV）

系统标称电压（有效值）	避雷器额定电压（有效值）	
	母线侧	线路侧
110	102	
220	204	
330	300	312
500	420	444
750	600	648
1000	828	828

表 4-14 中性点非有效接地系统避雷器的额定电压建议值（kV）

接地方式	非有效接地系统（有效值）											
	10s 及以内切除故障						10s 以上切除故障					
系统标称电压	3	6	10	20	35	66	3	6	10	20	35	66
避雷器额定电压	4	8	13	26	42	72	5	10	17	34	51	90

5. 最大雷电冲击残压、操作冲击残压选择

当避雷器的额定电压选定后，避雷器在流过标称放电电流而引起的雷电冲击残压和在流过操作冲击电流下的操作冲击残压便是确定的数值，应满足绝缘配合的要求。

十一、裸导体

1. 导体选择的一般规定

（1）导体应根据具体应用情况，按电流、电晕、动稳定或机械强度、热稳定、允许电压降、经济电流密度等技术条件进行选择或校验。当选择的导体为非裸导体时，可不校验电晕。

（2）导体尚应按使用环境条件（环境温度、日照、风速、污秽、海拔）校验。当在屋内使用时，可不校验日照、风速及污秽。

（3）载流导体一般采用铝、铝合金或铜材料。对于持续工作电流较大且安装位置特别狭窄的发电机、变压器出线端部，或污秽对铝有较严重腐蚀的场所宜选铜导体；钢母线只在额定电流小且短路电动力大或不重要的场合下使用。

（4）普通导体的正常最高工作温度不宜超过+70℃，在计及日照影响时，钢芯铝线及管形导体可按不超过+80℃考虑。当普通导体接触面处有镀（搪）锡的可靠覆盖层时，可提高到+85℃。特种耐热导体的最高工作温度可根据制造厂提供的数据选择使用，但要考虑高温导体对连接设备的影响，并采取防护措施。

（5）在按回路正常工作电流选择导体截面时，导体的长期允许载流量，应按所在地区的海拔及环境温度进行修正。导体采用多导体结构时，应考虑邻近效应和热屏蔽对载流量的影响。

（6）110kV 及以上导体的电晕临界电压应大于导体安装处的最高工作电压。

（7）验算短路热稳定时，导体的最高允许温度，对硬铝及铝镁（锰）合金可取 200℃，硬铜可取 300℃。短路前的导体温度应采用额定负荷下的工作温度。

2. 硬导体

（1）型式选择。硬导体型式有矩形、槽形和管形等。单片矩形导体具有集肤效应系数小、散热条件好、安装简单、连接方便等优点，一般适用于工作电流为 2000A 以下回路中；

多片矩形导体适用于正常工作电流在4000A及以下的回路中。在回路持续工作电流为4000～8000A时，一般选用双槽形导体。110kV及以上高压配电装置，当采用硬导体时，宜用铝锰合金管形导体。

对于容量为200MW及以上的发电机引出线和厂用电源、电压互感器等分支线，应采用全连式分相封闭母线。容量为200～225MW发电机的封闭母线，一般采用定型产品；如选用非定型产品时，应进行导体和外壳发热、应力，以及绝缘子抗弯的计算，并校验固有振动频率。

（2）导体截面积选择。对年负荷利用小时数较大（通常指 $T_{max}>5000h$），传输容量较大，长度在20m以上的导体，如发电机、变压器的连接导体，其截面积 S 一般按经济电流密度选择。配电装置的汇流母线通常在正常运行方式下，传输容量不大，故其截面积 S 可按导体长期发热允许电流来选择。

1）按导体长期发热允许电流选择。

$$I_{max} \leqslant KI_{al} \tag{4-38}$$

$$K=\sqrt{\frac{\theta_{al}-\theta}{\theta_{al}-\theta_0}}$$

式中　I_{max}——导体所在回路中最大持续工作电流，A；

I_{al}——相应于某一母线布置方式和环境温度+25℃时的导体长期允许载流量，A，可由表4-15～表4-18查得；

θ——导体安装处的实际环境温度，℃；

θ_0——导体额定载流量的基准温度，℃；

θ_{al}——导体长期发热允许最高温度，℃；

K——与实际环境温度和海拔有关的综合修正系数，也可查表4-19。

表4-15　矩形铝导体长期允许载流量（A）

导体尺寸 $h\times b$ (mm×mm)	单条		双条		三条		四条	
	平放	竖放	平放	竖放	平放	竖放	平放	竖放
40×4	480	503	—	—	—	—	—	—
40×5	542	562	—	—	—	—	—	—
50×4	586	613	—	—	—	—	—	—
50×5	661	692	—	—	—	—	—	—
63×6.3	910	952	1409	1547	1866	2111	—	—
63×8	1038	1085	1623	1777	2113	2379	—	—
63×10	1168	1221	1825	1994	2381	2665	—	—
80×6.3	1128	1178	1724	1892	2211	2505	2558	3411
80×8	1274	1330	1946	2131	2491	2809	2863	3817
80×10	1472	1490	2175	2373	2774	3114	3167	4222
100×6.3	1371	1430	2054	2253	2633	2985	3032	4043
100×8	1542	1609	2298	2516	2933	3311	3359	4479
100×10	1278	1803	2558	2796	3181	3578	3622	4829
125×6.3	1674	1744	2446	2680	2079	3490	3525	4700
125×8	1876	1955	2725	2982	3375	3813	3847	5129
125×10	2089	2177	3005	3282	3725	4194	4225	5633

注　1. 载流量系按最高允许温度+70℃、基准环境温度+25℃、无风、无日照条件计算的。

2. 导体尺寸中，h 为宽度，b 为厚度。

3. 当导体为四条时，平放、竖放第2、3片间距离皆为50mm。

表 4-16　**槽型铝导体长期允许载流量及计算用数据**

截面尺寸 (mm)				双槽导体截面积 (mm^2)	集肤效应系数 (K_f)	导体载流量 (A)	[ ] [ ] [ ]			□□□			双槽焊接成整体时				共振最大允许距离 (cm)	
h	b	c	r				截面系数 W_y (cm^3)	截面惯性矩 I_y (cm^4)	惯性半径 r_y (cm)	截面系数 W_y (cm^3)	截面惯性矩 I_y (cm^4)	惯性半径 r_y (cm)	截面系数 W_{y0} (cm^3)	截面惯性矩 I_y (cm^4)	惯性半径 r_{y0} (cm)	静力矩 S_{y0} (cm^3)	双槽实连时绝缘子间距	双槽不实连时绝缘子间距
75	35	4	6	1040	1.012	2280	2.52	6.2	1.09	10.1	41.6	2.83	23.7	89	2.93	14.1	—	—
75	35	5.5	6	1390	1.025	2620	3.17	7.6	1.05	14.1	53.1	2.76	30.1	113	2.85	18.4	178	114
100	45	4.5	8	1550	1.020	2740	4.51	14.5	1.33	22.2	111	3.78	48.6	243	3.96	28.0	205	125
100	45	6	8	2020	1.038	3590	5.9	18.5	1.37	27	135	3.7	58	290	3.85	36	203	123
125	55	6.5	10	2740	1.050	4620	9.5	37	1.65	50	290	4.7	100	620	4.8	63	228	139
150	65	7	10	3570	1.075	5650	14.7	68	1.97	74	560	5.65	167	1260	6.0	98	252	150
175	80	8	12	4880	1.103	6600	25	144	2.4	122	1070	6.65	250	2300	6.9	156	263	147
200	90	10	14	6870	1.175	7550	40	254	2.75	193	1930	7.55	422	4220	7.9	252	285	157
200	90	12	16	8080	1.237	8800	46.5	294	2.7	225	2250	7.6	490	4900	7.9	290	283	157
220	105	12.5	16	9760	1.285	10 150	66.5	490	3.2	307	3400	8.5	645	7240	8.7	390	299	163
250	115	12.5	16	10 900	1.313	11 200	81	660	3.52	360	4500	9.2	824	10 300	9.82	495	321	200

注　1. 载流量系按最高允许温度+70℃，基准环境温度+25℃、无风、无日照条件计算的。

2. 截面尺寸中，h 为槽型铝导体高度，b 为宽度，c 为壁厚，r 为弯曲半径。

表 4-17　　铝镁硅系（6063）管型母线长期允许载流量及计算用数据（一）

导体尺寸 D/d (mm)	导体截面积 (mm^2)	导体最高允许温度为下值时的载流量（A）		截面系数 W (cm^3)	惯性半径 r (cm)	截面惯性矩 I (cm^4)
		+70℃	+80℃			
ϕ30/25	216	578	624	1.37	0.976	2.06
ϕ40/35	294	735	804	2.60	1.33	5.20
ϕ50/45	373	925	977	4.22	1.68	10.6
ϕ60/54	539	1218	1251	7.29	2.02	21.9
ϕ70/64	631	1410	1428	10.2	2.37	35.5
ϕ80/72	954	1888	1841	17.3	2.69	69.2
ϕ100/90	1491	2652	2485	33.8	3.36	169
ϕ110/100	1649	2940	2693	41.4	3.72	228
ϕ120/110	1806	3166	2915	49.9	4.07	299
ϕ130/116	2705	3974	3661	79	4.36	513
ϕ150/136	3145	4719	4159	107	5.06	806
ϕ170/154	4072	5696	4952	158	5.73	1339
ϕ200/184	4825	6674	5687	223	6.79	2227
ϕ250/230	7540	9139	7635	435	8.49	5438

注　1. 最高允许温度+70℃的载流量，是按基准环境温度+25℃、无风、无日照、敷设散热系数与吸热系数为0.5、不涂漆条件计算的。

2. 最高允许温度+80℃的载流量，是按基准环境温度+25℃、日照0.1W/cm^2、风速0.5m/s且与管型导体垂直、海拔1000m、敷设散热系数与吸收系数为0.5、不涂漆条件计算的。

3. 导体尺寸中，*D*为外径，*d*为内径。

表 4-18　　铝镁系（LDRE）管型母线长期允许载流量及计算用数据（二）

导体尺寸 D/d (mm)	导体截面积 (mm^2)	导体最高允许温度为下值时的载流量（A）		截面系数 W (cm^3)	惯性半径 r (cm)	截面惯性矩 I (cm^4)
		+70℃	+80℃			
ϕ30/25	216	491	561	1.37	0.976	2.06
ϕ40/35	294	662	724	2.60	1.33	5.20
ϕ50/45	373	834	877	4.22	1.68	10.6
ϕ60/54	539	1094	1125	7.29	2.02	21.9
ϕ70/64	631	1281	1284	10.2	2.37	35.5
ϕ80/72	954	1700	1654	17.3	2.69	69.2
ϕ100/90	1491	2360	2234	33.8	3.36	169
ϕ110/100	1649	2585	2463	41.4	3.72	228
ϕ120/110	1806	2831	2663	49.9	4.07	299
ϕ130/116	2705	3655	3274	79	4.36	513
ϕ150/136	3145	4269	3720	107	5.06	806

续表

导体尺寸 D/d (mm)	导体截面积 (mm^2)	导体最高允许温度为下值时的载流量(A)		截面系数 W (cm^3)	惯性半径 r (cm)	截面惯性矩 I (cm^4)
		+70℃	+80℃			
ϕ170/154	4072	5052	4491	158	5.73	1339
ϕ200/184	4825	5969	5144	223	6.79	2227
ϕ250/230	7540	8342	6914	435	8.49	5438

注 1. 最高允许温度+70℃的载流量，是按基准环境温度+25℃、无风、无日照、敷设散热系数与吸热系数为0.5、不涂漆条件计算的。

2. 最高允许温度+80℃的载流量，是按基准环境温度+25℃、日照0.1W/cm^2、风速0.5m/s且与管型导体垂直、海拔1000m、敷设散热系数与吸收系数为0.5、不涂漆条件计算的。

3. 导体尺寸中，D为外径，d为内径。

表 4-19　　裸导体载流量在不同海拔及环境温度下的综合校正系数

导体最高允许温度(℃)	适用范围	海拔(m)	实际环境温度(℃)						
			+20	+25	+30	+35	+40	+45	+50
+70	屋内矩形、槽型、管型导体和不计日照的屋外软导体	—	1.05	1.00	0.94	0.88	0.81	0.74	0.67
+80	计及日照时屋外软导体	1000及以下	1.05	1.00	0.95	0.89	0.83	0.76	0.69
		2000	1.01	0.96	0.91	0.85	0.79		
		3000	0.97	0.92	0.87	0.81	0.75		
		4000	0.93	0.89	0.84	0.77	0.71		
	计及日照时屋外管型导体	1000及以下	1.05	1.00	0.94	0.87	0.80	0.72	0.63
		2000	1.00	0.94	0.88	0.81	0.74		
		3000	0.95	0.90	0.84	0.76	0.69		
		4000	0.91	0.86	0.80	0.72	0.65		

2）按经济电流密度J选择。除配电装置的汇流母线、厂用电动机的电缆等外，长度在20m以上的导体，其截面积一般按经济电流密度选择，即经济截面积为

$$S_j = \frac{I_{max}}{J} \quad (mm^2) \tag{4-39}$$

式中　S_j——经济截面积。

J——导体的经济电流密度，见表4-20。

按此条件选择的导体截面积，应尽量接近经济截面积S_j；当无合适规格导体时，允许小于S_j。

表 4-20　**导体的经济电流密度（A/mm²）**

导体材料		最大负荷利用小时数 T_{max}（h）		
		3000 以下	3000～5000	5000 以上
铝裸导体		1.65	1.15	0.9
铜裸导体		3.0	2.25	1.75
35kV 以下	铝芯电缆	1.92	1.73	1.54
	铜芯电缆	2.5	2.25	2.0

（3）电晕校验。63kV 及以下系统，一般不会出现全面电晕，不必校验，对 110kV 及以上电压等级的线路、发电厂及变电站母线均应以当地气象条件下晴天不出现全面电晕为控制条件，使导线安装处的最高工作电压小于临界电晕电压，即

$$\left.\begin{aligned} &U_{max} \leqslant U_{cr} \\ &U_{cr} = 84 m_1 m_2 k \delta^{\frac{2}{3}} \frac{n r_0}{k_0}\left(1+\frac{0.301}{\sqrt{r_0 \delta}}\right) \lg \frac{a_{jj}}{r_d} \\ &\delta = \frac{2.895 P}{273+t} \times 10^{-3} \\ &k_0 = 1 + \frac{r_0}{d} 2(n-1) \sin\frac{\pi}{n} \end{aligned}\right\} \tag{4-40}$$

式中 U_{max}——回路最高工作电压，kV；

U_{cr}——电晕临界电压（线电压有效值），kV；

m_1——导线表面的粗糙系数，一般取 0.9；

m_2——天气系数，晴天取 1.0，晴天取 0.85；

k——三相导线水平排列时，考虑中间导线电容比平均电容大的不均匀系数，一般取 0.96；

δ——相对空气密度；

n——每相分裂导线根数，对单根导线 $n=1$；

r_0——导线的半径，cm；

k_0——次导线电场强度附加影响系数，见表 4-21；

a_{jj}——导体相间几何均距，三相导体水平排列时 $a_{jj}=1.26a$（a 为相间距离，cm）；

P——大气压力，Pa；

t——空气温度，℃，$t=25-0.005H$；

H——海拔，m；

d——分裂间距，cm；

r_d——分裂导线的等效半径，$\sqrt[n]{r_0 n \left(\frac{a}{2\sin\pi/n}\right)^{n-1}}$，单根导线 $r_d=r_0$，分裂导线 r_d 值见表 4-21，cm。

表 4-21 分裂导线不同排列方式时的 k_0、r_d 值

排列方式	双分裂水平排列	三分裂正三角形排列	三分裂水平排列	四分裂正四角形排列
k_0	$1+\frac{2r_0}{d}$	$1+\frac{3.46r_0}{d}$	$1+\frac{3r_0}{d}$	$1+\frac{4.24r_0}{d}$
r_d	$\sqrt{r_0d}$	$\sqrt[3]{r_0d^2}$	$\sqrt[3]{r_0d^2}$	$\sqrt[4]{r_0\sqrt{2}d^3}$

海拔不超过 1000m，在常用相间距离情况下，如导体型号或外径不小于表 4-22 所列数值时，可不进行电晕校验。

表 4-22 可不进行电晕校验的最小导体型号及外径

电压（kV）	110	220	330	500
软导线型号	LGJ-70	LGJ-300	LGKK-600 2×LGJ-300	2×LGKK-600 3×LGJ-500
管型导体外径（mm）	ϕ20	ϕ30	ϕ40	ϕ60

（4）热稳定校验。按上述情况选择的导体截面积 S，还应校验其在短路条件下的热稳定。裸导体热稳定校验公式为

应满足式（4-4），即

$$S \geqslant S_{min}=\frac{\sqrt{Q_k}}{C}$$

或满足式（4-9），即

$$S \geqslant S_{min}=\frac{I_\infty}{C}\sqrt{t_{dz}}$$

式中 S_{min}——根据热稳定决定的导体最小允许截面积，mm^2；

C——热稳定系数，参见表 4-5、表 4-23；

I_∞——稳态短路电流，kA；

t_{dz}——短路电流发热等值时间，s。

表 4-23 不同工作温度下的裸导体的 C 值

工作温度（℃）	40	45	50	55	60	65	70	75	80	85	90
硬铝及铝锰合金	99	97	95	93	91	89	87	85	83	81	79
硬铜	186	183	181	179	176	174	171	169	166	164	161

（5）动稳定校验。

应满足式（4-5），即

$$\sigma_y \leqslant \sigma_{max}$$

式中 σ_y——母线材料的允许应力（硬铝为 σ_y 为 69×10^6Pa，硬铜为 137×10^6Pa，钢为 157×10^6Pa）；

σ_{max}——短路时作用在导体上的最大计算应力，Pa。

σ_{max}值与母线的截面形状有关，对于重要回路（如发电机、主变回路及配电装置汇流母线等）硬导体的应力计算，还应考虑共振的影响。其计算公式如下：

1）单条矩形母线。

$$\sigma_{max}=1.73i_{sh}^{2}\frac{\beta L^{2}}{aW}\times10^{-8}\quad(\text{Pa})\tag{4-41}$$

式中　L——支柱绝缘子间的跨距，m；

W——截面系数，是指对垂直于力作用方向的轴而言的抗弯矩，可按表 4-24 中的公式计算，m^3；

a——母线相间距离，m；

β——振动系数。

表 4-24　　不同形状和布置的母线的截面系数及惯性半径

导体布置方式及截面形状	截面系数 W（m^3）	惯性半径 r_1（m^3）
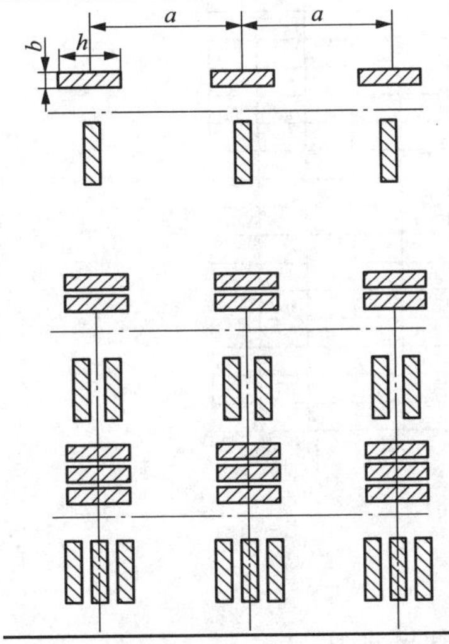 单条，平放（a，h，b）	$0.167bh^2\times10^{-6}$	$0.289h\times10^{-2}$
单条，竖放	$0.167hb^2\times10^{-6}$	$0.289b\times10^{-2}$
两条，平放	$0.333bh^2\times10^{-6}$	$0.289h\times10^{-2}$
两条，竖放	$1.44hb^2\times10^{-6}$	$1.04b\times10^{-2}$
三条，平放	$0.5bh^2\times10^{-6}$	$0.289h\times10^{-2}$
三条，竖放	$3.3hb^2\times10^{-6}$	$1.66b\times10^{-2}$

注　a 为母线相间距离，m；b、h 分别为母线厚度和宽度，m。

2）多条矩形母线。

$$\sigma_{max}=\sigma_{\varphi}+\sigma_{s}\tag{4-42}$$

$$\sigma_{s}=\frac{f_{s}L_{s}^{2}}{2b^{2}h}$$

式中　σ_{φ}——相间作用应力，其计算公式同单条矩形母线，Pa；

σ_s——同相各条母线间相互作用应力，Pa；

L_s——衬垫中心线间距离，m；

h——矩形母线宽度，m；

b——矩形母线厚度，m；

f_s——同相母线片间作用力，N/m。

当每相有两条母线时，有

$$f_{s}=2.5K_{12}i_{sh}^{2}\frac{1}{b}\times10^{-8}\quad(\text{N/m})$$

当每相有三条母线时，有

$$f_s = 8(K_{12} + K_{13}) i_{sh}^2 \frac{1}{b} \times 10^{-9} \quad (\mathrm{N/m})$$

式中 K——母线形状系数（下角标 12、13 分别指 1、2 条，1、3 条母线），可由图 4-5 中曲线查出。

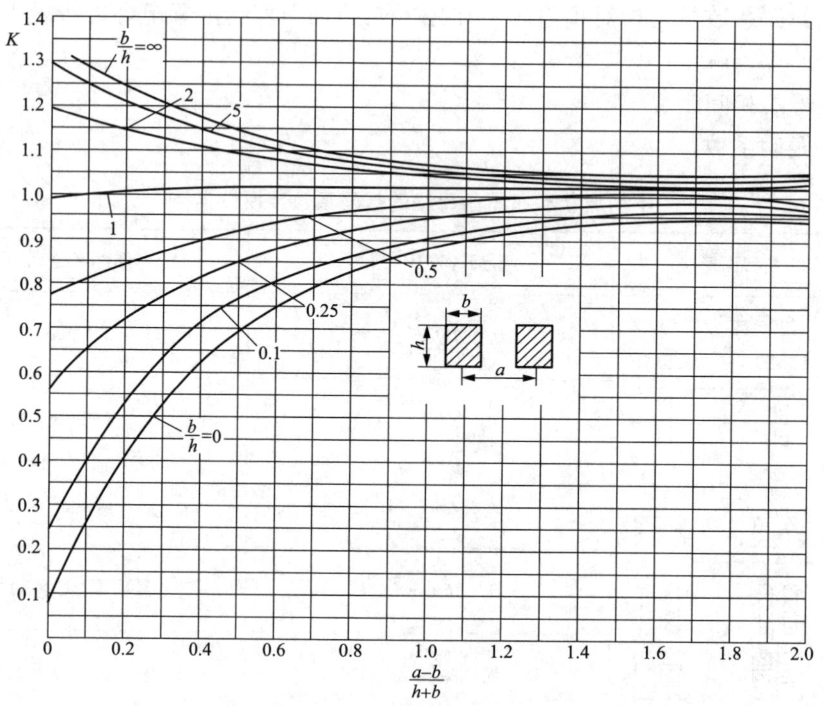

图 4-5 矩形截面母线的形状系数

为简化计算，通常根据允许应力 σ_y，来决定最大允许的衬垫跨距 $L_{s\cdot max}$：

母线竖放 $$L_s \leqslant L_{s\cdot max} = b\sqrt{\frac{2h(\sigma_p - \sigma_\varphi)}{f_s}}$$

母线平放 $$L_s \leqslant L_{s\cdot max} = h\sqrt{\frac{2b(\sigma_p - \sigma_\varphi)}{f_s}}$$

母线衬垫的跨距 L_s，还须小于临界跨距 L_c，即

$$L_s \leqslant L_c = \lambda b^4 \sqrt{\frac{h}{f_s}}$$

其中，系数 λ，对于双母线，铜为 1144，铝为 1003；对于三条母线，铜为 1355，铝为 1197。

3）槽型母线。

$$\sigma_{max} \leqslant \sigma_y \tag{4-43}$$

$$\sigma_{max} = \sigma_\varphi + \sigma_s$$

$$\sigma_\varphi = 1.73 i_{sh}^2 \frac{\beta L^2}{aW} \times 10^{-8}$$

$$\sigma_s = 4.16 i_{sh}^2 \frac{L_s^2}{hW_y} \times 10^{-9}$$

式中　W——母线截面系数，与母线布置方式有关，查表 4-16，当双槽对 y 轴弯曲时，$W=2W_y$；双槽对 x 轴弯曲时，$W=2W_x$；双槽焊成整体时，$W=W_{y0}$。

β——振动系数。

对于三相母线布置在同一平面时，母线自振频率 f_m 为

$$f_m=112\frac{r_i}{L^2}\varepsilon \quad (\text{Hz})$$

式中　r_i——母线惯性半径，m；

ε——材料系数（铜为 1.44×10^4，铝为 1.55×10^4，钢为 1.64×10^4）。

为避免导体发生危险的共振，f_m 不应在下列范围内运行，则可使 $\beta\approx1$：①单条母线，$f_m\neq35\sim135$(Hz)；②多条母线，$f_m\neq35\sim155$(Hz)；③槽型、管型，$f_m\neq30\sim60$(Hz)。

若 f_m 无法限制在共振范围之外时，母线所受电动力须乘以相应的振动系数 β，其值可参阅有关手册。

（6）允许电压降校验。

$$\Delta U=\frac{PR+QX}{U_N}$$

$$\Delta U\%\leqslant5\%$$

$$\Delta U\%=\frac{\Delta U}{U_N}\times100\% \tag{4-44}$$

式中　ΔU——电压损耗，kV；

$\Delta U\%$——电压损耗百分数；

U_N——导体的额定电压，kV；

P，Q——流经导体的有功功率和无功功率，单位分别为 MW 和 Mvar；

R，X——导体的电阻、电抗，Ω。

对于输电线路应校验线路电压损失。对于发电厂、变电站内的导体，由于相对距离较短，电压损失不严重，所以可不校验。

3. 软导体

（1）型式选择。对于 220kV 及以下的配电装置，电晕对选择导线截面积一般不起决定作用，故可根据负荷电流选择导线截面。导体的结构型式可采用单根钢芯铝绞线或由钢芯铝绞线组成的复合导线。对于 330kV 及以上的配电装置，电晕和无线电干扰则是选择导线截面及导线结构型式的控制条件，故宜采用空心扩径导线。对于 500kV 及以上的配电装置，宜采用空心扩径导线或铝合金绞线组成的分裂导线。

在空气中含盐量较大的沿海地区或周围气体对铝有明显腐蚀的场所，应尽量选用防腐型铝绞线。碳纤维导线与常规导线相比，具有质量轻、抗拉强度大、耐热性能好、高温弧垂小、导电率高、线损低、载流量大等优点，但造价较高，变电站母线增容改造、新建载流量大的母线或大跨距母线时可通过技术经济比较确定是否采用。

（2）其他技术条件选择。软导体的选择与上述硬导体选择的技术条件（2）～（4）相同。软导体不必进行动稳定校验。

十二、电缆

1. 型式选择

根据电缆的用途、敷设方法和场所，选择电缆的芯数、芯线材料、绝缘种类、保护层以

及电缆的其他特征，最后确定电缆型号。

（1）电缆芯线有铜芯和铝芯，国内工程一般选用铝芯，但需移动或振动剧烈的场所应采用铜芯。

（2）在110kV及以上的交流装置中一般采用单芯充油或充气电缆；在35kV及以下三相三线制的交流装置中，采用三芯电缆；在380/220V三相四线制的交流装置中，采用四芯或五芯（有一芯用于保护接地）电缆；在直流装置中，采用单芯或双芯电缆。

（3）直埋电缆一般采用带护层的铠装电缆。周围环境潮湿或有腐蚀性介质的场所应选用塑料护套电缆。

（4）移动机械选用重型橡套电缆，高温场所宜用耐热电缆，重要直流回路或保安电源回路宜采用阻燃电缆。

（5）垂直或高差较大处选用不滴油电缆或塑料护套电缆。

（6）敷设在管道（或没有可能使电缆受伤的场所）中的电缆，可采用没有钢铠装的铅包电缆或黄麻护套电缆。

电力电缆除充油电缆外，一般采用三芯铝芯电缆。

2. 额定电压选择

$$U_N \geqslant U_{Ns}$$

3. 导体截面积选择

（1）按最大持续工作电流选择电缆截面积。

$$S = \frac{I_{max}}{J} \quad (mm^2)$$

$$I_{max} \leqslant K_t I_y$$

$$K = \sqrt{\frac{T_M - T_2}{T_M - T_1}}$$

式中 K——温度修正系数。

T_M——电缆芯最高工作温度，℃。

T_1——对应于额定载流量的基准环境温度，℃。

T_2——实际环境温度，℃。

K_t——不同敷设条件下综合校正系数，空气中单根敷设：$K_t = K_1$；空气中多根敷设：$K_t = KK_1$；空气中穿管敷设：$K_t = KK_2$；土壤中单根敷设：$K_t = KK_3$；土壤中多根敷设：$K_t = KK_3K_4$。

K_1——空气中并列敷设电缆的校正系数。

K_2——空气中穿管敷设时的校正系数，电压为10kV及以下，截面95mm²及以下取0.9，截面为120～185mm²取0.85。

K_3——直埋敷设电缆因土壤热阻不同的校正系数。

K_4——多根并列直埋敷设时的校正系数。

I_y——电缆在标准敷设条件下的额定载流量。

电缆原则上不允许过负荷。在事故或紧急情况下（如转移负荷等），过负荷时间不超过2h，其过负荷能力3kV为10%，6～10kV为15%。

（2）按经济电流密度选择电缆截面以及允许电压降的校验，与裸导体计算相同。

4. 允许电压损失校验

对供电距离较远、容量较大的电缆线路，应校验其电压损失 $\Delta U\%$。对于三相交流电路，一般应满足

$$\Delta U\% \leqslant 5\%$$

而

$$\Delta U\% = 173 I_{max} L (r\cos\varphi + x\sin\varphi)/U_{Ns} \tag{4-45}$$

式中 I_{max}——电缆线路最大持续工作电流，A；

L——线路长度，km；

r，x——电缆单位长度的电阻和电抗，Ω/km；

$\cos\varphi$——功率因数；

U_{Ns}——电缆线路额定线电压，V。

5. 热稳定校验

应满足式（4-4），即 $$S \geqslant S_{min} = \frac{\sqrt{Q_k}}{C}$$

或满足式（4-9），即 $$S \geqslant S_{min} = \frac{I_\infty}{C}\sqrt{t_{dz}}$$

式中 C——热稳定系数，参见表 4-5。

第三节 电气主接线方案的经济计算方法

一、经济计算方法

经济计算是指从国民经济整体利益出发，计算电气主接线各个比较方案的费用和效益，为选择经济上的最优方案提供依据。

在经济比较中，一般有投资（包括主要设备及配电装置的投资）和年运行费用两大项。计算时，可只计算各方案不同部分的投资和年运行费用。

1. 计算综合投资 Z

$$Z = Z_0\left(1 + \frac{a}{100}\right) \quad (\text{万元}) \tag{4-46}$$

式中 Z_0——主体设备的综合投资，包括变压器、开关设备、配电装置及明显的增修桥梁、公路和拆迁等费用，万元；

a——不明显的附加费用比例系数，如基础加工、电缆沟道开挖费用等，一般 220kV 等级取 70，110kV 等级取 90。

所谓综合投资，包括设备本体价格、其他设备（如控制设备、母线）费、主要材料费、安装费等各项费用的总和。综合投资指标可参见表 4-27～表 4-45。

2. 计算年运行费用 u

$$u = \alpha \Delta A \times 10^{-4} + u_1 + u_2 \tag{4-47}$$

式中 u_1——小修、维护费，一般为 $(0.022 \sim 0.042)Z$，万元；

u_2——折旧费，一般为 $(0.005 \sim 0.058)Z$，万元；

α——电能电价，元/(kW·h)；

ΔA——变压器年电能损耗总值，kW·h。

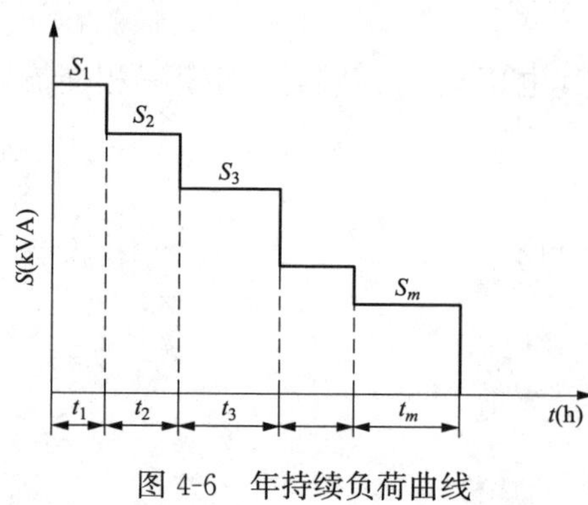

图 4-6 年持续负荷曲线

折旧费 u_2 是指在电力设施使用期间逐年缴回的建设投资，以及年大修费用。折旧费 u_2 和小修、维护费 u_1 都决定于电力设施的价值，因此都以综合投资的百分数来计算。

关于变压器年电能损失总值 ΔA 的计算，由于所给负荷参数和选用变压器型式的不同，其计算也有所差异。

（1）已知年持续负荷曲线，如图 4-6 所示，采用如下方法计算。其中，$\sum t=8760\text{h}$，或为全年实际运行时间。

1）双绕组变压器 n 台同容量变压器并列运行时，变压器年电能损耗总值为

$$\Delta A=\sum_{i=1}^{m}\left[n(\Delta P_0+K\Delta Q_0)+\frac{1}{n}(\Delta P_k+K\Delta Q_k)\times\left(\frac{S_i}{S_N}\right)^2\right]t_i \quad (\text{kW}\cdot\text{h})$$

$$\Delta Q_0=I_0\%\frac{S_N}{100}$$

$$\Delta Q_k=u_k\%\frac{S_N}{100}$$

式中 ΔP_0——一台变压器的空载有功损耗，kW；

ΔQ_0——一台变压器的空载无功损耗，kvar；

K——无功经济当量，即每多发送（或补偿）1kvar 无功功率，在电力系统中所引起的有功功率损耗增加（或减少）的值，kW/kvar；一般发电厂取 0.02～0.04，变电站取 0.1～0.15（二次变压取下限，三次变压取上限）；

ΔP_k——一台变压器的短路有功损耗，kW；

ΔQ_k——一台变压器的短路无功损耗，kvar；

S_i——在 t_i 时间内 n 台变压器承担的总负荷，kVA；

S_N——一台变压器的额定容量，kVA；

t_i——对应于负荷 S_i 的运行时间，$i=1$、2、…、m，h；

$I_0\%$——一台变压器的空载电流百分值；

$u_k\%$——一台变压器的短路电压（或称阻抗电压）百分值。

2）三绕组变压器 n 台同容量并联运行，当容量比为 100/100/100、100/100/66.6、100/100/50 时，变压器年电能损耗总值为

$$\Delta A=\sum_{i=1}^{m}\left[n(\Delta P_0+K\Delta Q_0)+\frac{1}{2n}(\Delta P_k+K\Delta Q_k)\left(\frac{S_{1i}^2}{S_N^2}+\frac{S_{2i}^2}{S_N^2}+\frac{S_{3i}^2}{S_N S_{3N}}\right)\right]t_i$$

式中 S_{1i}，S_{2i}，S_{3i}——n 台变压器在 t_i 时间内第 1、2、3 绕组承担的总负荷，kVA；

S_{3N}——第三绕组的额定容量，kVA。

当三绕组容量比为 100/66.6/66.6 时，则

$$\Delta A=\sum_{i=1}^{m}\left[n(\Delta P_0+K\Delta Q_0)+\frac{1}{1.83n}(\Delta P_k+K\Delta Q_k)\left(\frac{S_{1i}^2}{S_N^2}+\frac{S_{2i}^2}{S_N S_{2N}}+\frac{S_{3i}^2}{S_N S_{3N}}\right)\right]t_i$$

式中　S_{1i}，S_{2i}，S_{3i}——n 台变压器在 t_i 时间内第 1、2、3 绕组承担的总负荷，kVA；

S_{2N}，S_{3N}——第二、三绕组的额定容量，kVA。

当第三绕组容量比为 100/50/50 时，则有

$$\Delta A=\sum_{i=1}^{m}\left[n(\Delta P_0+K\Delta Q_0)+\frac{1}{2n}(\Delta P_k+K\Delta Q_k)\left(\frac{S_{1i}^2}{S_N^2}+\frac{S_{2i}^2}{S_N S_{2N}}+\frac{S_{3i}^2}{S_N S_{3N}}\right)\right]t_i$$

（2）已知最大负荷 S_{max}（或平均负荷 S）和最大负荷利用小时数 T_{max}（或全年实际运行时间 T_0）时，采用如下方法计算。

1）对于双绕组变压器，n 台相同容量变压器并联运行时，则变压器年电能损耗总值为

$$\Delta A=n(\Delta P_0+K\Delta Q_0)T_0+\frac{1}{n}(\Delta P_k+K\Delta Q_k)\left(\frac{S_{max}}{S_N}\right)^2\tau_{max}$$

或

$$\Delta A=\left[n(\Delta P_0+K\Delta Q_0)+\frac{1}{n}(\Delta P_k+K\Delta Q_k)\left(\frac{S}{S_N}\right)^2\right]T_0$$

式中　S_N——一台变压器的额定容量，kVA；

S_{max}——n 台变压器承担的最大总负荷，kVA；

S——n 台变压器承担的总平均负荷，kVA；

T_0——变压器全年实际运行小时数，一般可取 8000h，h；

τ_{max}——最大负荷损耗时间，见表 4-25、表 4-26，h。

表 4-25　不同用电行业的最大负荷利用小时数 T_{max} 及最大负荷损耗时间 τ_{max} 的典型值

用电行业名称	T_{max}（h）	班次	L	τ_{max}（h）
有色电解	7500	三班	0.7	6543
化工	7300	三班	0.7	6222
石油	7000	三班	0.6	5825
有色冶炼	6800	三班	0.6	5519
黑色冶炼	6500	三班	0.6	5116
纺织	6000	三班	0.5	4556
有色采选	5800	三班	0.5	4320
机械制造	5000	二班	0.1	4047
食品工业	4500	二班	0.1	3515
农村企业	3500	二班	0.0	3040
农村灌溉	2800	一班	0.0	2800
城市生活	2500	一班	0.1	1874
农村生活	1500	一班	0.1	774

注　L 为配电变压器负载谷峰比。

表 4-26 最大负荷损耗时间 τ_{max} 与最大负荷利用小时数 T_{max}、功率因数 $\cos\varphi$ 的关系

功率因数 $\cos\varphi$ / T_{max} (h)	0.8	0.85	0.9	0.95	1.0
2000	1500	1200	1000	800	700
2500	1700	1500	1250	1100	950
3000	2000	1800	1600	1400	1250
3500	2350	2150	2000	1800	1600
4000	2750	2600	2400	2200	2000
4500	3150	3000	2900	2700	2500
5000	3600	3500	3400	3200	3000
5500	4100	4000	3950	3750	3600
6000	4650	4600	4500	4350	4200
6500	5250	5200	5100	5000	4850
7000	5950	5900	5800	5700	5600
7500	6650	6600	6550	6500	6400
8000	7400	—	7350	—	7250

2）三绕组变压器 n 台同容量并联运行，当容量比为 100/100/100、100/100/66.6、100/100/50 时，则

$$\Delta A = n(\Delta P_0 + K\Delta Q_0)T_0 + \frac{1}{2n}(\Delta P_k + K\Delta Q_k)\left(\frac{S_1^2}{S_N^2} + \frac{S_2^2}{S_N^2} + \frac{S_3^2}{S_N S_{3N}}\right)\tau$$

式中 S_1，S_2，S_3——n 台变压器三侧绕组分别担负的最大的总负荷，kVA；

S_{3N}——第三绕组的额定容量，kVA。

当容量比为 100/66.6/66.6 时，有

$$\Delta A = n(\Delta P_0 + K\Delta Q_0)T_0 + \frac{1}{1.83n}(\Delta P_k + K\Delta Q_k)\left(\frac{S_1^2}{S_N^2} + \frac{S_2^2}{S_N S_{2N}} + \frac{S_3^2}{S_N S_{3N}}\right)\tau$$

式中 S_{2N}——第二绕组的额定容量，kVA。

当容量比为 100/50/50 时，有

$$\Delta A = n(\Delta P_0 + K\Delta Q_0)T_0 + \frac{1}{2n}(\Delta P + K\Delta Q)\left(\frac{S_1^2}{S_N^2} + \frac{S_2^2}{S_N S_{2N}} + \frac{S_3^2}{S_N S_{3N}}\right)\tau$$

3. 经济比较方法

对技术上较好的方案，分别进行上述投资及年运行费计算后，再通过经济比较，选出经济上最优方案。

在参加经济比较的各方案中，综合投资 Z 与年运行费用 u 均为最小的方案应优先选用。如果不存在这种情况，即虽然某方案 Z 为最小，但其 u 不是最小，或反之，则应进一步进行经济比较。我国采用的经济比较方法有下述两种：

（1）静态比较法。这种方法是以设备、材料和人工的经济价值固定不变为前提，即对建设期的投资、运行期的年运行费用和效益都不考虑时间因素。该方法适用情景为，各方案均采用一次性投资，并且装机程序相同，主体设备投入情况相近，装机过程在五年内完成。

1）抵偿年限法。在两方案中，如综合投资 $Z_1>Z_2$，年运行费用 $u_1<u_2$，则可用抵偿年限 T 确定最优方案，即

$$T=\frac{Z_1-Z_2}{u_2-u_1}\quad（年）\tag{4-48}$$

根据当前国家经济政策，T 规定以 5～8 年为限。T 小于 5～8 年的，采用 Z 大的方案一为最经济，因为方案一多投资的费用（Z_1-Z_2），可在 T 年内少花费的年运行费（U_1-U_2）予以补偿。若 T 大于 5～8 年，表明方案一每年少花费的年运行费，不足以在短期（5～8 年）内将多用的投资偿还，则以选用初期投资小的方案二为宜，以达最佳的经济效益。

2）计算费用最小法。如在技术上相当的方案多于两个，可取 $T=5\sim8$ 年，然后分别计算各方案的计算费用 C，其中 C 最小的方案为最经济方案。C 的计算式为

$$C_i=\frac{Z_i}{T}+u_i\quad(i=1,2,3,\cdots)\tag{4-49}$$

（2）动态比较法。这种方法的依据是基于货币的经济价值随时间而改变，设备、材料和人工费用都随市场的供求关系而变化。一般，发电厂建设工期较长，各种费用的支付时间不同，发挥的效益也不同。所以在经济分析中，对建设期的投资、运行期的年费用和效益都要考虑时间因素，并按复利计算，用以比较在同等可比条件下的不同方案的经济效益。所谓同等可比条件是指不同方案的发电量、出力等效益相同；电能质量、供电可靠性和提供时间能同等程度地满足系统或用户的需要；设备供应和工程技术现实可行；各方案用同一时间的价格指标，经济计算年限相同等。

电力工业推荐采用最小年费用法进行动态经济比较，年费用 NF 最小者为最佳方案。其计算方法是将工程施工期间各年的投资、部分投产及全部投产后各年的年运行费用都折算到施工结束年，并按复利计算。其计算公式为

$$NF=Z\left[\frac{r_0(1+r_0)^n}{(1+r_0)^n-1}\right]+u\quad（万元）\tag{4-50}$$

$$Z=\sum_{t=1}^{m}Z_t(1+r_0)^{m-t}$$

$$u=\frac{r_0(1+r_0)^n}{(1+r_0)^n-1}\left[\sum_{t=t'}^{m}u_t(1+r_0)^{m-t}+\sum_{t=m+1}^{m+n}u_t\frac{1}{(1+r_0)^{t-m}}\right]$$

式中 NF——年费用（平均分布在从 $m+1$ 到 $m+n$ 期间的 n 年内），万元；

Z——折算到第 m 年的总投资（即第 m 年的本利和），万元；

Z_t——第 t 年的投资，万元；

t——从工程开工这一年（$t=1$）算起的年份；

m——施工年数；

r_0——电力工业投资回报率，或称电力工业投资利润率，现阶段暂定为 0.1；

n——电力工程的经济使用年限，水电厂取 50 年、火电厂和核电厂取 25 年、输变电取 20～25 年，年；

u——折算年运行费用，万元；

u_t——第 t 年所需的年运行费，万元；

t'——从工程开工这一年算起，工程部分投运的年份。

该方法计算式中各参量互相关系示意图如图 4-7 所示。

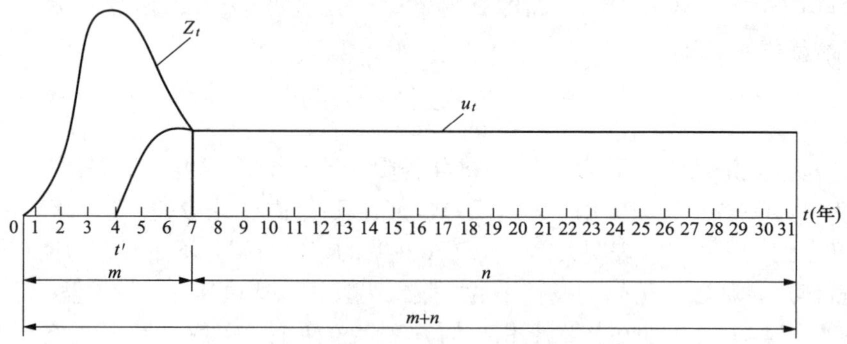

图 4-7　年费用最小法各参量示意图

二、电气设备的经济指标

近年来设备价格及安装费用不断地调整，不同厂家产品的价格也有所差异，下文中给出的变压器和主要电气一次设备（断路器、隔离开关、电抗器、电压互感器、电流互感器、支柱绝缘子、避雷器等）综合投资仅供课程设计方案比较时参考。

1. 变压器

各电压等级变压器的综合投资见表 4-27、表 4-28。

表 4-27　　　330kV 及以上电压变压器综合投资（万元）

类型	容量（MVA）	电压等级（kV）		
		330	500	750
三相双绕组 无励磁调压	240	288	400	
	360	360	500	600
	670		715	858
三相自耦 有载调压	90	193		
	150	235		
	240	320	550	
	360	400	680	816
	750		1980	
	1000		2200	
单相自耦 有载调压	3×250		685	1680
	3×334		745	
	3×360		1400	2100
	3×500		1750	2500

表 4-28　　　220kV 及以下电压变压器综合投资（万元）

类型	容量（MVA）	电压等级（kV）	
		110	220
三相双绕组	20	165	
	40	225	
	50	238	
	63	275	

续表

类型	容量（MVA）	电压等级（kV）	
		110	220
三相三绕组	20	190	
	40	250	
	50	278	
	63	298	
	120		545
	150		595
	180		700
	240		820
组合式	180		758

2. 主要电气一次设备

各类主要电气一次设备如断路器、隔离开关、高压开关柜、组合电器、电抗器、电压互感器、电流互感器、支柱绝缘子、避雷器等投资见表 4-29～表 4-38。

表 4-29　断路器投资

序号	名称		规格型号	价格（万元/台）
1	500kV SF_6	瓷柱式断路器（带合闸）	550/4000-63（户外）	108
2		瓷柱式断路器（不带合闸）	550/4000-63（户外）	72
3		罐式断路器（常规）	550/4000-63（户外）	223
4		罐式断路器（带 TPY）	550/4000-63（户外）	263
5	252kV SF_6	瓷柱式断路器	252/3150-50（户外）	22
6			252/4000-50（户外）	23
7		罐式断路器	252/3150-50（户外）	55
8			252/4000-50（户外）	55
9	126kV SF_6	瓷柱式断路器	126/2000-40（户外）	10
10			126/3150-40（户外）	10
11	40.5kV SF_6	瓷柱式断路器	140.5/2000-40（户外）	6
12			140.5/4000-40（户外）	10
13		罐式断路器	140.5/2000-40（户外）	18
14			140.5/4000-40（户外）	20

表 4-30　220kV 以上隔离开关投资

序号	名称		规格型号	价格（万元/台）
1	500kV	单柱垂直伸缩式	不接地 550/4000-63	19
2			单接地 550/4000-63	19
3		双柱水平伸缩式	单接地 550/4000-63	24
4			双接地 550/4000-63	24
5		三柱水平伸缩组合式	双接地 550/4000-63	39
6			三接地 550/4000-63	46
7		接地隔离开关	单柱立开、折臂式 550-63	6.8

续表

序号	名称		规格型号	价格（万元/台）
8	252kV	单柱垂直伸缩式	单接地 220/2500-50	8.1
9			单接地 220/3150-50	8.5
10			单接地 220/4000-50	9.3
11			不接地 220/2500-50	6.4
12			不接地 220/3150-50	6.2
13		三柱水平旋转式	不接地 220/2500-50	6.5
14			不接地 220/3150-50	6.6
15			单接地 220/2500-50	7.8
16			单接地 220/3150-50	7.8
17			单接地 220/4000-50	9.1
18			双接地 220/2500-50	9.3
19			双接地 220/3150-50	9.7
20			双接地 220/4000-50	9.8
21		接地隔离开关	单柱立开 252-50	3.0
22		中性点接地隔离开关	单柱式 GW13-252	1.4

表 4-31　220kV 以下隔离开关投资

序号	名称		规格型号	价格（万元/台）
1	126kV	单柱垂直伸缩式	不接地 126/2000-40	4.2
2			不接地 126/3150-40	4.7
3			单接地 126/2000-40	5.1
4			单接地 126/3150-40	5.8
5		双柱水平开启式	不接地 126/2000-40	2.8
6			单接地 126/2000-40	3.4
7			单接地 126/3150-40	4.0
8			双接地 126/2000-40	4.2
9			双接地 126/3150-40	4.8
10		接地隔离开关	单柱立开 126-40	2.3
11		中性点接地隔离开关	单柱式 GW13-126	1.3
12	40.5kV	双柱水平开启式	不接地 40.5/630-40	1.4
13			不接地 40.5/1250-40	1.7
14			不接地 40.5/2000-40	1.8
15			单接地 40.5/630-40	2.0
16			单接地 40.5/1250-40	2.3
17			单接地 40.5/2000-40	2.8
18			双接地 40.5/630-40	2.5
19			双接地 40.5/1250-40	2.9
20			双接地 40.5/2000-40	3.3
21			双接地 40.5/4000-40	5.4

表 4-32　高压开关柜投资

序号	名称		规格型号		价格（万元/面）
1	35kV 固定开关柜		断路器 SF_6	40.5/1250-31.5	20.0
2				40.5/2500-31.5	27.0
3			断路器真空	40.5/1250-31.5	13.0
4				40.5/2500-31.5	18.0
5			分段隔离柜	40.5/1250	5.6
6				40.5/2500	6.8
7			TV 柜	40.5/1250	9.6
8	10kV	移动式开关柜	断路器真空	12/1250-31.5	5.0
9				12/4000-31.5	9.4
10				12/4000-31.5	11.0
11			分段隔离柜	12/3150	7.5
12				12/4000	7.5
13			架空进线隔离柜	12/3150	7.5
14				12/4000	7.5
15			过渡柜	12/3150	1.3
16				12/4000	3.1
17			TV 柜	12/1250	5.1
18		固定式开关柜	断路器真空	12/1250-31.5	5.7
19				12/4000-31.5	13.0
20			TV 柜	12/1250	3.8
21			分段隔离柜	12/4000	5.0
22			架空进线隔离柜	12/4000	5.6
23			过渡柜	12/4000	2.6

表 4-33　组合电器投资

序号	名称		规格型号		单位	价格（万元）
1	500kV	半封闭紧凑式组合开关电器	户外两套管（HGIS）	SF_6 550/4000-63	串	340
2				SF_6 550/5000-63		391
3			户外三套管（HGIS）	SF_6 550/4000-63		680
4				SF_6 550/5000-63		782
5			户外四套管（HGIS）	SF_6 550/4000-63		1020
6				SF_6 550/5000-63		1180
7		全封闭组合开关电器（GIS）	户内断路器间隔	SF_6 550/4000-63	间隔	965
8				SF_6 550/5000-63		1088

续表

序号	名称		规格型号		单位	价格（万元）
9	220kV	全封闭组合开关电器（GIS）	户内断路器间隔	SF_6 252/2500-50	间隔	100.0
10				SF_6 252/3150-50		115.0
11				SF_6 252/4000-50		135.0
12			户内过渡气室	SF_6 252/3150		4.0
13				SF_6 252/4000		4.0
14			户内备用间隔	$SF_6$252/2500		33.0
15				SF_6 252/3150		34.0
16				SF_6 252/4000		35.0
17			户内 TV 间隔	SF_6 252/5000		46.0
18			户内母线—分箱母线	SF_6 252/3150	m	0.5
19				SF_6 252/4000		0.5
20				SF_6 252/5000		0.5
21			户内母线—三相共箱母线	SF_6 252/3150	m/三相（三相按一相长度计算）	1.8
22				SF_6 252/4000		2.0
23				SF_6 252/5000		3.4
24	110kV	半封闭紧凑式组合开关电器	户外 HGIS-两套管	SF_6 126/2000-40	间隔	51
25				SF_6 126/3150-40		60
26		全封闭组合开关电器（GIS）	户内断路器间隔	SF_6 126/2000-40		48
27				SF_6 126/3150-40		50
28			户内过渡气室	SF_6 126/2000		2.5
29				SF_6 126/3150		3.0
30			户内备用间隔	SF_6 126/2000		10
31				SF_6 126/3150		10
32			户内 TV 间隔	SF_6 126/2000		22.6
33			户内母线—三相共箱母线	SF_6 126/2000	m/三相	1.0
34				SF_6 126/3150		1.4

表 4-34　　电抗器投资

序号	名称		规格型号		单位	价格（万元）
1	500kV	高压并联电抗器	单相油浸式	BKD-40000/500	台	204
2				BKD-50000/500		222
3				BKD-60000/500		248
4	110kV	中性点小电抗	单相油浸式	JKDK-774/110-1600Ω		40
5	66kV	中性点小电抗	干式空心	ZJKK-240-15Ω		5

续表

序号	名称		规格型号		单位	价格（万元）
6	35kV	并联电抗器	三相油浸式铁芯	BKS-60000/35	台	150.0
7				BKS-45000/35		135.0
8			单相干式空心	BKDGK-20000/35		37.0
9				BKDGK-15000/35		34.0
10		串联电抗器	单相干式空心	CKDGK-2400/35		7.1
11				CKDGK-1000/35		4.7
12				CKDGK-480/35		3.1
13				CKDGK-320/35		3.1
14				CKDGK-200/35		2.6
15				CKDGK-133/35		2.4
16	10kV	干式空心串联电抗器	单相干式空心	CKDGK-167/10		1.1
17				CKDGK-133/10		1.0
18				CKDGK-100/10		1.0
19				CKDGK-84/10		0.8
20				CKDGK-40/10		0.6
21				CKDGK-96/10		0.9
22				CKDGK-200/10		1.3
23				CKDGK-240/10		1.4
24				CKDGK-320/10		1.5
25				CKDGK-400/10		1.8
26		干式铁芯串联电抗器	三相干式铁芯	CKSC-120/10	组	2.4
27				CKSC-250/10		3.2
28				CKSC-288/10		3.8
29				CKSC-300/10		3.9
30				CKSC-400/10		4.8
31				CKSC-500/10		5.9
32				CKSC-600/10		7.9
33				CKSC-720/10		9.3
34				CKSC-960/10		10.2
35				CKSC-1200/10		12.8
36		干式铁芯并联电抗器	三相干式铁芯	BKSG-10000/10	台	54.0
37				BKSG-8000/10		48.0
38		干式空心并联电抗器	单相干式空心	BKDGK-10000/10		12.0
39				BKDGK-8000/10		10.0

表 4-35　　电压互感器投资

序号	名称		规格型号	价格（万元/台）
1	500kV	电容式	TYD500/$\sqrt{3}$-0.005	6.6
2	220kV	电容式	TYD220/$\sqrt{3}$-0.005（0.01）	1.8
3	110kV	电容式	TYD110/$\sqrt{3}$-0.01（0.02）	1.5

表 4-36　　电流互感器投资

序号	名称		规格型号		价格（万元/台）
1	500kV	SF_6 气体绝缘	倒立式硅橡胶复合/瓷套	LVQBT 2×1500/1	13.3
2				LVQBT 2×2000/1	13.3
3		油浸式	倒立式瓷套	LVBT 2×1500/1	14.6
4				LVBT 2×2000/1	14.6
5	220kV	SF_6 气体绝缘	倒立式硅橡胶复合/瓷套	LVQB(T)2×600/1	4.9
6				LVQB(T)2×800/1	4.9
7				LVQB(T)2×1200/1	4.9
8				LVQB(T)2×1500/1	4.9
9				LVQB(T)2×2000/1	4.9
10		油浸式	倒立式瓷套	LVB(T)2×600/1,LVB(T)2×800/1	3.8
11				LVB(T)2×1200/1,LVB(T)2×1500/1	3.8
12				LVB(T)2×2000/1	3.8
13			正立式瓷套	LB(T)2×600/1,LB(T)2×800/1	3.8
14				LB(T)2×1200/1,LB(T)2×1500/1	3.8
15				LB(T)2×2000/1	3.8
16	110kV	SF_6 气体绝缘	倒立式硅橡胶复合/瓷套	LVQB2×300/1,LVQB2×400/1	2.6
17				LVQB2×600/1,LVQB2×800/1	2.6
18				LVQB2×1200/1	2.6
19		干式	正立式硅橡胶复合	LRGB2×300/1,LRGB2×400/1	1.6
20				LRGB2×600/1,LRGB2×800/1	1.6
21				LRGB2×1200/1	1.9
22		油浸式	倒立式瓷套	LVB2×300/1	1.8
23				LVB2×400/1,LVB2×600/1	1.9
24				LVB2×800/1,LVB2×1200/1	1.9
25			正立式瓷套	LB2×300/1	1.8
26				LB2×400/1,LB2×600/1	1.9
27				LB2×800/1,LB2×1200/1	1.9

表 4-37　**支柱绝缘子投资**

序号	名称		规格型号	价格（万元/支）
1	500kV	瓷绝缘支柱绝缘子	C12.5-1675-Ⅲ 13 750mm	1.3
2			C12.5-1675-Ⅳ 17 050mm	1.3
3	220kV	瓷绝缘支柱绝缘子	C8-950-Ⅲ 6300mm	0.4
4			C8-950-Ⅳ 7812mm	0.4
5			C12.5-950-Ⅲ 6300mm	0.4
6			C12.5-950-Ⅳ 7812mm	0.4
7	110kV	瓷绝缘支柱绝缘子	C8-450-Ⅲ 3150mm	0.2
8			C8-450-Ⅳ 3906mm	0.2
9			C12.5-450-Ⅲ 3150mm	0.2
10			C12.5-450-Ⅳ 3906mm	0.2

表 4-38　**避雷器投资**

序号	名称		规格型号	价格（万元/台）
1	500kV	站用无间隙金属氧化物避雷器	Y20W-444/1106	5.3
2			Y20W-420/1046	5.3
3	220kV	站用无间隙金属氧化物避雷器	Y10W-204/532	0.8
4			YH10W-204/532	0.8
5		站用无间隙金属氧化物中性点避雷器	Y1.5W-144/320	0.5
6			YH1.5W-144/320	0.4
7	110kV	站用无间隙金属氧化物避雷器	Y10W-108/281	0.4
8			YH10W-108/281	0.4
9		站用无间隙金属氧化物中性点避雷器	Y1.5W-72/186	0.3
10			YH1.5W-72/186	0.3

三、配电装置的综合投资

配电装置的综合投资，包括控制设备、母线、电缆及土建费用。

根据不同电压等级、不同主接线形式，查找相应表格，再根据主变进线和出线的回路数，以及进出线回路数的断路器、隔离开关型号，查找相应的综合投资。配电装置投资包括了按进、出线回路数并计及相应的电压互感器、避雷器等设备的全部投资。若实际的回路数与表格中不符，可按表格中增加或减少一个回路的投资数，并在表中综合投资数据的基础上增加或减少投资。

各电压等级配电装置投资见表 4-39～表 4-45。

表 4-39　**6～10kV 屋内配电装置投资（万元）**

项目名称		主变进线		馈线		综合投资	增加或减少一个回路的投资	
		断路器型号	回路数	断路器型号	回路数		主变、母联	馈线
单层单母线分段（成套）	隔离开关分段	GG-1A-25	2	GG-1A-07	6	6.6	1.0	0.55
	断路器分段	GG-1A-25	2	GG-1A-07	6	7.5	1.0	0.55

续表

项目名称		主变进线		馈线		综合投资	增加或减少一个回路的投资	
		断路器型号	回路数	断路器型号	回路数		主变、母联	馈线
双层双母线（装配）	不带电抗器	SN3-10/2000	2	SN2-10/600	6	15.1	1.9	1.0
	带电抗器 NKL-10/750-5	SN3-10/2000	2	SN2-10/600	6	21.3	1.9	2.0
	带电抗器 NKL-10/1500-6	SN3-10/2000	2	SN2-10/600	6	27.0	1.9	2.9
	不带电抗器	SN4-10/4000	2	SN2-10/600	6	19.4	3.4	1.0
	带电抗器 NKL-10/750-5	SN4-10/4000	2	SN2-10/600	6	25.6	3.4	2.0
	带电抗器 NKL-10/1500-6	SN4-10/4000	2	SN2-10/600	6	31.3	3.4	2.9
	不带电抗器	SN4-20G/6000	2	SN2-10/600	6	23.5	4.7	1.0
	带电抗器 NKL-10/750-5	SN4-20G/6000	2	SN2-10/600	6	29.7	4.7	2.0
	带电抗器 NKL-10/1500-6	SN4-20G/6000	2	SN2-10/600	6	35.4	4.7	2.9

表 4-40　35kV 屋内配电装置投资（万元）

断路器型号	双层单母线分段				双层双母线			
	进出线数		投资	增加或减少一个馈线间隔投资	进出线数		投资	增加或减少一个馈线间隔投资
	主变	馈线			主变	馈线		
DW1-35D	2	6	18.66	1.89	2	6	24.75	2.46
DW8-35	2	6	21.64	2.21	2	6	29.09	2.91
DW2-35	2	6	22.26	2.29	2	6	29.81	2.99
SW2-35	2	6	27.66	2.89	2	6	35.21	3.45

注　SW2-35 型断路器为小车式。

表 4-41　110kV 屋内配电装置投资（万元）

断路器型号	进出线数		单母线分段带旁路		双层双母线		双层双母线带旁路	
	主变	馈线	投资	增加或减少一个馈线间隔投资	投资	增加或减少一个馈线间隔投资	投资	增加或减少一个馈线间隔投资
DW3-110	2	6	112.80	11.29	112.20	11.29	120.20	11.67
SW1-110	2	6	102.60	10.16	102.00	10.16	106.20	10.54
SW3-110 G	2	6	111.36	11.14	110.78	11.14	115.02	11.52
SW4-110	2	6	118.80	12.94	118.20	12.94	122.40	13.32
KW1-110	2	6	171.40	17.89	170.80	17.89	175.00	18.27

表 4-42　　35～220kV 屋外配电装置投资（一）（万元）

电压等级（kV）	断路器型号	进出线数		单母线分段		单母线分段带旁路		双母线		双母线带旁路	
		主变	馈线	总投资	增加或减少一个馈路的投资	总投资	增加或减少一个馈路的投资	总投资	增加或减少一个馈路的投资	总投资	增加或减少一个馈路的投资
35	DW1-35D	2	6	17.98	1.77			21.60	2.14		
	DW2-35	2	6	21.96	2.19			23.49	2.40		
	DW3-35	2	6	21.24	2.11			22.77	2.32		
	SW2-35	2	6	27.36	2.79			28.89	3.00		
110	DW3-110	2	4	65.80	8.62	72.00	9.24	70.70	9.24	81.60	9.62
	SW1-110	2	4	58.20	7.47	64.60	8.09	63.10	8.09	72.80	8.47
	SW3-110G	2	4	65.06	8.45	71.26	9.07	69.96	9.07	79.76	9.45
	SW4-110	2	4	70.80	9.27	77.00	9.89	75.70	9.89	85.40	10.27
	LW4-110	2	4					127.50	17.36	147.00	17.74
220	DW3-220	2	2			206.80	38.10	204.50	38.10	243.90	39.50
	SW1-220	2	2			150.80	26.90	148.50	26.90	188.00	28.30
	SW6-220	2	2			156.60	28.10	154.40	28.10	193.90	29.40
	LW4-220	2	2			218.50	40.40	216.30	40.40	268.40	42.10

注　SW2-35 型断路器为小车式。

表 4-43　　35～220kV 屋外配电装置投资（二）（万元）

电压等级（kV）	断路器型号	桥形	多角形		
			三角	四角	五角
35	DW1-35D	6.97			
	DW2-35	8.43			
	DW8-35	8.19			
	SW2-35	10.23			
110	DW3-110	31.40			
	SW1-110	28.20		36.00	46.70
	SW3-110 G	31.40		33.00	43.60
	SW4-110	33.60		39.00	50.80
	LW4-110				
220	DW3-220	120.00		150.00	196.00
	SW1-220	87.00		107.00	140.00
	SW6-220	96.50		112.00	145.90
	LW4-220	127.00	125.00	162.00	208.00

表 4-44 330kV 多角形母线配电装置投资（万元）

断路器型号	三角形				四角形				五角形			
	进出线数		投资		进出线数		投资		进出线数		投资	
	主变	馈线	总投资	一个馈线	主变	馈线	总投资	一个馈线	主变	馈线	总投资	一个馈线
KW4-330	2	1	252.1	43.8	2	2	351.6	43.8	2	3	451.1	43.8

注 1. 多角形母线的投资已包括在总投资内。

2. 一个馈线的投资中不包括断路器的投资，但包括避雷器和电压互感器的投资。

表 4-45 330kV 屋外配电装置每个间隔的综合投资（万元）

接线方式	断路器型号	主变		馈线		母联或旁路		电压互感器及避雷器	
		设备费	综合投资	设备费	综合投资	设备费	综合投资	设备费	综合投资
双母线	KW4-330	69.5	79.0	69.5	78.0	64.6	75.0	52.9	57.0
	GW7-330								
双母线带旁路	KW4-330	74.5	86.4	74.5	83.6	74.5	85.0	47.9	51.6
	GW7-330								

四、折旧、维护费及电费

年运行费U主要包括一年中变压器的电能损耗费和小修、维护费以及折旧费。各类折旧费率见表 4-46 和表 4-47。

表 4-46 发、送、变电折旧维护率

序号	项目	使用年限（年）	残值占原价（%）	每年折旧率（%）			维护及小修（%）	折旧维护率（%）
				基本折旧	大修折旧	合计		
1	火电厂、变电站	25	5	3.8	2.0	5.8	2.2～4.2	8～10
2	动力设备	25	5	3.8	2.0	5.8		
3	电缆线路	40	4	2.4	1.0	3.4	2.6	6
4	铁塔线路	50	10	1.8	0.8	2.6	1.4	4
5	水泥杆线路	40	4	2.4	1.0	3.4	1.6	5
6	木杆线路	30	4	3.2	1.3	4.5	4.5	9

续表

<table>
<tr><th rowspan="2">序号</th><th rowspan="2" colspan="2">项目</th><th rowspan="2">使用年限（年）</th><th rowspan="2">残值占原价（%）</th><th colspan="3">每年折旧率（%）</th><th rowspan="2">维护及小修（%）</th><th rowspan="2">折旧维护率（%）</th></tr>
<tr><th>基本折旧</th><th>大修折旧</th><th>合计</th></tr>
<tr><td>7</td><td colspan="2">架空配电线路</td><td>30</td><td>4</td><td>3.2</td><td></td><td>3.2</td><td>3.8</td><td>7</td></tr>
<tr><td>8</td><td colspan="2">通信线路</td><td>30</td><td>4</td><td>3.2</td><td></td><td>3.2</td><td></td><td></td></tr>
<tr><td>9</td><td colspan="2">其他传导设备</td><td>15</td><td>5</td><td>6.3</td><td>2.0</td><td>8.3</td><td></td><td></td></tr>
<tr><td rowspan="4">10</td><td rowspan="4">变电站</td><td>120MVA 以上</td><td>25</td><td>5</td><td>3.8</td><td>2.0</td><td>5.8</td><td>2.2</td><td>8</td></tr>
<tr><td>60～120MVA</td><td></td><td></td><td>3.8</td><td>2.0</td><td>5.8</td><td>4.2</td><td>10</td></tr>
<tr><td>20～60MVA</td><td></td><td></td><td>3.8</td><td>2.0</td><td>5.8</td><td>6.2</td><td>12</td></tr>
<tr><td>20MVA 以下</td><td></td><td></td><td>3.8</td><td>2.0</td><td>5.8</td><td>8.2</td><td>14</td></tr>
<tr><td>11</td><td colspan="2">金属及混凝土房屋</td><td>50</td><td>5</td><td>1.9</td><td>0.8</td><td>2.7</td><td></td><td></td></tr>
<tr><td>12</td><td colspan="2">砖木混合结构房屋</td><td>40</td><td>4</td><td>2.4</td><td>1.0</td><td>3.4</td><td></td><td></td></tr>
<tr><td>13</td><td colspan="2">简易砖木混合结构房屋</td><td>20</td><td>4</td><td>4.8</td><td>2.0</td><td>6.8</td><td></td><td></td></tr>
<tr><td>14</td><td colspan="2">铁路</td><td>40</td><td>4</td><td>2.2</td><td>0.5</td><td>2.7</td><td></td><td></td></tr>
<tr><td>15</td><td colspan="2">道路</td><td>40</td><td></td><td>2.5</td><td>0.5</td><td>3.0</td><td></td><td></td></tr>
</table>

表 4-47　　水电厂折旧率和维护率

<table>
<tr><td rowspan="8">折旧率（%）</td><td rowspan="3">堤坝式水电厂</td><td>高水头（$H>50$m）</td><td>2.2</td></tr>
<tr><td>中水头（$H=25\sim50$m）</td><td>3.0</td></tr>
<tr><td>低水头（$H<25$m）</td><td>3.2</td></tr>
<tr><td colspan="2">混合式水电厂（坝及引水渠道）</td><td>2.3</td></tr>
<tr><td rowspan="2">引水渠道</td><td>明渠</td><td>3.1</td></tr>
<tr><td>隧洞</td><td>3.0</td></tr>
<tr><td colspan="2">灌溉渠道上的水电厂</td><td>4.0</td></tr>
<tr><td colspan="3"></td></tr>
<tr><td rowspan="3">维护率（%）</td><td rowspan="3">电厂容量（MW）</td><td>5～50</td><td>3.5～6.0</td></tr>
<tr><td>50～500</td><td>1.5～2.6</td></tr>
<tr><td>500 以上</td><td>0.5～1.0</td></tr>
</table>

我国各地区电价（2019 年标准）见表 4-48。

表 4-48 我国各地区电价（2019 年）（元）

地区名称	居民生活用电		一般工商业及其他用电			大工业电价				农业生产用电		
	<1kV	≥1kV	<1kV	1～10kV	35kV	1～10kV	35kV	110kV	220kV	<1kV	10kV	35kV
福建	0.498 3	0.548 3	0.777 3	0.757 3		0.622 2	0.602 2	0.588 2	0.562 2	0.700 6	0.680 6	
上海	0.617 0		0.919 0	0.894 0	0.869 0	0.686 0	0.661 0	0.641 0		0.742 0	0.717 0	0.692 0
湖北	0.580 0	0.570 0	0.880 0	0.860 0	0.855 0	0.634 8	0.614 8 * 0.629 8 *	0.694 8	0.674 8	0.500 2	0.485 2 * 0.479 2	0.470 2
湖南	0.453 0	0.443 0		0.631 4	0.621 4	0.643 7	0.614 7	0.586 7	0.582 7	0.434 7	0.424 7	0.414 7
江西	0.620 0	0.620 0	0.780 2	0.765 2	0.750 2	0.658 7	0.643 7	0.628 7	0.618 7	0.763 4	0.748 4	0.733 4
重庆市	0.520 0	0.510 0	0.800 0	0.800 0	0.780 0	0.484 3	0.464 3	0.424 3	0.414 3	0.568 0	0.550 0	0.530 0
山西	0.477 0	0.467 0	0.696 3	0.676 3 * 0.670 3	0.661 3	0.529 2 * 0.521 2	0.509 2	0.499 2	0.494 2			
甘肃	0.510 0	0.500 0	0.788 8	0.778 8	0.768 8	0.480 6	0.470 6	0.460 6	0.455 6	0.448 9	0.438 9	0.428 9
宁夏回族自治区	0.448 6	0.448 6	0.685 4	0.665 4	0.645 4	0.479 0	0.449 0	0.419 0	0.388 0	0.473 0	0.463 0	0.453 0
新疆维吾尔自治区乌鲁木齐	0.479 0	0.469 0	0.519 0	0.561 0	0.512 0	0.382 0	0.376 0	0.363 0	0.350	0.226 0	0.224 0	0.221 0
安徽	0.565 3	0.550 3	0.823 4	0.808 4	0.793 4	0.647 4	0.632 4	0.617 4	0.607 4	0.555 8	0.540 8	0.525 8
江苏省	0.548 3	0.538 3	0.836 6	0.821 6	0.816 5	0.660 1	* 0.654 1 0.645 1	0.630 1	0.615 1	0.509 0	0.490 0	0.484 0
吉林	0.525 0	0.515 0	0.897 2	0.882 2	0.867 2	0.593 6	0.578 6	0.563 6	0.548 6	0.484 0	0.474 0	0.464 0
黑龙江	0.510 0	0.500 0	0.866 5	0.856 5 * 0.854 5	0.846 5	0.593 0	0.590 0	0.558 0		0.489 0	0.479 0	0.469 0
辽宁	0.500 0	0.490 0	0.842 0	0.832 0 * 0.830 0	0.822 0	0.545 6	* 0.542 6 0.532 6	0.519 6	0.509 6	0.494 6	0.484 6 * 0.482 6	0.474 6

续表

地区名称	居民生活用电		一般工商业及其他用电			大工业电价				农业生产用电		
	<1kV	≥1kV	<1kV	1～10kV	≥35kV	1～10kV	35kV	110kV	220kV	<1kV	10kV	35kV
内蒙古东部（赤峰、辽通）	0.512 0	0.502 0	0.846 0	0.790 0	0.756 0	0.510 0	0.503 0	0.495 0		0.451 0	0.441 0	0.431 0
内蒙古兴安	0.477 0	0.467 0	0.842 0	0.786 0	0.752 0	0.506 0	0.499 0	0.491 0	0.486 0	0.308 0	0.305 0	0.302 0
内蒙古呼伦贝尔	0.507 0	0.497 0	0.821 0	0.801 0	0.768 0	0.510 0	0.503 0	0.495 0	0.493 0	0.441 0	0.432 0	0.418 0
青海	0.396 4	0.391 4	0.599 1	0.594 1	0.589 1	0.382 2	0.372 2	0.362 2		0.346 7	0.341 7	0.334 7
河南	0.532 0	0.493 0	0.720 0	0.686 4	0.653 4	0.580 0	0.565 0	0.550 0	0.542 0	0.472 9	0.463 9	0.454 9
河北省南部	0.520 0	0.470 0	0.716 2	0.701 2	0.691 2	0.601 1	0.586 1	0.571 1	0.566 1	0.521 5	0.511 5	0.501 5
河北省北部	0.520 0	0.470 0	0.662 6	0.647 6	0.637 6	0.547 6	0.532 6	0.517 6	0.512 6	0.500 4	0.490 4	0.480 4
山东	0.555 0	0.502 0	0.743 8	0.723 8	0.713 9	0.647 4	0.632 1	0.617 1	0.602 1	0.565 0	0.545 0	0.530 1
陕西（除榆林地区外）	0.498 3	0.498 3	0.813 4	0.793 4	0.773 4	0.570 1	0.550 1	0.530 1	0.525 1	0.517 4	0.509 4	0.499 4
陕西省榆林市	0.490 0	0.490 0	0.728 2	0.728 2	0.688 2	0.469 3	0.449 3	0.429 3		0.480 8	0.472 8	0.462 8
四川	0.546 4	0.536 4	0.807 5	0.792 5	0.777 5	0.577 4	0.557 4	0.537 4	0.517 4	0.560 1	0.550 1	0.540 1
天津市	0.490 0	0.480 0	0.883 6	0.868 6	0.853 6	0.710 9	0.690 9	0.680 9	0.675 9	0.586 0	0.571 0	0.556 0
浙江	0.558 0	0.538 0	0.892 9	0.854 9 *0.834 9	0.824 9	0.696 6 *0.676 6	0.666 6	0.644 6	0.639 6	0.728 0	0.690 0 *0.670 0	0.660 0
云南	0.510 0	0.500 0	0.663 0	0.653 0	0.613 0	0.512 0	0.489 0	0.412 0	0.391 0	0.452 0	0.442 0	0.432 0
海南	0.608 3	0.588 3	0.663 0	0.683 0	0.630 0					0.768 0	0.738 0	
贵州	0.482 0	0.472 0 *0.472 0	0.722 4	0.712 4 0.707 4	0.702 4	0.549 7 *0.539 7	0.529 7	0.495 2	0.490 6	0.475 4	0.465 4 *0.460 4	0.455 4
广东	0.606 6		0.938 8			0.686 5				0.633 1		
西藏自治区（中部电网）	0.540 0	0.540 0	0.880 0	0.870 0	0.860 0	0.690 0	0.680 0	0.670 0	0.670 0	0.200 0	0.200 0	
西藏自治区（昌都电网）	0.520 0	0.510 0	0.510 0	0.500 0	0.490 0	0.580 0	0.570 0	0.560 0		0.140 0	0.140 0	
西藏自治区（阿里电网）	0.850 0	0.830 0	2.360 0	2.350 0	2.340 0	1.710 0	1.700 0	1.690 0		0.200 0	0.200 0	

*20kV电压等级的电价价格。

第四节　电气设备的选择和方案的经济比较实例

在第三章第四节中通过确定短路点，画出并化简等值网络，求出计算电抗，得出短路电流周期分量标幺值，从而得出方案一、方案三中各回路所需要的短路电流值，并绘制两个方案的短路电流计算汇总表。本节针对方案一、方案三，选出各自主要的电气设备，并通过经济比较，得出最终方案。

一、各回路最大持续工作电流的计算

各回路最大持续工作电流计算方法参见表 4-1。

1. 方案一最大持续工作电流计算

（1）发电机回路。

$$I_{Gmax}=1.05I_{GN}=\frac{1.05P_{GN}}{\sqrt{3}U_{GN}\cos\varphi_G}$$

50MW 发电机　$$I_{Gmax}=\frac{1.05\times50}{\sqrt{3}\times10.5\times0.8}=3.6084(kA)$$

100MW 发电机　$$I_{Gmax}=\frac{1.05\times100}{\sqrt{3}\times10.5\times0.85}=6.7924(kA)$$

200MW 发电机　$$I_{Gmax}=\frac{1.05\times200}{\sqrt{3}\times15.75\times0.85}=9.0565(kA)$$

（2）变压器回路。

$$I_{Tmax}=1.05I_{TN}=\frac{1.05S_{TN}}{\sqrt{3}U_{TN}}$$

SFP7-120000：　高压侧 $$I_{Tmax}=\frac{1.05\times120}{\sqrt{3}\times242}=0.3006(kA)$$

低压侧 $$I_{Tmax}=\frac{1.05\times120}{\sqrt{3}\times10.5}=6.9282(kA)$$

SFP7-240000：　高压侧 $$I_{Tmax}=\frac{1.05\times240}{\sqrt{3}\times242}=0.6012(kA)$$

低压侧 $$I_{Tmax}=\frac{1.05\times240}{\sqrt{3}\times15.75}=9.2376(kA)$$

SF10-75000：　高压侧 $$I_{Tmax}=\frac{1.05\times75}{\sqrt{3}\times121}=0.3758(kA)$$

低压侧 $$I_{Tmax}=\frac{1.05\times75}{\sqrt{3}\times10.5}=4.3301(kA)$$

OSFPSL1-120000：高压侧 $$I_{Tmax}=\frac{1.05\times120}{\sqrt{3}\times220}=0.3307(kA)$$

中压侧 $$I_{Tmax}=\frac{1.05\times120}{\sqrt{3}\times121}=0.6012(kA)$$

（3）母联断路器回路。母线上最大一台发电机或变压器的 I_{max}：220kV 母线，0.6012kA；

10kV 母线，3.608 4kA。

（4）分段断路器回路。

$$10kV：I_{max}=I_{GN}\times 0.5=3.4366\times 0.5=1.7183(kA)$$

$$110kV：I_{max}=I_{Gmax}\times 0.8=\frac{70}{0.9\times\sqrt{3}\times 110}\times 0.8=0.3266(kA)$$

（5）出线回路。

$$10kV：I_{Gmax}=\frac{20}{0.9\times\sqrt{3}\times 11\times 10}=0.1166(kA)$$

$$110kV：I_{Gmax}=\frac{70}{0.9\times\sqrt{3}\times 110}=0.4082(kA)$$

$$220kV：I_{Gmax}=\frac{400\times(1-8\%)}{0.85\times\sqrt{3}\times 220\times 3}=0.3787(kA)$$

2. 方案三最大持续工作电流计算（计算过程同方案一）

（1）发电机回路。

$$50MW 发电机：I_{Gmax}=\frac{1.05\times 50}{\sqrt{3}\times 10.5\times 0.8}=3.6084(kA)$$

$$100MW 发电机：I_{Gmax}=\frac{1.05\times 100}{\sqrt{3}\times 10.5\times 0.85}=6.7924(kA)$$

$$200MW 发电机：I_{Gmax}=\frac{1.05\times 200}{\sqrt{3}\times 15.75\times 0.85}=9.0565(kA)$$

（2）变压器回路。

$$SFP7\text{-}120000：高压侧 I_{Gmax}=\frac{1.05\times 120}{\sqrt{3}\times 242}=0.3006(kA)$$

$$低压侧 I_{Gmax}=\frac{1.05\times 120}{\sqrt{3}\times 10.5}=6.9282(kA)$$

$$SFP7\text{-}240000：高压侧 I_{Gmax}=\frac{1.05\times 240}{\sqrt{3}\times 242}=0.6012(kA)$$

$$低压侧 I_{Gmax}=\frac{1.05\times 240}{\sqrt{3}\times 15.75}=9.2376(kA)$$

$$SFPS10\text{-}90000：高压侧 I_{Gmax}=\frac{1.05\times 90}{\sqrt{3}\times 242}=0.2255(kA)$$

$$中压侧 I_{Gmax}=\frac{1.05\times 90}{\sqrt{3}\times 121}=0.4509(kA)$$

$$低压侧 I_{Gmax}=\frac{1.05\times 90}{\sqrt{3}\times 10.5}=5.1962(kA)$$

（3）母联断路器回路。母线上最大一台发电机或变压器的 I_{max}：220kV 母线，0.601 2kA；10kV 母线，3.608 4kA。

（4）分段断路器回路。

$$10kV：I_{max}=I_{GN}\times 0.5=3.4366\times 0.5=1.7183(kA)$$

110kV：$I_{max}=I_{Gmax}\times 0.8=\dfrac{70}{0.9\times\sqrt{3}\times 110}\times 0.8=0.3266(kA)$

（5）出线回路。

10kV：$I_{Gmax}=\dfrac{20}{0.9\times\sqrt{3}\times 11\times 10}=0.1166(kA)$

110kV：$I_{Gmax}=\dfrac{70}{0.9\times\sqrt{3}\times 110}=0.4082(kA)$

220kV：$I_{Gmax}=\dfrac{400\times(1-8\%)}{0.85\times\sqrt{3}\times 220\times 3}=0.3787(kA)$

方案一最大持续工作电流计算结果见表4-49。

表 4-49　方案一最大持续工作电流 I_{max}（kA）

发电机容量（MW）	50	3.608 4
	100	6.792 4
	200	9.056 5
SFP7-120000 变压器	高压侧	0.300 6
	低压侧	6.928 2
SFP7-240000 变压器	高压侧	0.601 2
	低压侧	9.237 6
SF10-75000 变压器	高压侧	0.375 8
	低压侧	4.330 1
OSFPSL1-120000 变压器	高压侧	0.330 7
	中压侧	0.601 2
母联断路器（kV）	220	0.601 2
	10	3.608 4
分段断路器（kV）	10	1.718 3
	110	0.326 6
出线回路（kV）	220	0.378 7
	110	0.408 2
	10	0.116 6

方案三最大持续工作电流计算结果见表4-50。

表 4-50　方案三最大持续工作电流表（kA）

发电机（MW）	50	3.608 4
	100	6.792 4
	200	9.056 5
SFP7-120000 变压器	高压侧	0.300 6
	低压侧	6.928 2

续表

SFP7-240000 变压器	高压侧	0.601 2
	低压侧	9.237 6
SFPS10-90000 变压器	高压侧	0.225 5
	中压侧	0.450 9
	低压侧	5.196 2
母联断路器（kV）	220	0.601 2
	10	3.608 4
分段断路器（kV）	10	1.718 3
	110	0.326 6
出线回路（kV）	220	0.378 7
	110	0.408 2
	10	0.116 6

二、断路器的选择与校验

断路器选择原则参见第四章第二节中断路器部分相关内容。

1. 方案一和方案三断路器的选择和校验过程简述

(1) 对方案一和方案三各断路器进行编号，如图 4-8 和图 4-9 所示。

(2) 将同一工作条件下的断路器归并到一组，并根据具体技术条件对断路器进行选取，尽量避免型号过多。

(3) 选取断路器后，对断路器进行开断电流的选择，热稳定、动稳定校验，检验所选断路器是否均满足要求；如不满足，更换其他型号重新校验直至满足为止。

(4) 方案一各断路器的工作条件、型号及参数见表 4-51。

(5) 方案三各断路器的工作条件、型号及参数见表 4-52。

2. 方案一的断路器选择

(1) 10kV 侧。根据回路的 U_{Ns}、I_{max}，以及安装在屋内的实际要求，查断路器技术参数表，可选 SN4-10G 型断路器。

1) 开断电流校验。

105kA>57.517kA，即 $I_{Nbr} \geqslant I''$，满足要求。

2) 热稳定校验。电气设备校验一般取 $t=4$s 的热效应值，短路电流周期分量热效应

$$Q_p = \int_0^{t_k} I_{pt}^2 dt = \frac{t_k}{12}(I''^2 + 10I_{t_k/2}^2 + I_{t_k}^2)$$
$$= \frac{4}{12} \times (I''^2 + 10I_{2s}^2 + I_{4s}^2)$$
$$= \frac{4}{12} \times (57.517\,1^2 + 10 \times 37.582\,8^2 + 36.929\,9^2)$$
$$= 6265.567\,6(\text{kA}^2 \cdot \text{s})$$

因为 $t>1$s，导体的短时发热主要由周期分量决定，可不计非周期分量的影响，故

$$Q_k \approx Q_p = 6265.567\,6(\text{kA}^2 \cdot \text{s})$$

$I_t^2 t = 120^2 \times 5 = 72\,000(\text{kA}^2 \cdot \text{s}) \geqslant 6265.567\,6(\text{kA}^2 \cdot \text{s})$，即 $I_t^2 t \geqslant Q_k$，满足要求。

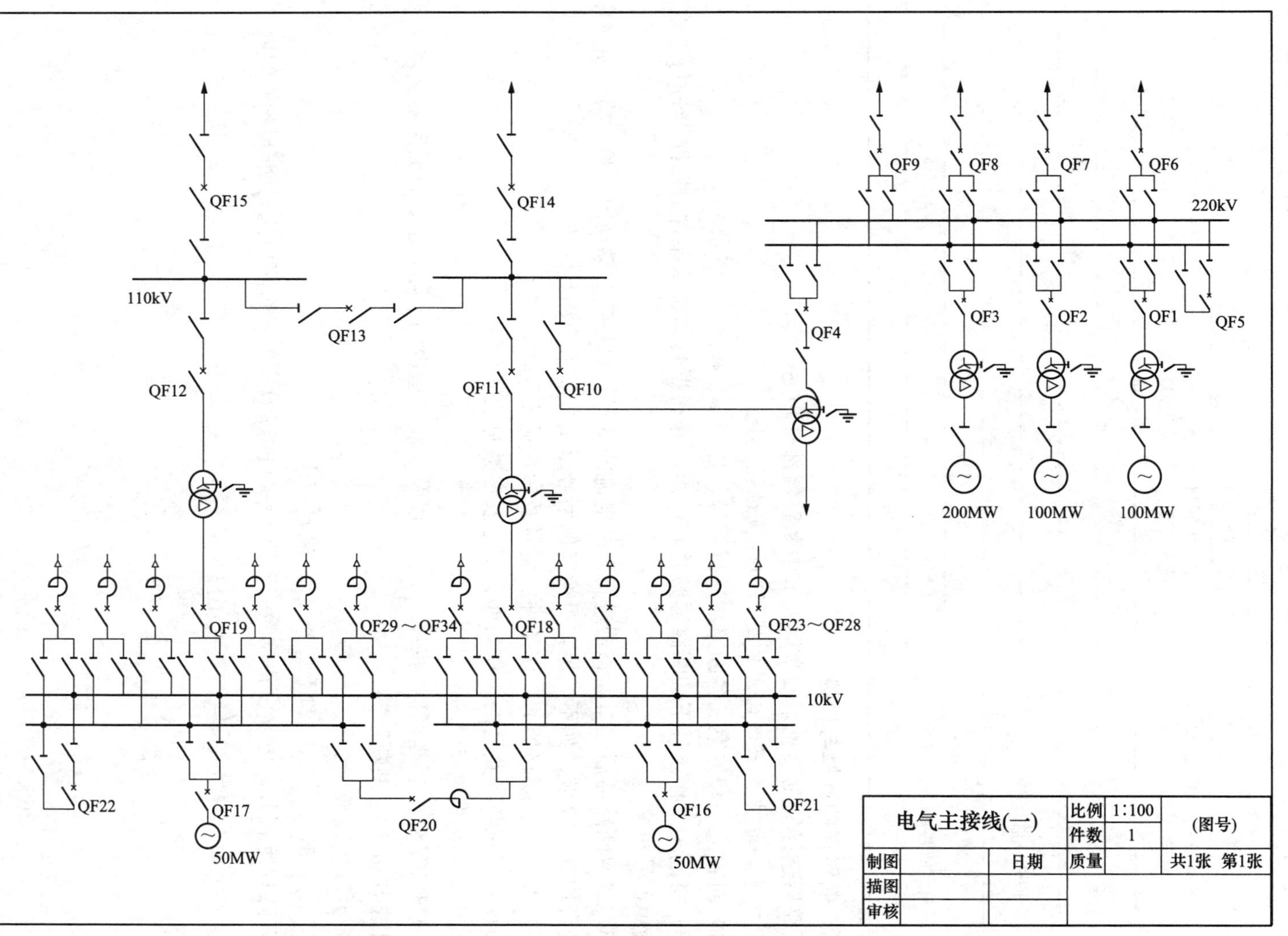

图 4-8 方案一断路器编号后的电气主接线图

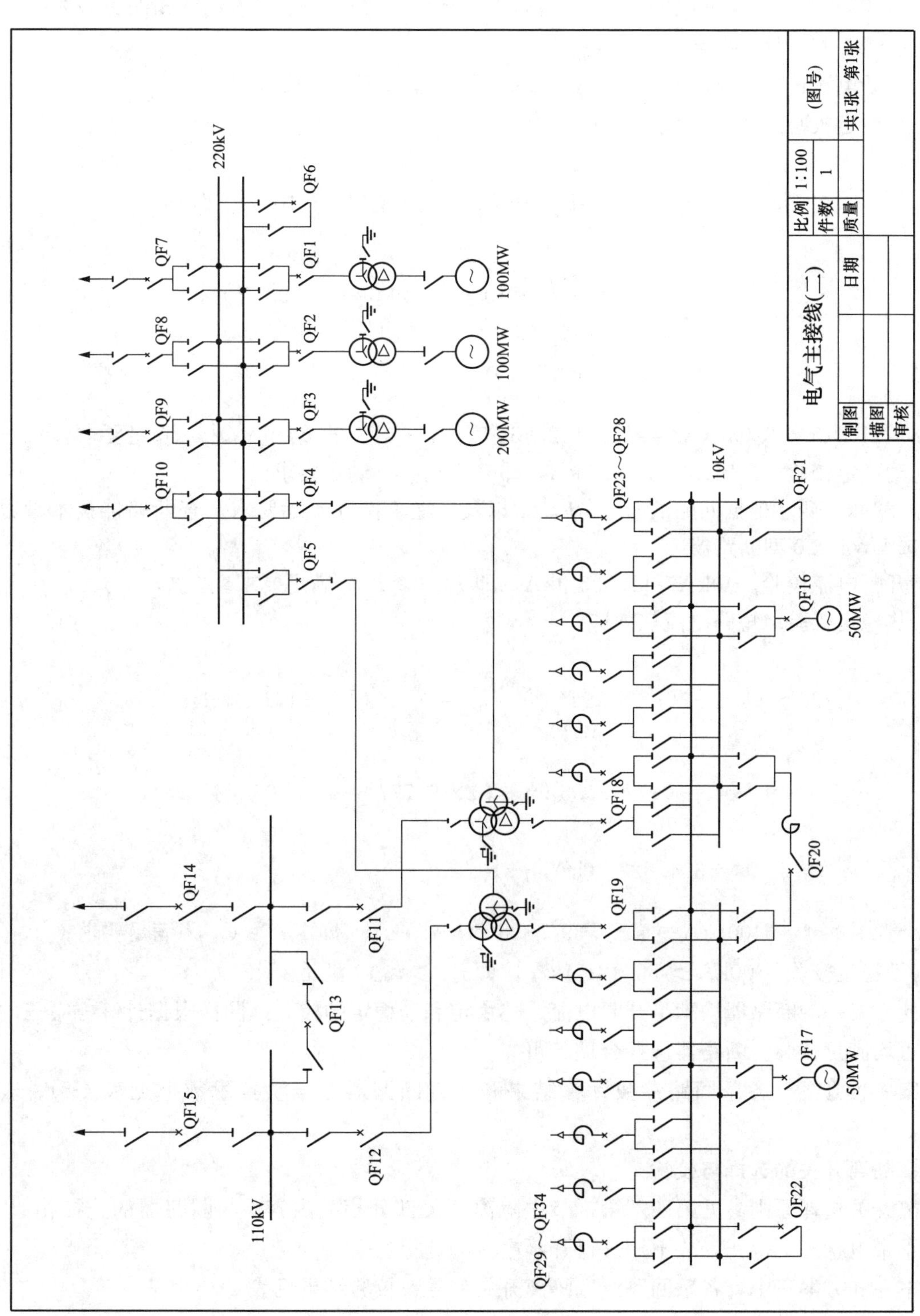

图 4-9　方案三断路器编号后的电气主接线图

3）动稳定校验。300kA>150.481 7kA，即 $i_{es} \geqslant i_{sh}$，满足要求。

（2）110kV 侧。根据回路的 U_{Ns}、I_{max}，以及环境条件等实际要求，查断路器技术参数表，可选 SW4-110 型断路器。

1）开断电流校验。18.4kA>7.185 2kA，即 $I_{Nbr} \geqslant I''$，满足要求。

2）热稳定校验。短路电流热效应

$$Q_k \approx Q_p = \frac{t_k}{12}(I''^2 + 10I_{t_k/2}^2 + I_{t_k}^2) = \frac{4}{12} \times (I''^2 + 10I_{2s}^2 + I_{4s}^2)$$

$$= \frac{4}{12} \times (7.185\,2^2 + 10 \times 5.849\,6^2 + 5.793\,2^2)$$

$$= 142.455\,5(\text{kA}^2 \cdot \text{s})$$

$I_t^2 t = 21^2 \times 5 = 2205(\text{kA}^2 \cdot \text{s}) \geqslant 142.455\,5(\text{kA}^2 \cdot \text{s})$，即 $I_t^2 t \geqslant Q_k$，满足要求。

3）动稳定校验。55kA>18.798 6kA，即 $i_{es} \geqslant i_{sh}$，满足要求。

（3）220kV 侧。根据回路的 U_{Ns}、I_{max}，以及环境条件等实际要求，查断路器技术参数表，可选 LW4-220 型断路器。

1）开断电流校验。40kA>11.535 9kA，即 $I_{Nbr} \geqslant I''$，满足要求。

2）热稳定校验。短路电流热效应

$$Q_k \approx Q_p = \frac{t_k}{12}(I''^2 + 10I_{t_k/2}^2 + I_{t_k}^2) = \frac{4}{12} \times (I''^2 + 10I_{2s}^2 + I_{4s}^2)$$

$$= \frac{4}{12} \times (11.535\,9^2 + 10 \times 9.777\,6^2 + 9.766\,9^2)$$

$$= 394.828\,1(\text{kA}^2 \cdot \text{s})$$

$I_t^2 t = 40^2 \times 4 = 6400(\text{kA}^2 \cdot \text{s}) \geqslant 394.828\,1(\text{kA}^2 \cdot \text{s})$，即 $I_t^2 t \geqslant Q_k$，满足要求。

3）动稳定校验。100kA > 30.181 4kA，即 $i_{es} \geqslant i_{sh}$，满足要求。

因此方案一的断路器均满足开断电流、热稳定和动稳定的校验，同样根据计算方案三的断路器也均满足校验。断路器选择合理、可靠。

方案一、方案三各条回路参数计算结果和所选断路器型号及技术数据见表 4-51、表 4-52。

三、隔离开关的选择与校验

隔离开关选择原则参见第四章第二节中隔离开关部分相关内容，与断路器的选择相似，因其在不带电状态下操作，故不用进行开断电流的选择。

方案一和方案三中，各条回路所选隔离开关型号及校验结果见表 4-53 和表 4-54。

表 4-51　方案一回路的计算参数和断路器额定参数表

断路器编号	所在电网额定电压 U_N(kV)	最大持续工作电流 I_{max}(kA)	初始 0s 短路电流 I''(kA)	短路冲击电流 i_{sh}(kA)	2s 短路电流 I_2(kA)	4s 短路电流 I_4(kA)	断路器型号	额定开断电流 I_{Nbr}(kA)	热稳定电流 I_t(kA)	动稳定电流 i_{es}(kA)
1，2/4	220	0.300 6/0.330 7	11.535 9	30.181 4	9.777 6	9.766 9	LW4-220	40.0	40（4s）	100
3，5	220	0.601 2	11.535 9	30.181 4	9.777 6	9.766 9	LW4-220	40.0	40.0（4s）	100
6～9	220	0.378 7	11.535 9	30.181 4	9.777 6	9.766 9	LW4-220	40.0	40（4s）	100
10	110	0.601 2	7.185 2	18.798 6	5.849 6	5.793 2	SW4-110	18.4	21（5s）	55
11，12	110	0.375 8	7.185 2	18.798 6	5.849 6	5.793 2	SW4-110	18.4	21（5s）	55
13	110	0.326 6	7.185 2	18.798 6	5.849 6	5.793 2	SW4-110	18.4	21（5s）	55
14，15	110	0.408 2	7.185 2	18.798 6	5.849 6	5.793 2	SW4-110	18.4	21（5s）	55
16～17，21～22	10	3.608 4	57.517 1	150.481 7	37.582 8	36.929 9	SN4-10G	105.0	120（5s）	300
18，19	10	4.330 1	57.517 1	150.481 7	37.582 8	36.929 9	SN4-10G	105.0	120（5s）	300
20	10	1.718 3	57.517 1	150.481 7	37.582 8	36.929 9	SN4-10G	105.0	120（5s）	300
23～34	10	0.116 6	57.517 1	150.481 7	37.582 8	36.929 9	SN4-10G	105.0	120（5s）	300

表 4-52　方案三回路的计算参数和断路器额定参数表

断路器编号	所在电网额定电压 U_N(kV)	最大持续工作电流 I_{max}(kA)	初始 0s 短路电流 I''(kA)	短路冲击电流 i_{sh}(kA)	2s 短路电流 I_2(kA)	4s 短路电流 I_4(kA)	断路器型号	额定开断电流 I_{Nbr}(kA)	热稳定受电流 I_t(kA)	动稳定电流 i_{es}(kA)
2，3	220	0.300 6	11.981 5	31.347 2	9.868 6	9.810 8	LW4-220	40.0	40（4s）	100
1，6	220	0.601 2	11.981 5	31.347 2	9.868 6	9.810 8	LW4-220	40.0	40（4s）	100
4，5	220	0.225 5	11.981 5	31.347 2	9.868 6	9.810 8	LW4-220	40.0	40（4s）	100
7～10	220	0.378 7	11.981 5	31.347 2	9.868 6	9.810 8	LW4-220	40.0	40（4s）	100
11，12	110	0.450 9	5.173 8	13.536 2	4.114 4	4.076 7	SW4-110	18.4	21（5s）	55
13	110	0.326 6	5.173 8	13.536 2	4.114 4	4.076 7	SW4-110	18.4	21（5s）	55
14，15	110	0.408 2	5.173 8	13.536 2	4.114 4	4.076 7	SW4-110	18.4	21（5s）	55
16～17,21～22	10	3.608 4	76.178 4	199.305 2	56.731 4	55.975 4	SN4-10G	105.0	120（5s）	300
18，19	10	5.196 2	76.178 4	199.305 2	56.731 4	55.975 4	SN4-10G	105.0	120（5s）	300
20	10	1.718 3	76.178 4	199.305 2	56.731 4	55.975 4	SN4-10G	105.0	120（5s）	300
23～34	10	0.116 6	76.178 4	199.305 2	56.731 4	55.975 4	SN4-10G	105.0	120（5s）	300

表 4-53　　方案一回路的计算参数和隔离开关额定参数表

与隔离开关配套的断路器编号	所在电网额定电压（kV）	最大持续工作电流（kA）	隔离开关型号	初始 0s 短路电流 I''（kA）	短路冲击电流 i_{sh}(kA)	2s 短路电流 I_2（kA）	4s 短路电流 I_4（kA）	热稳定电流 I_t(kA)	动稳定电流 i_{es}(kA)
1，2	220	0.300 6	GW6-220	11.535 9	30.181 4	9.777 6	9.766 9	21（4s）	50
4	220	0.330 7	GW6-220	11.535 9	30.181 4	9.777 6	9.766 9	21（4s）	50
3，5	220	0.601 2	GW6-220	11.535 9	30.181 4	9.777 6	9.766 9	21（4s）	50
6～9	220	0.378 7	GW6-220	11.535 9	30.181 4	9.777 6	9.766 9	21（4s）	50
			GW7-220					16（4s）	55
10	110	0.601 2	GW4-110	7.185 2	18.798 6	5.849 6	5.793 2	20（4s）	50
11，12	110	0.375 8	GW4-110	7.185 2	18.798 6	5.849 6	5.793 2	20（4s）	50
13	110	0.326 6	GW4-110	7.185 2	18.798 6	5.849 6	5.793 2	20（4s）	50
14，15	110	0.408 2	GW4-110	7.185 2	18.798 6	5.849 6	5.793 2	20（4s）	50
16～17，21～22	10	3.608 4	GN10-10T	57.517 1	150.481 7	37.582 8	36.929 9	100（5s）	200
18，19	10	4.330 1	GN10-10T	57.517 1	150.481 7	37.582 8	36.929 9	100（5s）	200
20	10	1.718 3	GN10-10T	57.517 1	150.481 7	37.582 8	36.929 9	100（5s）	200
23～34	10	0.116 6	GN10-10T	57.517 1	150.481 7	37.582 8	36.929 9	100（5s）	200

表 4-54　　方案三回路的计算参数和隔离开关额定参数表

与隔离开关配套的断路器编号	所在电网额定电压(kV)	最大持续工作电流(kA)	隔离开关型号	初始 0s 短路电流 I''（kA）	短路冲击电流 i_{sh}(kA)	2s 短路电流 I_2（kA）	4s 短路电流 I_4（kA）	热稳定电流 I_t(kA)	动稳定电流 i_{es}(kA)
2，3	220	0.300 6	GW6-220	11.981 5	31.347 2	9.868 6	9.810 8	21（4s）	50
1，6	220	0.601 2	GW6-220	11.981 5	31.347 2	9.868 6	9.810 8	21（4s）	50
4，5	220	0.225 5	GW6-220	11.981 5	31.347 2	9.868 6	9.810 8	21（4s）	50
7～10	220	0.378 7	GW6-220	11.981 5	31.347 2	9.868 6	9.810 8	21（4s）	50
			GW7-220					16（4s）	55
11，12	110	0.450 9	GW4-110	5.173 8	13.536 2	4.114 4	4.076 7	20（4s）	50
13	110	0.326 6	GW4-110	5.173 8	13.536 2	4.114 4	4.076 7	20（4s）	50
14，15	110	0.408 2	GW4-110	5.173 8	13.536 2	4.114 4	4.076 7	20（4s）	50
16～17，21～22	10	3.608 4	GN10-10T	76.178 4	199.305 2	56.731 4	55.975 4	100（5s）	200
18，19	10	5.196 2	GN10-10T	76.178 4	199.305 2	56.731 4	55.975 4	105（5s）	200
20	10	1.718 3	GN10-10T	76.178 4	199.305 2	56.731 4	55.975 4	100（5s）	200
23～34	10	0.116 6	GN10-10T	76.178 4	199.305 2	56.731 4	55.975 4	100（5s）	200

四、初选方案的经济比较

在以上相关章节内容中，我们确定两个较优的电气主接线方案，并对两个方案分别进行了变压器、断路器、隔离开关等主要电气设备的选择。现在需要对方案一和方案三进行经济性比较，从而确定最优方案。经济投资的计算原则参见第四章第三节中相关内容。计算指标分为两个方面，综合投资和年运行费用。其中综合投资包括变压器投资，断路器、隔离开关投资，配电装置投资以及安装费和场地费的考虑；年运行费用包括折旧费、维护费和电能损耗费，由于没有线路，计算电能损耗仅考虑变压器。对于技术上较优的方案一、方案三，分别进行上述投资及年运行费计算后，再通过经济比较，选出最终设计方案。由于近年来设备价格及安装费用不断地调整，而不同厂家产品的价格也有所差异，因而以下表格所列出变压器的综合投资等相关费用仅供课程设计方案比较时参考。

1. 方案一的一次投资计算

方案一中变压器一次投资见表 4-55。

表 4-55　　方案一变压器一次投资表

电压等级（kV）	型号	台数	单台投资（万元）	总投资（万元）	总综合投资（万元）	合计（万元）
110	SF10-75000/110	2	58.00	116.00	220.40	889.71
220	$OSFPSL_1$-120000	1	75.20	75.20	127.84	
220	SFP7-120000	2	90.40	180.80	307.36	
220	SFP7-240000	1	137.71	137.71	234.11	

方案一中各电压等级配电装置一次投资见表 4-56。

表 4-56　　方案一配电装置一次投资表

电压等级（kV）	接线形式断路器型号	增加/减少回路的投资（个）	基础投资（万元）	总投资（万元）	总综合投资（万元）	合计（万元）
220	双母线，LW4-220	2	216.30	297.10	505.07	753.16
110	单母线分段，SW4-110	−2	70.80	52.26	99.29	
10	双母线分段，SN4-10G	6	46.20	74.40	148.80	

方案一总投资费用为 889.71＋753.16＝1642.87(万元)。

2. 方案三的一次投资计算

方案三中变压器一次投资见表 4-57。

表 4-57　　方案三变压器一次投资表

电压等级（kV）	型号	台数	单台综合投资（万元）	总综合投资（万元）	总综合投资（万元）	合计（万元）
220	SFPS10-90000/220	2	92.50	185.00	314.50	855.97
220	SFP7-120000	2	90.40	180.80	307.36	
220	SFP7-240000	1	137.71	137.71	234.11	

方案三各电压等级配电装置一次投资见表 4-58。

表 4-58 方案三配电装置一次投资表

电压等级（kV）	接线形式断路器型号	增加/减少回路的投资（个）	基础投资（万元）	总投资（万元）	总综合投资（万元）	合计（万元）
220	双母线，LW4-220	2	216.30	297.10	505.07	753.16
110	单母线分段，SW4-110	−2	70.80	52.26	99.29	
10	双母线分段，SN4-10G	6	46.20	74.40	148.80	

方案三总投资费用为 855.97＋753.16＝1609.13（万元）。

3. 方案一的年运行费用

（1）SF10-75000/110 型双绕组变压器的电能损耗。

$\Delta P_0 = 44.6(\text{kW})$

$\Delta Q_0 = \dfrac{I_0\%}{100}S_N = \dfrac{0.2}{100}\times 75\,000 = 150(\text{kvar})$

$\Delta P_k = 246(\text{kW})$

$\Delta Q_k = \dfrac{U_k\% S_N}{100} = 10.5\times\dfrac{75\,000}{100} = 7875(\text{kvar})$

$$\Delta A = n(\Delta P_0 + K\Delta Q_0)T_0 + \frac{1}{n}(\Delta P_k + K\Delta Q_k)\times\left(\frac{S_{max}}{S_N}\right)^2\tau$$

$$= 2\times(44.6+0.02\times150)\times8000+\frac{1}{2}\times(246+0.02\times7875)\times\left(\frac{98\,692.628\,5}{75\,000}\right)^2\times4140$$

$$= 2\,207\,908.003(\text{kW}\cdot\text{h})$$

（2）SFP7-120000 型双绕组变压器的电能损耗。

$\Delta P_0 = 118(\text{kW})$

$\Delta Q_0 = \dfrac{I_0\%}{100}S_N = \dfrac{0.9}{100}\times 120\,000 = 1080(\text{kvar})$

$\Delta P_k = 385(\text{kW})$

$\Delta Q_k = \dfrac{U_k\% S_N}{100} = 13\times\dfrac{120\,000}{100} = 15\,600(\text{kvar})$

$$\Delta A = n(\Delta P_0 + K\Delta Q_0)T_0 + \frac{1}{n}(\Delta P_k + K\Delta Q_k)\times\left(\frac{S_{max}}{S_N}\right)^2\tau$$

$$= (118+0.02\times1080)\times8000+(385+0.02\times15\,600)\times\left[\frac{100\times(1-0.08)}{120\times0.85}\right]^2\times4000$$

$$= 3\,384\,930.719(\text{kW}\cdot\text{h})$$

其他变压器的 ΔA 计算过程同上，计算结果见表 4-59。

表 4-59 **方案一的年运行费用（万元）**

ΔA（kW·h）			电能损耗费用 $\alpha\times\Delta A$	小修维护费 u_1	折旧费 u_2	u
SF10-75000	2 207 908.003 0	合计：16 346 942.200 0	490.408 3	65.714 8	95.286 5	651.409 6
SFP7-120000	3 384 930.719 0					
SFP7-240000	6 105 681.200 0					
OSFPSL1-120000	1 263 491.559 0					

4. 方案三的年运行费用

计算过程同方案一相同，结果见表 4-60。

表 4-60 **方案三的年运行费用（万元）**

ΔA（kW·h）			电能损耗费用 $\alpha\times\Delta A$	小修维护费 u_1	折旧费 u_2	u
SFP7-120000/220	3 384 930.719 0	合计：14 964 092.310 0	448.922 8	64.365 2	93.329 5	606.617 5
SFP7-240000/220	6 105 681.200 0					
SFPS10-90000/220	2 088 549.673 0					

5. 经济性比较

方案一和方案三在本次设计中的经济性比较如下。

综合投资：$Z_1=1642.87$(万元)，$Z_3=1609.13$(万元)，$Z_1>Z_3$。

年运行费用：$u_1=651.409\,6$(万元)，$u_3=606.617\,5$(万元)，$u_1>u_3$。

综上，经过技术性与经济性比较，选择方案三作为最终方案。

五、出线电抗器的选择与校验

电抗器的选择原则参见第四章第二节中电抗器部分相关内容。

1. 额定电压选择

$$U_N\geqslant U_{Ns},U_N=10(\mathrm{kV})$$

2. 额定电流选择

$$I_N\geqslant I_{max},I_{max}=0.116\,6(\mathrm{kA})$$

3. 电抗百分值（$X_L\%$）选择

根据实际负荷计算出的线路电流值为 0.116 6kA，而之前选择的线路断路器 SN_4-10G 的额定电流较实际电流偏大。若出线采用 ZN5-10 型真空断路器，其 $I_{Nbr}=20$kA，短路电流应限制在 20kA 以下。

（1）将短路电流限制到要求值 I''。

$$I_B=\frac{S_B}{\sqrt{3}U_B}=\frac{100}{\sqrt{3}\times10.5}=5.498\,6(\mathrm{kA})$$

$$X_{L*}=\frac{I_B}{I''}-X'_{\Sigma*}=\frac{5.498\,6}{20}-0.072\,2=0.202\,7$$

$$X_L\%\geqslant X_{L*}\frac{I_NU_B}{I_BU_N}\times100(\%)=0.202\,7\times\frac{0.2\times10.5}{5.498\,6\times10}\times100(\%)=0.8\%$$

故选择电抗器型号为 NKSL-10-200-4，可将短路电流限制到

$$I''=\frac{I_B}{\frac{X_k\%}{100}\frac{U_N I_B}{I_N U_B}+X'_{*\Sigma}}=\frac{5.4986}{0.04\times\frac{10\times5.4986}{0.2\times10.5}+0.0722}=4.9112(\text{kA})$$

可见，相比之前 76.1784kA 的短路电流，有了明显的减小。

（2）电压损失校验。

$$\Delta U\%\approx X_L\%\frac{I_{max}}{I_N}\sin\varphi=4\times\frac{0.1166}{0.2}\times0.4359=1.0165$$

即 $1.0165\%\leqslant5\%$，满足要求。

短路时母线残压校验。

$$\Delta U_{re}\%\approx X_L\%\frac{I''}{I_N}=4\times\frac{4.9112}{0.2}=98.224$$

$98.224\%\geqslant(60\%\sim70\%)U_N$，满足要求。

可选 NKSL-10-200-4，动稳定电流为 12.75kA，1s 热稳定电流为 14.13kA。

4. 热稳定校验

$$14.13^2\times1=199.6569(\text{kA}^2\cdot\text{s})>4.9112^2\times3.8=91.6556(\text{kA}^2\cdot\text{s})$$

即 $I_t^2t\geqslant Q_k$，满足要求。

5. 动稳定校验

$12.75(\text{kA})>2.57\times4.9112=12.6388(\text{kA})$，即 $i_{es}\geqslant i_{sh}$，满足要求。

故 10kV 馈线电抗器选择电抗器的型号为 NKSL-10-200-4。10kV 母线分段处电抗器的型号为 XKK-10-2000-12（在计算短路电流前确定，动、热稳定的校验方法与出线电抗器相同）。

因为加了线路电抗器，故在前面选择的 10kV 出线上的断路器和隔离开关，可以另选轻型设备，见表 4-61。

表 4-61　10kV 出线回路所选开关电器技术数据

10kV 出线回路开关电器	所在电网额定电压（kV）	最大持续工作电流（kA）	电气设备型号	初始短路电流 I''（kA）	三相电流冲击值 i_{sh}（kA）	额定开断电流 I_{Nbr}（kA）	热稳定电流 I_t（kA）	动稳定电流 i_{es}（kA）
断路器 23～34	10	0.1166	ZN5-10	3.6777	9.6219	20	20（4s）	50
隔离开关	10	0.1166	GN19-10	3.6777	9.6219	—	20（4s）	50

六、电压互感器的选择

电压互感器的选择原则参见第四章第二节中电压互感器部分相关内容，选择结果见表 4-62。二次电压、二次负荷的选择本次设计不考虑。

表 4-62　电压互感器选择型号表

互感器安装位置	台数	型号
220kV 母线	6	TYD-220/$\sqrt{3}$-0.01H
110kV 母线	6	JCC3-110B
10kV 母线	3	JSJW-10
220kV 出线	4	TYD-220/$\sqrt{3}$-0.005H

续表

互感器安装位置	台数	型号
发电机出口	12，3	JDZ-10，JDJ-15
	6，2	JSJW-10，JSJW-15

七、电流互感器的选择

电流互感器的选择原则参见第四章第二节中电流互感器部分相关内容。准确等级、二次负荷的选择本次设计不考虑。下面以 110kV 母线—出线回路电流互感器 LCWB-110 的选择为例。

（1）一次回路额定电压选择：$U_N \geqslant U_{Ns}$。

（2）一次回路额定电流选择：$I_N \geqslant I_{max}$。

I_{max} 见表 4-50，即 $I_{max}=408.2(A) \leqslant I_N=500(A)$

（3）准确级和二次负荷选择（在本设计不考虑）。

（4）热稳定校验。短路电流热效应

$$Q_k \approx Q_p=\frac{t_k}{12}(I''^2+10I^2_{t_k/2}+I^2_{t_k})=\frac{4}{12}\times(I''^2+10I^2_{2s}+I^2_{4s})$$

$$=\frac{4}{12}\times(5.1738^2+10\times4.1144^2+4.0767^2)$$

$$=70.8902(kA^2\cdot s)$$

$$(I_{1N}K_t)^2=(1\times31.5)^2=992.25\ (kA^2\cdot s)$$

即 $(I_{1N}K_t)^2 \geqslant Q_k$，满足要求。

（5）动稳定校验。由短路计算得 $i_{sh}=13.5362(kA)$。

1）内部动稳定校验。

$$\sqrt{2}I_{1N}K_{es}=\sqrt{2}\times500\times90\times10^{-3}=63.64(kA)$$

即 $\sqrt{2}I_{1N}K_{es} \geqslant i_{sh}$，满足要求。

2）外部动稳定校验。设备未标明出线端部允许作用力，给出动稳定倍数 K_{es} 一般是在相间距离 40cm，计算长度 50cm 的条件下取得的。

取 $a=40$cm，$l=50$cm，则有

$$\sqrt{2}K_{es}I_{1N}\sqrt{\frac{50a}{40l}}\times10^{-3}=63.64(kA)$$

即 $\sqrt{2}K_{es}I_{1N}\sqrt{\frac{50a}{40l}}\times10^{-3} \geqslant i_{sh}$，满足要求。

其他电流互感器的选择过程相同。电流互感器型号及技术数据见表 4-63。

表 4-63　电流互感器型号和技术数据

互感器安装位置		最大持续工作电流（kA）	型号	额定电流比	热稳定电流倍数 K_t	动稳定电流倍数 K_{es}
发电机出口	50WM 发电机	3.6084	LMZ1-10	4000/5	40	90
	100WM 发电机	6.7924	LMZD-20	8000/5	40	150
	200WM 发电机	9.0565	LMZD-20	10 000/5	40	150

续表

互感器安装位置		最大持续工作电流（kA）		型号	额定电流比	热稳定电流倍数 K_t	动稳定电流倍数 K_{es}
变压器—母线回路	SFP7-120000	220kV	0.300 6	LCWB-220	2×400/5	20～50（3s）	62.5～125
	SFP7-240000	220kV	0.601 2	LCWB-220	2×750/5	20～50（3s）	62.5～125
	SFPS10-90000	220kV	0.225 5	LCWB-220	300/5	21～42（5s）	50～110
		110kV	0.450 9	LCWB-110	500/5	31.5～45	80～115
		10.5kV	5.196 2	LMZD-20	6000/5	40	150
母线—出线回路	220kV	0.378 7		LCWB-220	2×400/5	20～50（3s）	62.5～125
	110kV	0.408 2		LCWB-110	500/5	31.5～45	80～115
	10kV	0.116 6		LFZB-10	150/5	85	153
分段回路	110kV	0.326 6		LCWB-110	400/5	31.5～45	80～115
	10kV	1.718 3		LBJ-10	3000/5	50	90
母联回路	220kV	0.601 2		LCWB-220	2×750/5	20～50（3s）	62.5～125
	10kV	3.608 4		LBJ-10	4000/5	50	90

八、高压熔断器的选择

3～35kV 油浸式电压互感器需经隔离开关和熔断器接入高压电网，而 110kV 及以上的制成串级结构，只经隔离开关接入高压电网。故 110kV 的线路不需配置高压熔断器，只考虑 10.5kV 电压级线路即可。

10kV 母线电压互感器的高压熔断器选用 RN2-10 限流式熔断器。10kV 母线额定电压为 10kV，满足 $U_N \geqslant U_{Ns}$；$I_{Nbr}=114kA \geqslant I''=76.178\ 4kA$，满足要求。

九、避雷器的选择

避雷器选择原则参见第四章第二节中避雷器部分相关内容，方案选择避雷器的型号和技术数据见表 4-64。

表 4-64　所选避雷器的型号及技术数据

保护的设备		型号	避雷器额定电压有效值（kV）	系统额定电压有效值（kV）	持续运行电压有效值（kV）
220kV 母线		Y10W5-216/562	216	220	146
110kV 母线		Y10W5-108/281	108	110	73
10kV 母线		Y5W-12.7/44	12.7	10	6.6
旋转电机中性点		(H)Y1.5WD-8/19	8	10.5	6.4
		(H)Y1.5WD-12/26	12	15.8	9.6
变压器中性点	220kV	Y1.5W-144/320	220	144	114
	110kV	Y1.5W-72/186	100	224	268

十、裸导体的选择

裸导体的选择原则参见第四章第二节中裸导体部分相关内容。

1. 110kV 出线

（1）导体截面积选择。按照经济电流密度 J 求得在此最大工作电流下的导线截面积，即根据 $T_{max}=5500$ 查载流导体的经济电流密度曲线，得 $J=1.03$。

$$S_J=\frac{I_{gmax}}{J}=\frac{408.2}{1.03}=396.3107(mm^2)$$

故选取导线型号为 LGJ-400。

$$I_{gmax}=408.2A, K_\theta I_{al}=0.81\times 595=481.95(A)$$

故 $I_{gmax}\leqslant K_\theta I_{al}$，满足要求。

（2）电晕校验。110kV 电压等级导线型号为 LGJ-400，无须校验电晕。

（3）热稳定校验。

$$S_{min}=\frac{\sqrt{Q_k}}{C}=\frac{\sqrt{70.8902\times 10^6}}{87}=96.7774(mm^2)$$

故 $S\geqslant S_{min}$，满足热稳定校验要求。

软导体无须进行动稳定校验。

2. 其他导体

（1）220kV 出线选择过程同 110kV 出线相同，选取导线型号为 LGJ-400。

（2）各电压等级母线按最大持续工作电流选择方法进行选择。220kV 选取硬管形导体，导线型号为 ϕ80/72；110kV 母线选取硬管形导体，导线型号为 ϕ30/25；10kV 母线为双槽形 200×90×10×14。

经过技术分析和经济计算综合比较，本次设计的最优方案是方案三，其电气主接线如图 4-10 所示。

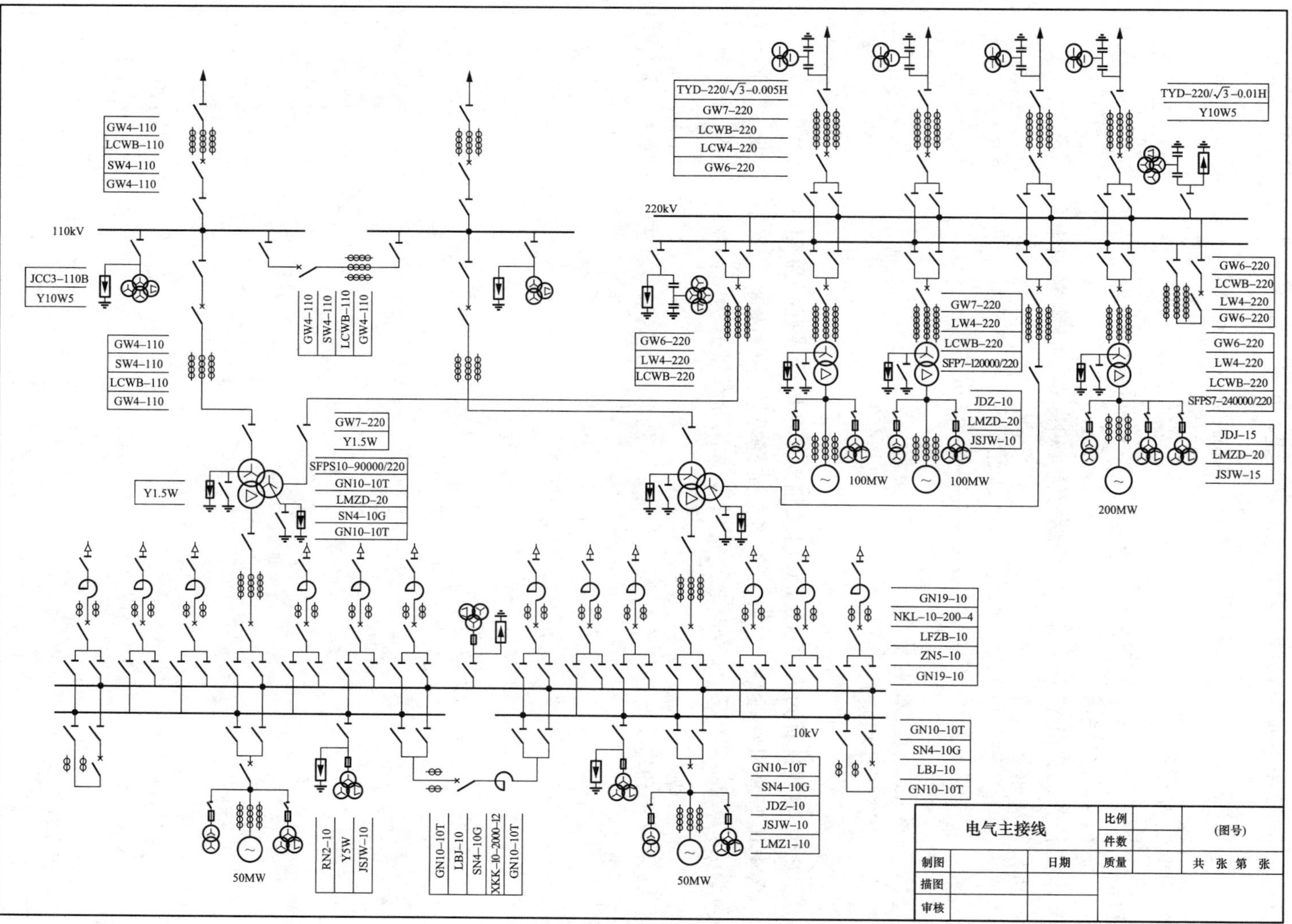

图 4-10 最优方案的电气主接线图

第五章　厂用电设计

第一节　厂用电设计的原则和要求

厂用电设计应满足正常运行的安全、可靠、灵活、经济和检修、维护、施工等一般要求，考虑全厂发展规划，厂用电接线应满足以下要求：

(1) 对于数量为2台及以上，单机容量为200MW级及以上的机组，宜保持各单元机组厂用电的独立性，减少单元机组之间的联系，以提高运行的安全可靠性。

(2) 全厂应设置可靠的高压厂用备用或起动/备用电源，在机组起动、停运和事故过程中的切换操作要少。

(3) 厂用电设计要同时考虑全厂发展规划和分期建设情况，充分考虑电厂分期建设和连续施工过程中厂用电系统运行方式，特别注意对公用负荷供电的影响，要便于过渡、尽量减少接线变更和更换设备。

(4) 厂用电设计中要积极慎重地运用经过运行实践以及通过鉴定的新技术、新设备，使设计达到技术先进、经济合理。

一、厂用负荷分类

厂用电负荷按其对人身安全和设备安全的重要性，分为0类负荷和非0类负荷。停电将直接影响到人身或重大设备安全的厂用电负荷，称为0类负荷，除此之外的厂用电负荷均可视为非0类负荷。

1. 非0类负荷按其在电能生产过程中的重要性不同分类

(1) Ⅰ类负荷。短时（手动切换恢复供电所需的时间）的停电可能影响人身或设备安全，使生产停顿或发电量大量下降的负荷，如给水泵、凝结水泵等。对Ⅰ类负荷，必须保证自起动，并应由有2个独立电源的母线供电，当一个电源失去后，另一电源应立即自动投入。

(2) Ⅱ类负荷。允许短时停电，但停电时间过长，有可能影响设备正常使用寿命或影响正常生产的负荷，如工业水泵、疏水泵等。对Ⅱ类负荷，应由有2个独立电源的母线供电，一般采用手动切换。

(3) Ⅲ类负荷。长时间停电不会直接影响生产的负荷，如中央修配厂、试验室等的用电设备。对Ⅲ类负荷，一般由1个电源供电。

2. 0类负荷按其重要性程度及对电源的要求不同分类

(1) 0Ⅰ类负荷。交流不停电负荷，在机组运行期间，以及停机（包括事故停机）过程中，甚至在停机以后的一段时间内，应由交流不间断电源（UPS）连续供电的负荷，如机组的计算机控制系统等。

(2) 0Ⅱ类负荷。直流保安负荷，在发生全厂停电或在单元机组失去厂用电时，为了保证机组的安全停运，或者为了防止危及人身安全等原因，应在停电时继续由直流电源供电的负荷，如继电保护和自动装置、信号设备、控制设备以及直流润滑油泵、直流氢密封油泵等。

(3) 0Ⅲ类负荷。交流保安负荷，在发生全厂停电或在单元机组失去厂用电时，为了保证机组的安全停运，或者为了防止危及人身安全等原因，应在停电时继续由交流保安电源供电的负荷，如盘车电动机、交流润滑油泵、交流氢密封油泵等。

二、厂用电电压等级

1. 高压厂用电系统电压等级

发电厂可采用3、6、10kV作为高压厂用电系统的标称电压。高压厂用电电压等级的选取可遵循以下原则：

(1) 在高压厂用电接线形式相同的前提下，宜选择可以使高压厂用母线短路水平更低的电压等级，以便选用较低开断水平的开关设备。

(2) 在高压厂用电接线形式、高压厂用母线短路水平相同的前提下，宜选择较低的高压厂用电电压等级，以便选用较低绝缘要求的厂用电设备。

2. 按发电机容量、电压决定高压厂用电电压等级

(1) 单机容量为50～60MW级的机组，发电机电压为10.5kV时，可采用3kV或10kV；发电机电压为6.3kV时，可采用6kV。

(2) 单机容量为125～300MW级的机组，宜采用6kV一级高压厂用电电压。

(3) 单机容量为600MW级及以上的机组，可根据工程具体条件，采用6kV一级，或10kV一级，或10/6kV二级，或10/3kV二级高压厂用电电压。厂用高压的电压等级选择以上准则不是绝对的，要根据具体情况具体分析，有时1000MW的机组可能只选用6kV，600MW的机组可能只选用10kV。

3. 低压厂用电系统电压等级

发电厂可采用380、380/220V作为低压厂用电系统的标称电压。单机容量为200MW级及以上的机组，主厂房内的低压厂用电系统应采用动力与照明分开供电的方式，动力网络的电压宜采用380V或380/220V。

三、厂用母线接线方式

1. 按机组容量决定高压厂用母线分段

高压厂用母线应采用单母线接线。高压厂用母线的设置宜采用以下原则：

(1) 单机容量为50～60MW级的机组，每台机组可设一段高压厂用母线；当机炉不对应设置且锅炉容量为400t/h以下时，每台锅炉可设一段高压厂用母线。

(2) 单机容量为125～300MW级的机组，每台机组的每一级高压厂用电压母线应为两段，并将双套辅机的电动机分接在两段母线上。

(3) 单机容量为600MW级的机组，每台机组的每一级高压厂用电压母线应不少于两段，并将双套辅机的电动机分接在两段母线上。

(4) 单机容量为1000MW级及以上的机组，每台机组的每一级高压厂用电压母线应不少于两段，并将双套辅机的电动机分接在两段母线上。

2. 按机组容量决定低压厂用母线分段

低压厂用母线应采用单母线接线。低压厂用母线的设置宜采用以下原则：

(1) 单机容量为50～60MW级的机组，且在低压厂用母线上接有机炉的Ⅰ类负荷时，宜按炉或机对应分段，且低压厂用电与高压厂用电分段一致。

(2) 单机容量为125～200MW级的机组，每台机组可由两段母线供电，并将双套辅机

的电动机分接在两段母线上，两段母线可由 1 台变压器供电。

(3) 单机容量为 300MW 级及以上的机组，每台机组应按需设置成对的母线，并将双套辅机的电动机分接在成对的母线上，每段母线宜由 1 台变压器供电。当成对设置母线使变压器容量选择有困难时，可以增加母线的段数，或合理采用明备用方式。

3. 公用母线段的设置

厂区范围内如公用负荷较多、容量较大、负荷集中，宜设立高压公用段母线，全厂高压公用段母线不应少于两段，并由两台机组的高压厂用母线供电或由单独的高压厂用变压器供电，以保证重要公用负荷的供电可靠性。但由于增加公用母线段，相应增加了进线电源开关、增加了电源共箱母线或电源电缆，增加投资较大。因此工程中应经过具体技术经济比较确定。

四、厂用电源的引接

1. 厂用工作电源引接

高压厂用工作电源（变压器或电抗器）应由发电机电压回路引接，并尽量满足炉、机、电的对应性要求（即发电机供给各自炉、机和变压器的厂用负荷）。高压厂用工作电源一般采用下列引接方式：

(1) 当有发电机电压母线时，由各段母线引接，供给接在该段母线段的机组的厂用负荷。

(2) 当发电机与主变为单元接线时，由主变低压侧引接，供给该机组的厂用负荷。发电机容量为 125MW 及以下时，一般在厂用分支线上宜装设断路器。无所需开断短路电流的断路器时，也可采用能满足动稳定要求的负荷开关、隔离开关或连接片等方式。大容量发电机组，当厂用分支采用分相封闭母线时，在该分支上不应装设断路器和隔离开关，但应有可拆连接点。

(3) 200、300MW 机组的高压厂用工作电源宜采用 1 台分裂变压器，600MW 及以上机组的高压厂用工作电源可采用 1 台或 2 台变压器。

(4) 当发电机装设有出口断路器时，高压厂用工作电源从出口断路器与主变之间引接。

低压厂用工作电源引接方式：

(1) 低压厂用工作变压器一般由高压厂用母线段上引接。当无高压厂用母线段时，可从发电机电压主母线或发电机出口引接。

(2) 按机或炉分段的低压厂用母线，其工作变压器应由对应的高压厂用母线段供电。

2. 厂用备用、起动/备用电源

厂用备用变压器的设置原则：

(1) 容量为 100MW 级及以下的机组，高压厂用工作变压器（电抗器）的数量在 6 台（组）及以上时，可设置第 2 台（组）高压厂用备用变压器（电抗器）。

(2) 容量为 100～125MW 级的机组采用单元制时，高压厂用工作变压器的数量在 5 台及以上，可设置第 2 台高压厂用备用变压器。

(3) 容量为 200～300MW 级的机组，每两台机组可设 1 台高压起动/备用变压器。

(4) 容量为 600～1000MW 级的机组，每两台机组可设 1 台或 2 台高压起动/备用变压器。

高压厂用备用或起动电源引接：

(1) 当无发电机电压母线时，厂内有两级（或三级）升高电压母线，备用电源应由与系统有联系的最低电压级母线引出，并应保证在发电厂全停的情况下，能从电力系统取得足够的电源。

(2) 当无发电机电压母线时，可由联络变压器的低压绕组引接，并应保证在发电厂全停的情况下，能从电力系统取得足够的电源。

(3) 当有发电机电压母线时，一般由该母线引接1个备用电源。

(4) 当技术经济合理时，可由外部电网引接专用线路作为高压厂用备用或起动电源。

3. 交流事故保安电源

200MW及以上发电机组应设置交流事故保安电源，当厂用工作和备用电源消失时，应自动投入，保证交流保安负荷的起动，并对其持续供电。

容量为200MW级及以上的机组，交流保安电源宜采用自动快速起动的柴油发电机组，按允许加负荷的程序，分批投入保安负荷。交流保安电源的电压和中性点的接地方式宜与低压厂用电系统一样。200～1000MW级燃煤机组宜按机组设置柴油发电机组。

五、变电站站用电源

按照电压等级和变电站在电网中的重要性，站用电源引接分为以下几种基本方式：

(1) 110～220kV及以下变电站站用电源宜从不同主变低压侧分别引接2回容量相同、可互为备用的工作电源。

(2) 330～750kV变电站站用电源应从不同主变低压侧分别引接2回容量相同、可互为备用的工作电源，并从站外引接1回可靠站用备用电源。例如有2台站用变压器，应装设备用电源自动投入装置。

(3) 1000kV变电站站用电源应从不同主变低压侧分别引接2回容量相同、可互为备用的工作电源，并从站外引接1回可靠站用备用电源。

站用电系统接线原则：

(1) 站外电源电压可采用10～110kV电压等级，当可靠性满足要求时应优先采用低电压等级电源。

(2) 110～750kV变电站站用电源选用一级降压方式。1000kV变电站站用电源应根据主变低压侧电压水平，选用两级降压或一级降压方式。

(3) 站用电低压系统宜采用三相四线制，系统中性点直接接地，系统额定电压为380/220V。

第二节 厂用电设计的方法及步骤

一、设计步骤

(1) 确定厂用高压和低压电压等级。

(2) 选择全厂厂用电接线，并确定厂用工作电源、备用电源或起动电源、交流保安电源的引接方式。

(3) 统计和计算各段厂用母线的负荷。

(4) 选择厂用变压器（电抗器）。

(5) 进行重要电动机成组自起动校验。

（6）厂用电系统短路电流计算（参见第三章）。

（7）选择厂用电气设备。

（8）绘制厂用电接线图。

二、设计计算

1. 厂用负荷的计算

厂用负荷计算常采用“换算系数”法。当按换算系数法求得的计算负荷接近变压器高压绕组的额定容量时，可用轴功率法校验，取其大者作为计算负荷。

（1）电动机的计算负荷。由于接在厂用母线上的用电设备不会同时都工作，且工作的设备也未必满载运行，又考虑到供电线路电能损失和电动机效率等因素的影响，所以实际电源供给的容量小于用电设备总容量，二者比值用换算系数 K 表示。表 5-1 给出了不同情况下 K 的数值。电动机计算负荷表达式为

$$S_{js}=\sum(KP)\quad(\mathrm{kVA})\tag{5-1}$$

式中　P——负荷的计算功率，kW。

表 5-1　　换算系数表

机组容量（kW）	≤125 000	≥200 000
给水泵及循环水泵	1	1
凝结水泵	0.8	1
其他高压电动机	0.8	0.85
其他低压电动机	0.8	0.7
电除尘硅整流设备	0.45～0.75	0.45～0.75
电除尘加热设备	1	1
直接空冷机组空冷风机电动机（采用变频装置）	1.25	
静态负荷	加热器取 1.0，电子设备取 0.9	

电动机的计算功率与电动机的运行特点有关，可按下述情况分别确定。

1）连续运行。

$$P=P_{\Sigma}\tag{5-2}$$

式中　P_{Σ}——该类电动机额定功率之总和，kW。

2）不经常连续运行。

$$P=P_{\Sigma}\tag{5-3}$$

3）经常短时及经常断续运行。

$$P=0.5P_{\Sigma}\tag{5-4}$$

4）不经常短时及不经常断续运行。

$$P=0\tag{5-5}$$

5）中央修配厂。

$$P=0.14P_{\Sigma}+0.4P_{\Sigma5}\tag{5-6}$$

式中　P_{Σ}——全部电动机额定功率总和，kW；

$P_{\Sigma5}$——其中最大 5 台电动机额定功率总和，kW。

6）煤场机械。对于大型机械应根据其工作情况具体分析确定，对于中小型机械

$$P=0.35P_{\Sigma}+0.6P_{\Sigma3}\tag{5-7}$$

式中　$P_{\Sigma 3}$——其中最大3台电动机额定功率之和，kW。

（2）电气除尘的计算负荷。

$$S_{js}=KP_{1\Sigma}+P_{2\Sigma} \tag{5-8}$$

式中　K——晶闸管整流设备换算系数，一般取0.45～0.75；

$P_{1\Sigma}$——晶闸管高压整流设备额定容量之和，kW；

$P_{2\Sigma}$——电加热设备额定容量之和，kW。

（3）照明系统的计算负荷。

$$S_{js}=\sum\left(KP_{A}\frac{1+\alpha}{\cos\varphi}\right) \tag{5-9}$$

式中　K——照明换算系数，一般取0.8～1.0；

P_{A}——照明安装功率，kW；

α——镇流器及其他附件损耗系数（白炽灯、卤钨灯取$\alpha=0$，气体放电灯取$\alpha=0.2$）；

$\cos\varphi$——功率因数（白炽灯、卤钨灯取$\cos\varphi=1$，气体放电灯取$\cos\varphi=0.9$）。

（4）轴功率法。

$$S_{js}=K_{m}\sum\frac{P_{max}}{\eta\cos\varphi}+\sum S_{L} \tag{5-10}$$

式中　K_{m}——同时率，新建电厂取0.9，扩建电厂取0.95；

P_{max}——最大运行轴功率，kW；

η——对应于轴功率的电动机效率；

$\cos\varphi$——对应于轴功率的电动机功率因数；

$\sum S_{L}$——厂用低压计算负荷之和，kVA。

2. 厂用变压器容量选择

将接于一段母线上的各种负荷，按上述的计算方法一一计算相加，即为该段母线的计算负荷，并按此负荷来选择变压器的容量。

（1）高压厂用工作变压器容量按高压厂用电计算负荷的110%与低压厂用电计算负荷之和选择。

1）双绕组变压器的容量为

$$S_{t}\geqslant 1.1S_{h}+S_{l} \tag{5-11}$$

式中　S_{t}——双绕组变压器的额定容量，kVA；

S_{h}——高压厂用电计算负荷之和，kVA；

S_{l}——低压厂用电计算负荷之和，kVA。

2）分裂绕组变压器容量为

$$S_{2ts}\geqslant S_{js}=1.1S_{h}+S_{l} \tag{5-12}$$

高压绕组容量为

$$S_{1ts}\geqslant\sum S_{js}-S_{r}=\sum S_{js}-(1.1S_{hr}+S_{lr}) \tag{5-13}$$

式中　S_{js}——1个分裂绕组的计算负荷，kVA；

$\sum S_{js}$——2个分裂绕组的计算负荷之和，kVA；

S_{r}——2个分裂绕组的重复计算负荷，kVA；

S_{hr}、S_{lr}——2 个分裂绕组的高、低压重复计算负荷，kVA。

（2）高压起动/备用变压器容量应满足其原有公用负荷及最大一台工作变压器的备用要求。

1）双绕组变压器的容量为

$$S_t \geqslant S_0 + S_{tmax} \tag{5-14}$$

式中　S_0——起动/备用变压器本段原有（公用）负荷，kVA；

S_{tmax}——最大一台工作变压器分支计算负荷之和，kVA。

2）分裂绕组变压器容量为

$$S_{2ts} \geqslant S_{js} = S_0 + S_{tmax} \tag{5-15}$$

高压绕组容量为

$$S_{1ts} \geqslant \sum S_{js} - S_r \tag{5-16}$$

（3）有明备用的低压厂用工作变压器容量为

$$S_{tL} \geqslant S_L / K_\theta \tag{5-17}$$

式中　K_θ——变压器温度修正系数，一般取 1。

（4）低压厂用备用变压器的容量应与最大一台低压厂用工作变压器的容量相同。

3. 站用变压器容量选择

（1）主要站用电负荷特性。220～500kV 变电站的主要站用电负荷特性见表 5-2。

表 5-2　主要站用电负荷特性

<table>
<tr><th>名称</th><th>类别</th><th>运行方式</th><th>名称</th><th>类别</th><th>运行方式</th></tr>
<tr><td>充电装置</td><td>Ⅱ</td><td>不经常、连续</td><td>远动装置</td><td rowspan="3">Ⅰ</td><td rowspan="3">经常、连续</td></tr>
<tr><td>浮充电装置</td><td>Ⅱ</td><td rowspan="2">经常、连续</td><td>微机监控系统</td></tr>
<tr><td>变压器强油风（水）冷却装置</td><td>Ⅰ</td><td>微机保护、检测装置电源</td></tr>
<tr><td>变压器有载调压装置</td><td rowspan="3">Ⅱ</td><td>经常、断续</td><td>空压机</td><td rowspan="3">Ⅱ</td><td rowspan="3">经常、短时</td></tr>
<tr><td>有载调压装置的带电滤油装置</td><td>经常、连续</td><td>深井水泵或给水泵</td></tr>
<tr><td>断路器、隔离开关操作电源</td><td>经常、断续</td><td>生活水泵</td></tr>
<tr><td>断路器、隔离开关、端子箱加热</td><td>Ⅱ</td><td rowspan="2">经常、连续</td><td>雨水泵</td><td>Ⅱ</td><td rowspan="4">不经常、短时</td></tr>
<tr><td>通风机</td><td>Ⅲ</td><td>消防水泵、变压器水喷雾装置</td><td>Ⅰ</td></tr>
<tr><td>事故通风机</td><td>Ⅱ</td><td>不经常、连续</td><td>配电装置检修电源</td><td rowspan="2">Ⅲ</td></tr>
<tr><td>空调机、电热锅炉</td><td>Ⅲ</td><td rowspan="2">经常、连续</td><td>电气检修间（行车、电动门）</td></tr>
<tr><td>载波、微波通信电源</td><td>Ⅰ</td><td>所区生活用电</td><td>Ⅲ</td><td>经常、连续</td></tr>
</table>

（2）站用变压器负荷计算原则。

1）连续运行及经常短时运行的设备应予以计算。

2）不经常短时及不经常连续运行的设备不予计算。

（3）站用变压器容量选择。负荷计算采用换算系数法，站用变压器容量

$$S_t \geqslant K_1 P_1 + P_2 + P_3 \tag{5-18}$$

式中　　K_1——站用动力负荷换算系数，一般取 0.85；

P_1，P_2，P_3——站用动力、电热、照明负荷之和，kW。

4. 成组电动机自起动时电压校验

为保证Ⅰ类负荷的电动机成组自起动，在初选厂用变压器（电抗器）容量后，应进行厂用母线电压校验，具体分以下几种情况。

（1）电动机成组自起动时，应满足

$$U=\frac{U_0}{1+SX}\geqslant U_{mY} \tag{5-19}$$

$$X=1.1\frac{U_d(\%)}{100}\frac{S_{2N}}{S_N}$$

$$S=S_1+S_{QZ}$$

$$S_{QZ}=\frac{K_{QZ}}{\eta_d}\frac{P_d}{\cos\varphi_d}$$

式中 U——起动时厂用母线电压标幺值；

U_0——厂用母线上的空载电压标幺值，一般电抗器取1，普通变压器取1.05，有载调压变压器取1.1；

X——变压器（电抗器）的电抗标幺值（以变压器低压绕组容量S_{2N}为基值）；

$U_d(\%)$——对双绕组变压器为变压器阻抗电压百分值，对分裂绕组变压器为半穿越阻抗电压百分值，其值是以变压器高压绕组额定电压为基值；

U_{mY}——为母线电压最低允许值（标幺值），见表5-3；

S——合成负荷（标幺值）；

S_1——自起动前厂用电源已带的负荷（标幺值），失压自起动或空载自起动时，$S_1=0$；

S_{QZ}——自起动容量（标幺值）；

K_{QZ}——自起动电流倍数，备用电源为快速切换（<0.8s）时取2.5，慢速切换（>0.8s）时取5；

P_d——参加自起动电动机额定功率总和（标幺值）；

η_d，$\cos\varphi_d$——分别为电动机额定效率和功率因数的乘积，一般取0.8。

表5-3 厂用母线最低允许电压 U_{mY}

名　称	类型	U_{mY}(%)
3～6kV 厂用母线	高温、高压电厂	65～70
	中压电厂	60～65
380/220V 厂用母线	低压母线单独自起动	60
	高、低压母线串接自起动	55

注 对于3～6kV厂用母线，在失压或空载自起动时U_{mY}取上限值，在带负荷自起动时U_{mY}取下限值。

对于厂用工作电源，一般仅考虑失压自起动；而厂用备用或起动电源，一般需考虑失压、空载及带负荷自起动三种方式。

（2）高、低压厂用母线串联自起动时，厂用高、低压母线的电压应按下式校验。

高压厂用母线电压

$$U_G=\frac{U_0}{1+S_GX_G}\geqslant U_{mY} \tag{5-20}$$

低压厂用母线电压　$$U_D=\frac{U_G}{1+S_DX_D}\geqslant U_{mY}\tag{5-21}$$

式中　U_G，U_D——自起动时高、低压厂用母线电压；

X_G，X_D——高、低压厂用变压器电抗；

S_G，S_D——高、低压厂用母线上的计算负荷。

第三节　技术数据

一、6～10kV 变压器

6kV 系列变压器技术数据见表 5-4 和表 5-5。

表 5-4　6kV 标准容量系列变压器

型号	高压侧额定电压（kV）	低压侧额定电压（kV）	联结组标号	损耗（kW）		阻抗电压（%）	空载电流（%）	质量（kg）
				空载	短路			
S7-30/6	6	0.4	Yyn0	0.15	0.80	4	3.5	305
S7-50/6				0.19	1.15		2.8	405
S7-63/6				0.22	1.40		2.8	461
S7-80/6				0.27	1.65		2.7	516
S7-100/6				0.32	2.00		2.6	575
S7-125/6				0.37	2.45		2.5	728
S7-160/6				0.46	2.85		2.4	870
S7-200/6				0.54	3.40		2.4	953
S7-250/6				0.64	4.00		2.3	1136
S7-315/6				0.76	4.80		2.3	1315
S7-400/6				0.92	5.80		2.1	1642
S7-500/6				1.08	6.90		2.1	1870
S7-630/6				1.30	8.10	4.5	2.0	2665
S7-800/6				1.54	9.90		1.7	3110
S7-1000/6				1.80	11.60		1.4	3595
S7-1250/6				2.20	13.80		1.4	4390
S7-1600/6				2.65	16.50		1.3	5030

表 5-5　6kV 非标准容量系列变压器

型号及容量（kVA）	低压侧额定电压（kV）	联结组	损耗（kW）		阻抗电压（%）	空载电流（%）	质量（t）
			空载	短路			
SJL-75	0.4	Yyn12	0.49	1.7	4.5	6.5	0.46
SJL-180	0.4	Yyn12	0.95	3.6	4.5	6.0	1.07
SJL-240	0.4	Yyn12	1.28	4.5	4.5	6.0	1.25
SJL-320	0.4	Yyn12	1.40	5.7	4.5	6.0	1.59
SJL-420	0.4	Yyn12	1.70	7.1	4.5	6.5	1.84
SJL-560	0.4	Yyn12	2.25	8.6	4.5	6.0	2.33
SJL-750	0.4	Yyn12	3.35	11.5	4.5	6.0	3.62

10kV 系列变压器技术数据见表 5-6 和表 5-7。

表 5-6 10kV 标准容量系列变压器

型号	高压侧额定电压（kV）	低压侧额定电压（kV）	联结组标号	损耗（kW）		阻抗电压（%）	空载电流（%）	质量（t）
				空载	短路			
SL7-30/10	6、6.3，10	0.4	Yyn0	0.15	0.8	4	7	0.30
SL7-50/10				0.19	1.15		6	0.46
SL7-63/10				0.22	1.4		5	0.52
SL7-80/10				0.27	1.65		4.7	0.57
SL7-100/10				0.32	2.0		4.2	0.68
SL7-125/10	6、6.3，10	0.4	Yyn0	0.37	2.45	4	4	0.78
SL7-160/10				0.46	2.85		3.5	0.95
SL7-200/10				0.54	3.40		3.5	1.07
SL7-250/10				0.64	4.00		3.2	1.26
SL7-315/10				0.76	4.80		3.2	1.53
SL7-400/10	6、6.3，10	0.4	Yyn0	0.92	5.80	4	3.2	1.78
SL7-500/10				1.08	6.90			2.06
SL7-630/10	6、6.3 10、10.5	0.4 6.3	Yyn0 Yd11	1.30	8.10	4.5	3	2.75 2.94
SL7-800/10		0.4 6.3	Yyn0 Yd11	1.54	9.90	4.5 5.5	2.5	3.31 3.16
SL7-1000/10		0.4 6.3	Yyn0 Yd11	1.80	11.60	4.5 5.5	2.5	4.14 3.59
SL7-1250/10		0.4 6.3	Yyn0 Yd11	2.20	13.80	4.5 5.5	2.5	5.03 4.14
SL7-1600/10		0.4 6.3	Yyn0	2.65	16.50	4.5 5.5	2.5	6.00 4.94
SL7-2000/10	10	6.3	Yd11	3.10	19.80	5.5	2.5	5.58
SL7-2500/10				3.65	23.00		2.2	6.69
SL7-3150/10				4.40	27.00		2.2	7.83
SL7-4000/10				5.30	32.00		2.2	8.04
SL7-5000/10				6.40	36.70		2.0	10.65
SL7-6300/10				7.50	41.00		2.0	12.71
SL7-630/10	6、6.3 10、10.5	0.4 6.3	Yyn12 Yd11	1.30	8.10	4.5 4.5	3	2.75 2.94
SL7-800/10		0.4 6.3	Yyn12 Yd11	1.54	9.90	4.5 5.5	2.5	3.31 3.16
SL7-1000/10		0.4 6.3	Yyn12 Yd11	1.80	11.60	4.5 5.5	2.5	4.14 3.59
SL7-1250/10		0.4 6.3	Yyn12 Yd11	2.20	13.80	4.5 5.3	2.5	5.03 4.14
SL7-1600/10		0.4 6.3	Yyn12 Yd11	2.65	16.50	4.5 5.5	2.5	6.00 4.94

续表

型号	高压侧额定电压（kV）	低压侧额定电压（kV）	联结组标号	损耗（kW）		阻抗电压（%）	空载电流（%）	质量（t）
				空载	短路			
SL7-2000/10	10	6.3	Yd11	3.10	19.80	5.5	2.5	5.58
SL7-2500/10				3.65	23.00		2.2	6.69
SL7-3150/10				4.40	27.00		2.2	7.83
SL7-4000/10				5.30	32.00		2.2	9.04
SL7-5000/10				6.40	36.70		2.0	10.65
SL7-6300/10				7.50	41.00		2.0	12.71

表 5-7　　10kV 非标准容量系列变压器

型号及容量（kVA）	低压侧额定电压（kV）	联结组标号	损耗（kW）		阻抗电压（%）	空载电流（%）	质量（t）	参考价格（万元）
			空载	短路				
SJL-75	0.4	Yyn12	0.51	1.70	4.5	7.5	0.46	0.22
SJL-180	0.4	Yyn12	0.95	3.60	4.5	7.0	1.07	0.37
SJL-240	0.4	Yyn12	1.28	4.50	4.5	7.0	1.26	0.46
SJL-320	0.4	Yyn12	1.40	5.70	4.5	7.0	1.59	0.55
SJL-420	0.4	Yyn12	1.70	7.05	4.5	6.5	1.84	0.74
SJL-560	0.4	Yyn12	2.25	8.60	4.5	6.0	2.33	0.81
SJL-750	0.4	Yyn12	3.35	11.50	4.5	6.0	3.62	1.04
SJL-1800	0.4	Yyn12	6.00	22.00	4.5	4.5	6.77	2.11
SJL-1800	6.3	Yd11	6.00	22.00	5.5	4.5	6.17	2.11
SJL-3200	6.3	Yd11	9.10	34.00	5.5	4.0	10.53	3.19
SJL-5600	6.3	Yd11	13.6	53.00	5.5	4.0	15.50	4.20
SFL-7500	6.3	Yd11	9.30	66.10	10.0	0.9		6.40
SFL-15000	6.3	Yd11	14.3	116.00	10.5	0.8	20.90	8.74

二、电抗器

NKSL 型铝电缆水泥电抗器技术数据见表 5-8 和表 5-9。

表 5-8　　6kV NKSL 型铝电缆水泥电抗器技术数据

型号	额定电压（kV）	额定电流（A）	电抗百分值（%）	额定电感（mH）	三相通过容量（kVA）	单相无功容量（kvar）	单相损耗（75℃）（W）	动稳定电流（A）	热稳定电流（A）
NKSL-6-200-3	6	200	3	1.654	3×593	20.8	1176	12 750	14 600
NKSL-6-200-4			4	2.206		27.7	1395	12 750	14 550
NKSL-6-200-5			5	2.757		34.7	1631	10 200	14 260
NKSL-6-200-6			6	3.309		41.6	1828	8500	14 380
NKSL-6-200-8			8	4.412		55.5	2221	6375	14 230

续表

型号	额定电压（kV）	额定电流（A）	电抗百分值（%）	额定电感（mH）	三相通过容量（kVA）	单相无功容量（kvar）	单相损耗（75℃）（W）	动稳定电流（A）	热稳定电流（A）
NKSL-6-400-4	6	400	4	1.103	3×1386	55.0	2709	25 500	22 000
NKSL-6-400-5			5	1.379		69.3	3153	20 400	22 260
NKSL-6-400-6			6	1.654		83.1	3083	17 000	20 190
NKSL-6-400-8			8	2.206		111.0	3677	12 750	20 060
NKSL-6-600-4		600	4	0.735	3×2078	83.0	2347	38 250	49 330
NKSL-6-600-5			5	0.919		103.9	3502	30 600	34 290
NKSL-6-600-6			6	1.103		124.7	3932	25 500	34 780
NKSL-6-600-8			8	1.470		166.3	4859	19 125	34 530
NKSL-6-800-4		800	4	0.551	3×2771	110.9	3692	51 000	40 890
NKSL-6-800-5			5	0.689		138.6	4319	40 800	38 560
NKSL-6-800-6			6	0.827		166.3	5057	34 000	36 050
NKSL-6-800-8			8	1.103		221.7	6049	25 500	37 940
NKSL-6-1000-5		1000	5	0.551	3×3464	173.3	4717	51 000	49 200
NKSL-6-1000-6			6	0.662		207.8	5177	42 500	49 680
NKSL-6-1000-8			8	0.882		278.0	6301	31 900	48 360
NKSL-6-1000-10			10	1.103		346.4	7243	25 500	47 280
NKSL-6-1500-5		1500	5	0.368	3×5196	259.8	5386	76 500	88 540
NKSL-6-1500-6			6	0.441		311.8	5994	63 750	90 300
NKSL-6-1500-8			8	0.588		415.7	7313	47 800	88 870
NKSL-6-1500-10			10	0.735		519.6	8486	38 250	87 860
NKSL-6-2000-6		2000	6	0.331	3×6928	415.7	8150	85 000	92 370
NKSL-6-2000-8			8	0.441		554.3	9565	63 750	95 030
NKSL-6-2000-10			10	0.551		692.8	11 190	51 000	92 780
NKSL-6-3000-8		3000	8	0.294	3×10 392	831.4	13 701	95 600	144 560
NKSL-6-3000-10			10	0.368		1039.2	15 545	76 500	147 330

表 5-9　10kV NKSL 型铝电缆水泥电抗器技术数据

型号	额定电压（kV）	额定电流（A）	电抗百分值（%）	额定电感（mH）	三相通过容量（kVA）	单相无功容量（kvar）	单相损耗（75℃）（W）	动稳定电流（A）	热稳定电流（A）
NKSL-10-200-4	10	200	4	3.676	3×1155	46.2	1976	12 750	14 130
NKSL-10-200-5		200	5	4.596		57.6	2329	10 200	14 000
NKSL-10-200-6		200	6	5.515		69.4	2587	8500	14 120
NKSL-10-200-8		200	8	7.353		92.5	3119	6375	14 000
NKSL-10-400-4		400	4	1.838	3×2309	92.4	3196	25 500	27 560
NKSL-10-400-5		400	5	2.298		115.5	3447	20 400	22 440
NKSL-10-400-6		400	6	2.757		138.5	3877	17 000	21 650
NKSL-10-400-8		400	8	3.676		184.7	4740	12 750	21 220

续表

型号	额定电压(kV)	额定电流(A)	电抗百分值(%)	额定电感(mH)	三相通过容量(kVA)	单相无功容量(kvar)	单相损耗(75℃)(W)	动稳定电流(A)	热稳定电流(A)
NKSL-10-600-4	10	600	4	1.225	3×3464	138.6	3327	38 250	46 810
NKSL-10-600-5		600	5	1.532		173.2	4280	30 600	41 410
NKSL-10-600-6		600	6	1.838		207.8	5775	25 500	33 000
NKSL-10-600-8		600	8	2.451		277.0	7014	19 125	33 230
NKSL-10-800-4		800	4	0.919	3×4619	184.8	4705	51 000	42 620
NKSL-10-800-5		800	5	1.149		230.9	5536	40 800	42 500
NKSL-10-800-6		800	6	1.379		277.1	7193	34 000	35 940
NKSL-10-800-8		800	8	1.838		369.5	8632	25 500	36 560
NKSL-10-1000-6		1000	6	1.103	3×5774	346.4	7243	42 500	47 280
NKSL-10-1000-8		1000	8	1.471		462.0	8650	31 900	46 760
NKSL-10-1000-10		1000	10	1.838		578.0	10 579	25 500	45 740
NKSL-10-1500-6		1500	6	0.735	3×8660	519.6	8486	63 750	87 860
NKSL-10-1500-8		1500	8	0.980		692.8	10 467	47 800	84 700
NKSL-10-1500-10		1500	10	1.225		866.0	11 843	38 250	86 230
NKSL-10-2000-6		2000	6	0.551	3×11 547	692.8	11 190	85 000	92 780
NKSL-10-2000-8		2000	8	0.735		923.8	13 520	63 750	92 060
NKSL-10-2000-10		2000	10	0.919		1155.0	15 829	51 000	90 750
NKSL-10-3000-8		3000	8	0.490	3×17 320	1386.0	17 875	95 600	140 460
NKSL-10-3000-10		3000	10	0.613		1732.0	20 206	76 500	144 030
NKSL-10-3000-12		3000	12	0.735		2078.4	23 116	63 750	141 740

XKK 型干式空心限流电抗器技术数据见表 5-10。

表 5-10　XKK 系列干式空心限流电抗器技术数据

型号	额定电压(kV)	额定电流(A)	电抗百分值(%)	额定电感(mH)	三相通过容量(kVA)	单相无功容量(kvar)	单相损耗(75℃)(W)	动稳定电流(kA)	4s 热稳定电流(kA)
XKK-10-200-4	10	200	4	3.676	3×1155	46.2	1816	12.75	5
XKK-10-200-5			5	4.595		57.7	2126		
XKK-10-200-6			6	5.513		69.3	2377		
XKK-10-200-8			8	7.351		92.4	2873		
XKK-10-400-4		400	4	1.838	3×2309	92.4	2865	25.5	10
XKK-10-400-5			5	2.298		115.5	3318		
XKK-10-400-6			6	2.757		138.6	3746		
XKK-10-400-8			8	6.676		184.8	4552		
XKK-10-600-4		600	4	1.225	3×3464	138.6	3224	38.25	15
XKK-10-600-5			5	1.532		173.3	4147		
XKK-10-600-6			6	1.838		207.9	5238		
XKK-10-600-8			8	2.451		277.2	6251		

续表

型号	额定电压 (kV)	额定电流 (A)	电抗百分值 (%)	额定电感 (mH)	三相通过容量 (kVA)	单相无功容量 (kvar)	单相损耗 (75℃) (W)	动稳定电流 (kA)	4s 热稳定电流 (kA)
XKK-10-800-4	10	800	4	0.919	3×4619	184.8	4524	51.00	20
XKK-10-800-5			5	1.149		231.0	5190		
XKK-10-800-6			6	1.379		277.3	5807		
XKK-10-800-8			8	1.838		369.6	6965		
XKK-10-1000-4		1000	4	0.735	3×5774	231.0	5076	63.75	25
XKK-10-1000-5			5	0.919		289.0	5839		
XKK-10-1000-6			6	1.103		347.0	6511		
XKK-10-1000-8			8	1.471		462.0	7815		
XKK-10-1000-10			10	1.838		577.0	9000		
XKK-10-1500-4		1500	4	0.490	3×8660	347.0	6331	95.63	37.5
XKK-10-1500-5			5	0.613		444.0	7437		
XKK-10-1500-6			6	0.735		520.0	8061		
XKK-10-1500-8			8	0.980		693.0	9722		
XKK-10-1500-10			10	1.225		866.0	11 552		
XKK-10-2000-4		2000	4	0.368	3×11547	463.0	8018	102	40
XKK-10-2000-5			5	0.459		577.0	9214		
XKK-10-2000-6			6	0.551		692.0	10 337		
XKK-10-2000-8			8	0.735		924.0	12 338		
XKK-10-2000-10			10	0.919		1155.0	14 081		
XKK-10-2000-12			12	1.103		1386.0	15 807		
XKK-10-2500-4		2500	4	0.294	3×14 430	577.0	9299	128	50
XKK-10-2500-5			5	0.368		721.0	10 666		
XKK-10-2500-6			6	0.441		866.0	11 988		
XKK-10-2500-8			8	0.588		1154.0	14 215		
XKK-10-2500-10			10	1.735		1443.0	16 250		
XKK-10-2500-12			12	0.882		1731.0	18 172		
XKK-10-3000-4		3000	4	0.245	3×17 320	693.0	11 074	128	50
XKK-10-3000-5			5	0.306		865.0	12 733		
XKK-10-3000-6			6	0.368		1040.0	14 299		
XKK-10-3000-8			8	0.490		1387.0	15 027		
XKK-10-3000-10			10	0.613		1733.0	17 042		
XKK-10-3000-12			12	0.735		2078.0	19 384		

普通、分裂电抗器的电抗、电阻标幺值数据见表 5-11 和表 5-12。

几种分裂电抗器的技术数据见表 5-13。

表 5-11　普通电抗器的电抗、电阻标幺值（S_B=100MVA）

型号	额定电压（kV）	额定电流（A）	电抗百分值 $X_k\%$	电阻百分值 $R_k\%$	电抗标幺值 X_*	电阻标幺值 X_*
NKL-6-150-3	6	150	3	0.185	1.746	0.107 6
NKL-6-150-4			4	0.262	2.328	0.152 5
NKL-6-150-5			5	0.298	2.909	0.173 4
NKL-6-150-6			6	0.346	3.491	0.201 3
NKL-6-150-8			8	0.429	4.655	0.249 6
NKL-6-150-10			10	0.481	5.819	0.279 9
NKL-6-200-3		200	3	0.189	1.309	0.082 5
NKL-6-200-4			4	0.251	1.746	0.109 5
NKL-6-200-5			5	0.296	2.182	0.129 2
NKL-6-200-6			6	0.339	2.618	0.147 9
NKL-6-200-8			8	0.416	3.491	0.181 5
NKL-6-200-10			10	0.482	4.364	0.201 3
NKL-6-300-3		300	3	0.144	0.873	0.041 9
NKL-6-300-4			4	0.225	1.164	0.065 5
NKL-6-300-5			5	0.248	1.455	0.072 2
NKL-6-300-6			6	0.280	1.746	0.081 5
NKL-6-300-8			8	0.348	2.328	0.101 2
NKL-6-300-10			10	0.398	2.909	0.115 8
NKL-6-400-3		400	3	0.157	0.655	0.034 3
NKL-6-400-4			4	0.209	0.873	0.045 6
NKL-6-400-5			5	0.222	1.091	0.048 4
NKL-6-400-6			6	0.240	1.309	0.052 4
NKL-6-400-8			8	0.292	1.746	0.063 7
NKL-6-400-10			10	0.344	2.182	0.075 1
NKL-6-500-3		500	3	0.143	0.524	0.025 0
NKL-6-500-4			4	0.165	0.698	0.028 8
NKL-6-500-5			5	0.190	0.873	0.033 2
NKL-6-500-6			6	0.225	10.047	0.039 3
NKL-6-500-8			8	0.329	1.396	0.057 4
NKL-6-500-10			10	0.362	1.746	0.063 2
NKL-6-600-4		600	4	0.135	0.582	0.019 6
NKL-6-600-5			5	0.204	0.727	0.029 7
NKL-6-600-6			6	0.233	0.873	0.033 9
NKL-6-600-8			8	0.278	1.164	0.040 4
NKL-6-600-10			10	0.273	1.455	0.047 6
NKL-6-750-5		750	5	0.162	0.582	0.018 9
NKL-6-750-6			6	0.198	0.698	0.023 0
NKL-6-750-8			8	0.232	0.931	0.027 0
NKL-6-750-10			10	0.261	1.164	0.030 4
NKL-6-1000-5		1000	5	0.150	0.436	0.013 1

续表

型号	额定电压 (kV)	额定电流 (A)	电抗百分值 $X_k\%$	电阻百分值 $R_k\%$	电抗标幺值 X_*	电阻标幺值 X_*
NKL-6-1000-6	6	1000	6	0.156	0.524	0.013 6
NKL-6-1000-8			8	0.186	0.698	0.016 2
NKL-6-1000-10			10	0.214	0.873	0.018 7
NKL-6-1500-6		1500	6	0.155	0.349	0.090
NKL-6-1500-8			8	0.188	0.465	0.010 9
NKL-6-1500-10			10	0.223	0.582	0.013 0
NKL-6-2000-6		2000	6	0.138	0.262	0.006 0
NKL-6-2000-8			8	0.157	0.349	0.006 9
NKL-6-2000-10			10	0.181	0.436	0.007 9
NKL-6-3000-10		3000	10	0.178	0.291	0.005 2
NKL-10-150-3	10	150	3	0.179	1.047	0.062 5
NKL-10-150-4			4	0.215	1.397	0.075 1
NKL-10-150-5			5	0.259	1.746	0.090 4
NKL-10-150-6			6	0.289	2.095	0.100 9
NKL-10-150-8			8	0.344	2.793	0.120 1
NKL-10-200-3		200	3	0.182	0.786	0.047 7
NKL-10-200-4			4	0.211	1.047	0.055 2
NKL-10-200-5			5	0.252	1.309	0.066 0
NKL-10-200-6			6	0.289	1.571	0.075 7
NKL-10-200-8			8	0.346	2.095	0.090 6
NKL-10-200-10			10	0.424	2.618	0.111 0
NKL-10-300-3		300	3	0.116	0.524	0.020 2
NKL-10-300-4			4	0.147	0.698	0.025 7
NKL-10-300-5			5	0.212	0.873	0.037 0
NKL-10-300-6			6	0.235	1.047	0.041 0
NKL-10-300-8			8	0.289	1.397	0.050 4
NKL-10-300-10			10	0.346	1.746	0.060 4
NKL-10-400-3		400	3	0.133	0.393	0.017 4
NKL-10-400-4			4	0.157	0.524	0.020 6
NKL-10-400-5			5	0.181	0.655	0.023 7
NKL-10-400-6			6	0.207	0.786	0.027 1
NKL-10-400-8			8	0.250	1.047	0.032 7
NKL-10-400-10			10	0.294	1.309	0.038 5
NKL-10-500-3		500	3	0.114	0.314	0.011 9
NKL-10-500-4			4	0.139	0.419	0.014 6
NKL-10-500-5			5	0.195	0.524	0.020 4
NKL-10-500-6			6	0.218	0.628	0.022 8
NKL-10-500-8			8	0.263	0.838	0.027 5
NKL-10-600-4		600	4	0.119	0.349	0.010 4
NKL-10-600-5			5	0.169	0.436	0.014 8

续表

型号	额定电压（kV）	额定电流（A）	电抗百分值 $X_k\%$	电阻百分值 $R_k\%$	电抗标幺值 X_*	电阻标幺值 X_*
NKL-10-600-6	10	600	6	0.196	0.524	0.017 1
NKL-10-600-8			8	0.236	0.698	0.020 6
NKL-10-600-10			10	0.282	0.873	0.024 6
NKL-10-750-5		750	5	0.143	0.349	0.010 0
NKL-10-750-6			6	0.156	0.419	0.010 9
NKL-10-750-8			8	0.187	0.559	0.013 1
NKL-10-750-10			10	0.228	0.698	0.015 9
NKL-10-1000-5		1000	5	0.123	0.262	0.006 4
NKL-10-1000-6			6	0.131	0.314	0.006 9
NKL-10-1000-8			8	0.173	0.419	0.009 0
NKL-10-1000-10			10	0.195	0.524	0.010 2
NKL-10-1500-6		1500	6	0.132	0.209	0.004 6
NKL-10-1500-8			8	0.164	0.279	0.005 7
NKL-10-1500-10			10	0.184	0.349	0.006 4
NKL-10-2000-8		2000	8	0.134	0.209	0.003 5
NKL-10-2000-10			10	0.155	0.262	0.004 1
NKL-10-2000-12		3000	12	0.184	0.210	0.003 2

表 5-12　分裂电抗器的每臂电抗、电阻标幺值（S_B=100MVA）

型号	额定电压（kV）	额定电流（A）	电抗百分值 $X_k\%$	电阻百分值 $R_k\%$	电抗标幺值 X_*	电阻标幺值 X_*
FKL-6-2×400-4	6	400	4	0.222	0.873	0.048 4
FKL-6-2×600-6		600	6	0.204	0.873	0.029 7
FKL-6-2×750-6		750	6	0.198	0.699	0.023 0
FKL-6-2×1000-6		1000	6	0.164	0.524	0.014 3
FKL-6-2×1000-8			8	0.199	0.699	0.017 4
FKL-6-2×1000-10			10	0.221	0.873	0.019 3
FKL-6-2×1000-12			12	0.253	1.047	0.021 9
FKL-6-2×1500-8		1500	8	0.170	0.466	0.009 9
FKL-6-2×1500-10			10	0.194	0.582	0.011 3
FKL-6-2×2000-6		2000	6	0.109	0.262	0.004 8
FKL-6-2×2000-8			8	0.139	0.349	0.006 1
FKL-6-2×2000-10			10	0.155	0.436	0.006 8
FKL-10-2×750-6	10	750	6	0.134	0.419	0.009 4
FKL-10-2×750-8			8	0.144	0.559	0.010 1
FKL-10-2×1000-10		1000	10	0.187	0.524	0.009 8
FKL-10-2×1500-8		1500	8	0.144	0.279	0.005 0

表 5-13　　几种分裂电抗器技术数据

型号	每臂额定电流(A)	额定电压(kV)	通过容量(kVA)	额定电抗(%)	每臂电感量(mH)	一相中75℃损耗(kW)	动稳定		1s 热稳定(A)	排列方式及出线
							两臂电流方向相同时(A)	两臂电流方向相反时(A)		
FKL-6-2×400-4	400	6	3×2770	4	1.100	6.16	25 500	11 300	17 300	三相垂直,120°出线
FKL-6-2×600-6	600	6	3×4160	6	1.100	8.46	25 500	14 600	29 500	三相垂直,120°出线
FKL-6-2×750-6	750	6	3×5200	6	0.883	10.30	31 900	13 750	31 500	三相垂直,120°出线 三相水平,120°出线
FKL-6-2×1000-8	1000	6	3×6920	8	0.883	13.76	31 900	14 900	40 000	三相垂直,90°出线
FKL-6-2×1000-10	1000	6	3×6920	10	1.100	15.34	25 500	12 550	40 000	三相垂直,90°出线
FKL-6-2×1500-10	1500	6	3×10 400	10	0.735	20.20	38 200	18 600	60 200	三相水平,90°出线
FKL-10-2×750-6	750	10	3×8650	6	1.470	11.60	31 900	13 800	37 900	二垂一平,120°出线
FKL-10-2×750-8	750	10	3×8650	8	1.840	16.36	23 900	13 400	35 800	三相垂直,90°出线
FKL-10-2×1000-10	1000	10	3×11 560	10	1.840	21.56	25 500	17 200	36 600	二垂一平,180°出线
FKL-10-2×1500-8	1500	10	3×17 320	8	0.980	24.90	47 800	16 100	55 800	三相水平,90°出线
FK-6-2×2000-6	2000	6	3×13 880	6	0.347	16.70	85 000	13 000	94 500	三相水平,180°出线
FK-6-2×2000-8	2000	6	3×13 880	8	0.442	19.24	63 750	27 600	82 500	三相水平,90°出线
FK-6-2×2000-10	2000	6	3×13 880	10	0.552	21.50	51 000	25 200	83 000	三相水平,120°出线

注　排列方式中“二垂一平”指两相垂直排列一相水平排列,即品字形排列。

第四节　厂用电设计实例

一、厂用电设计的一般原则

1. 厂用电的电压等级

(1) 60MW 以下机组，机端电压为 10.5kV 时，可采用 3kV 高压厂用电。

(2) 100～300MW 机组，宜采用 6kV 高压厂用电。

(3) 600MW 机组可采用 6kV 一级或 3、10kV 两级高压厂用电压。

(4) 低压厂用电压，动力宜采用 380V，照明采用 220V。

(5) 200MW 及以上机组，主厂房内的低压厂用电系统应采用动力与照明分开供电。

2. 厂用母线接线方式

(1) 高压厂用电系统应采用单母线。

(2) 低压厂用电系统应采用单母线。

(3) 当公用负荷较多、容量较大、采用集中供电方式合理时，可设立公用母线，但应保证公用负荷的供电可靠性。

3. 厂用工作电源

本方案中单元接线的机组和机压母线的机组均要考虑厂用电，用电率为 8%。由于单元接线的机组容量不是很大，因此无须采用分相封闭母线。

4. 厂用起动/备用电源

(1) 无机压母线时，一般由高压母线中电源可靠的最低一级电压母线引接，或由联络变压器的低压绕组引接，并保证在发电厂全停情况下，能从电力系统取得足够的电源。

(2) 200～300MW 机组，每两台机组可设一台高压起动/备用变压器。

5. 交流事故保安电源

200MW 及以上机组应设置交流事故保安电源，当厂用电源和备用电源消失时应自动投入，保证交流保安负荷的起动，并对其持续供电。

二、本厂中厂用电的设计

通过查阅资料，并结合上述原则，对最优方案进行厂用电的设计。

10kV 侧厂用电的工作电源和备用电源从机压母线引接，并且由于发电机出力不大，因此设置一段 3kV 高压厂用母线。

220kV 侧为三台机组单元接线，其中各机组一机一炉，并且设置二分段的 6kV 高压厂用母线，工作电源从发电机出口引接，备用电源从 220kV 供电可靠的母线引接，如图 5-1 所示。

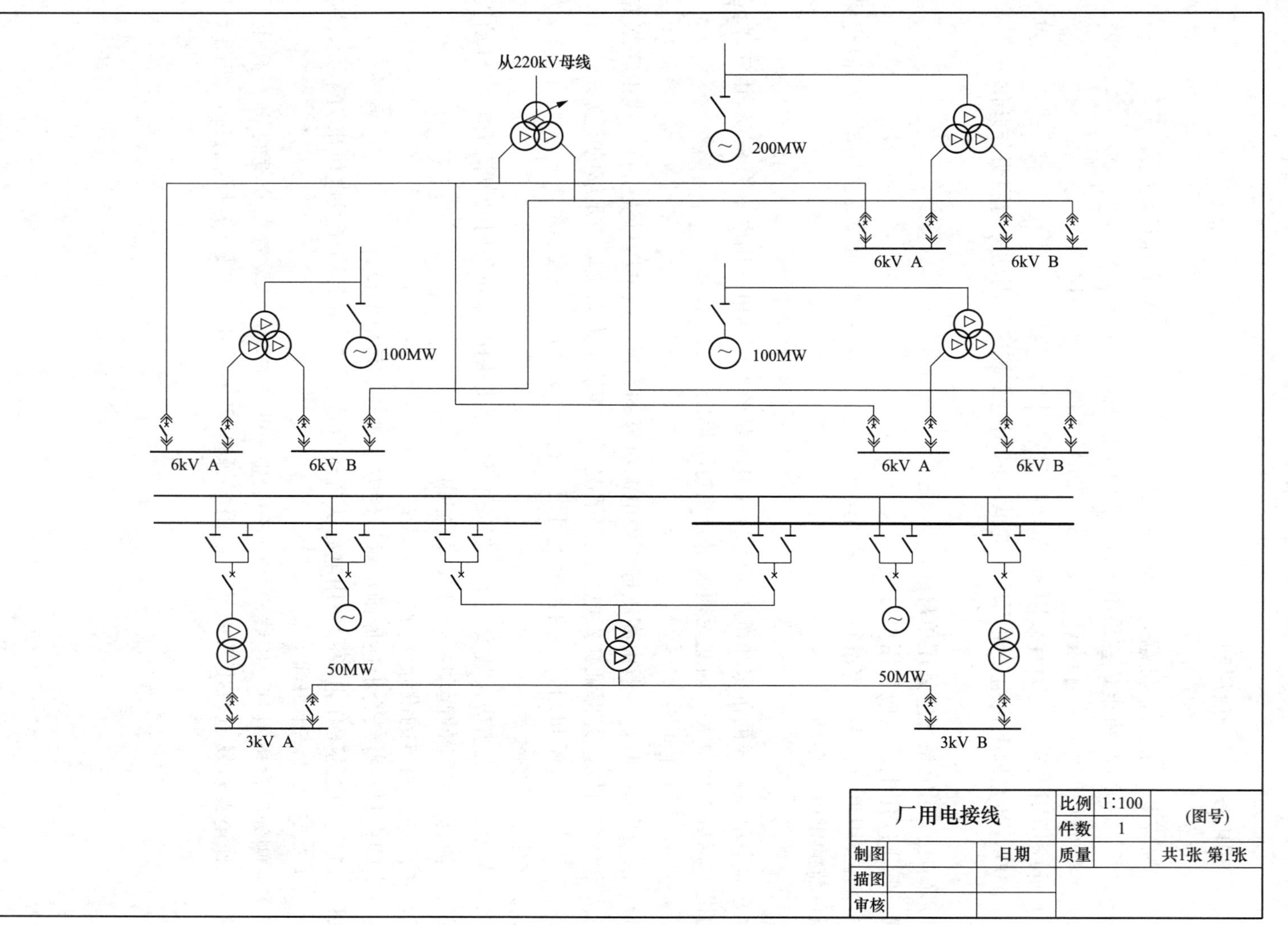

图 5-1 最优方案的厂用电接线图

第六章　某热电厂 2×350MW 供热机组电气一次系统初步设计实例

第一节　概　　述

一、工程概况

本期工程 2×350MW 供热机组，主水源采用城市处理的中水。

二、电气专业设计范围

（1）发电机及其辅助系统。

（2）高压配电装置系统。

（3）厂用电系统。

（4）事故保安及不停电电源。

三、设计指导思想

（1）充分借鉴国内外的先进设计思想，采用先进的设计手段和方法，对工程设计进行创新和优化，努力打造一个高质量、低造价的优秀工程。

（2）用先进的设计手段，优化布置，达到设备布置紧凑、工艺管道短捷、建筑体积小、施工周期短、工程造价低。

（3）优化厂区总平面布置，做到总平面布置紧凑，征地少，土地利用率高。总平面布置充分考虑扩建。

（4）系统配置力求简单实用，合理减少备用设备和备用容量。

（5）选用优质高效的主辅机设备。通过经济技术比较，优先采用先进技术和国内外成熟的新工艺、新结构、新材料。

（6）采用控制系统设计的新思路，提高全厂综合自动化水平。

（7）各专业间协调配合，避免各专业之间相互提供数据时层层放大裕量，致使安全系数及裕量过大。建（构）筑物的设计应通过科学的计算合理设计，杜绝浪费现象。

（8）建筑物的装修要因地制宜。外装修要美观大方并与当地环境和景观相协调。无人值班的建筑内装修以简单实用为原则；有人值班的场所，要充分考虑人性化设计，适当提高标准。

四、发电机主要技术参数

发电机为三相同步汽轮发电机组。

发电机在额定频率、额定电压、额定功率因数和额定冷却介质条件下，机端连续输出额定功率为 350MW（扣除采用自并励静止励磁所需的功率）。

发电机的额定容量应与汽轮机的额定出力配合选择。长期连续运行时各部分温升，不超过有关规定的数值。发电机的最大连续容量应与汽轮机最大连续出力配合选择。发电机主要技术数据见表 6-1。

表 6-1　　发电机主要技术数据

序号	名称		参数
1	型号		QFSN-350-2
2	额定容量（MVA）		412
3	额定功率（MW）		350
4	最大连续输出容量（MVA）		436.2
5	额定电压（kV）		20
6	额定功率因数		0.85
7	效率		99%
8	相数		3
9	极数		2
10	定子绕组接法		YY
11	直轴超瞬变电抗 X''_d		0.185
12	短路比（SCR）		0.513
13	承担负序能力*	稳态 I_2/I_N（标幺值,%）	10%
		暂态 $(I_2/I_N)^2t$	10s
14	绝缘等级		F 级
15	额定氢压		0.3MPa
16	冷却方式		水、氢、氢

注　* 同步发电机能承受三相不平衡负载的负序电流标幺值和时间的限额。I_2为负序电流，I_N为额定定子电流，t为持续时间。

五、励磁系统主要技术参数

励磁系统采用自并励静态励磁，主要技术数据见表 6-2 和表 6-3。

表 6-2　　发电机励磁系统主要技术数据

序号	名称	参数
1	励磁方式	自并励静止励磁系统
2	强励倍数	2.25
3	允许强励持续时间（s）	≥10
4	额定励磁电流（A）	2389
5	额定励磁电压（V）	424.4

表 6-3　　励磁变压器主要技术数据

序号	名称	参数
1	容量（kVA）	3500
2	型式	干式
3	联结组别	Yd11

第二节　电气主接线

一、电厂建设规模

本期工程建设 2×350MW 超临界燃煤供热机组，留有扩建余地。

二、主接线设计的基本设计原则

在主接线设计中遵循可靠性、灵活性和经济性三个基本要求，具体如下：

（1）任何断路器检修，不影响对系统的连续供电；断路器或母线故障以及母线检修时，尽量减少停运的回路数和停运时间；任一进出线断路器故障或拒动以及母线故障，不应切除一台以上机组和相应的线路；任一断路器检修和另一断路器故障或拒动情况下，不应切除两台以上机组和相应的线路。

（2）主接线设计满足调度、检修及扩建时的灵活性。

（3）主接线在满足可靠性、灵活性要求的前提下，力求经济合理，满足投资少、占地面积小和电能损失少的要求。

三、电气主接线

根据接入系统方案，本期建设双母线，2 台 350MW 机组以发电机变压器组方式接入厂内母线，暂按电厂出 2 回 220kV 线路接入附近 220kV 变电站，导线型号 LGJ-2×630。

220kV 配电装置拟采用双母线接线，本期 2 回出线。本期工程起动/备用电源由 220kV 母线引接。发电机出口不装设断路器。

本期工程热电厂的电气主接线方案图如图 6-1 所示（见文后插页）。

四、各级电压中性点接地方式

220kV 主变压器中性点为直接接地，但根据系统运行方式的要求，可以不接地运行。

220kV 起动/备用变压器中性点为死接地。

发电机中性点经二次侧接有接地电阻的单相接地变压器接地，以减少接地故障电流对铁芯的损害，抑制故障暂态电压不超过额定相电压的 2.6 倍。单相接地变压器的容量约为 50kVA，一次侧电压为 20kV，二次侧电压为 220V，二次侧接地电阻约为 0.43Ω，带有 100V 抽头。

6kV 厂用电系统中性点采用低电阻接地，380V 低压系统中性点直接接地。

第三节　短路电流计算

一、短路电流计算依据，接线、运行方式及系统容量

根据系统短路等值阻抗（基准容量 1000MVA，U_B＝230kV），计算短路电流。短路电流计算接线如图 6-2 所示，系统正序阻抗如图 6-3 所示，系统负序阻抗如图 6-4 所示，系统零序阻抗如图 6-5 所示。

二、短路电流计算结果

本工程 220kV 设备短路水平，按 50kA 选择；6kV 系统短路水平按开断 50kA，动稳定电流 125kA 选择设备。不同位置短路点短路电流计算结果见表 6-4～表 6-6。

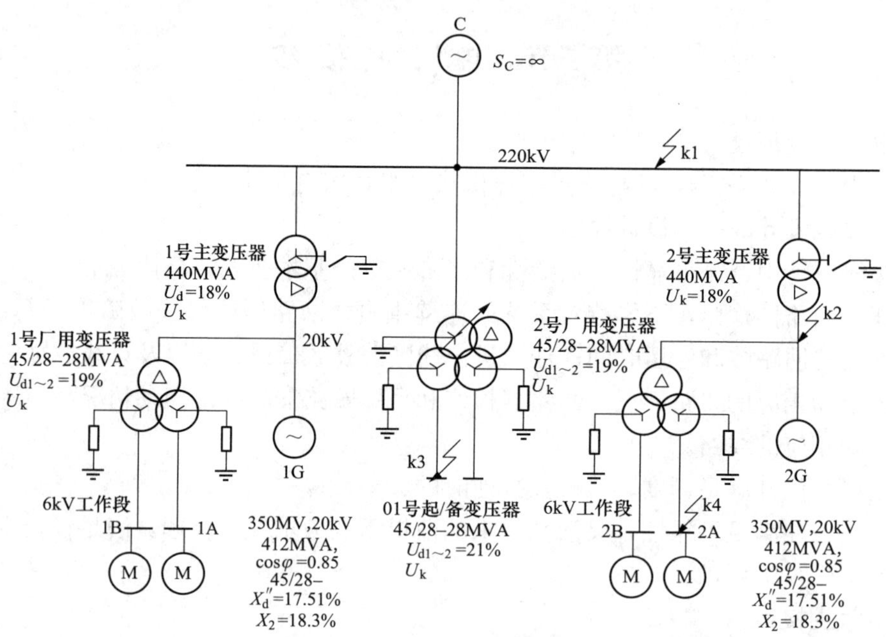

图 6-2　短路电流计算接线图

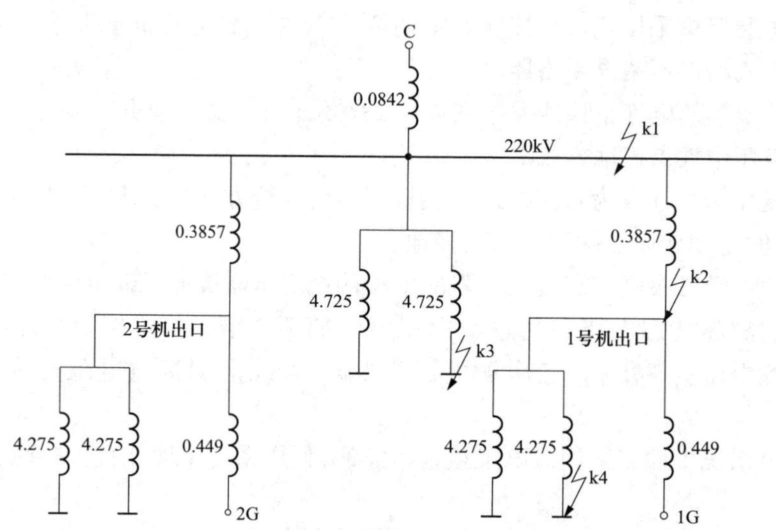

图 6-3　正序阻抗图

表 6-4　　母线和发电机出口短路电流计算结果

短路点位置	三相对称短路电流周期分量起始有效值（kA）	短路电流冲击值（kA）
220kV 母线	38.643	101.245
发电机出口（1、2 号）	133.140	358.147
6kV 厂用电母线	38.041	99.938

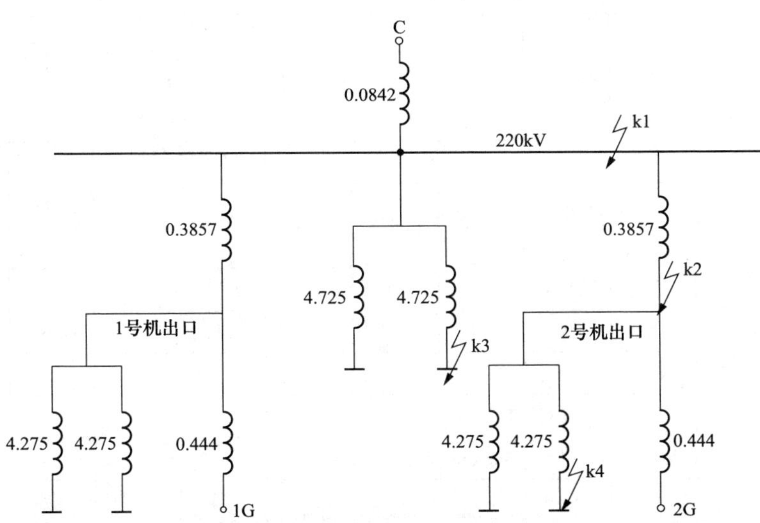

图 6-4　负序阻抗图

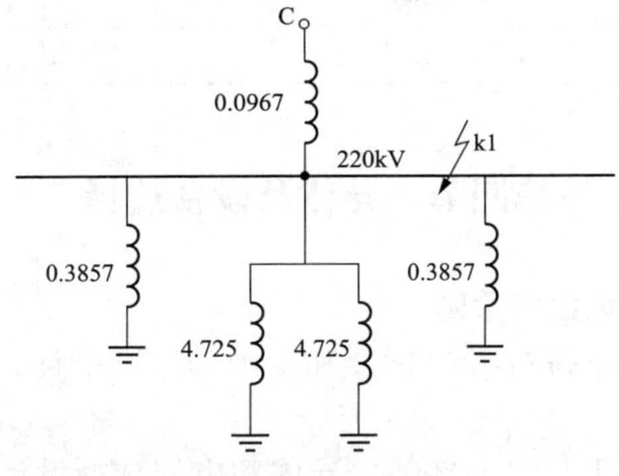

图 6-5　零序阻抗图

表 6-5　　k3、k4 短路点短路电流计算结果（S_B=100MVA）

短路点编号	短路点平均电压 U_{av}(kV)	基准电流 I_B(kA)	分支线名称	短路电流值（kA）			短路电流冲击值（kA）	短路电流非周期分量（kA）		三相短路电流热效应（kA²·s）
				I''	$I_{0.07}$	$I_{0.11}$	i_{sh}	$i_{np0.07}$	$i_{np0.11}$	$Q_{t0.07}$
k3[(3)]	6.3	9.165	高压起动/备用变	21.477						148.11
			电动机反馈	15.124						
			合计	36.601	26.317	24.048	96.173	16.300	8.491	
k4[(3)]	6.3	9.165	1号高压厂变	22.917						160.90
			电动机反馈	15.124						
			合计	38.041	27.756	25.488	99.938	16.934	8.816	

表 6-6 **k1、k2 短路点短路电流计算结果（S_B＝1000MVA）**

短路点编号	短路点平均电压 U_{av}(kV)	基准电流 I_B(kA)	短路类型	分支线名称	短路电流值（kA）				短路电流冲击值（kA）	短路电流非周期分量（kA）		短路容量（MVA）
					I''	I_0	$I_{0.2}$	I_4	i_{sh}	i_{np0}	$i_{np0.1}$	s_k
k1	230	2.51	$k^{(3)}$	发电机1F～2F	6.462	5.641	5.166	4.709				
				系统 C	32.181	32.181	32.181	32.181				
				合计	38.643	37.822	37.347	36.890	101.245	54.641	9.764	15 393.909
			$k^{(2)}$		33.090							
			$k^{(1)}$		38.700							
			$k^{(1,1)}$		38.450							
k2	20	28.87	$k^{(3)}$	发电机1F～2F	75.375	59.994	52.124	34.983				
				系统 C	57.765	57.765	57.765	57.765				
				合计	133.140	117.759	109.889	92.748	358.147	188.260	81.988	4611.981
			$k^{(2)}$		110.690							
220kV 变压器中性点接地电流					6.320							

第四节　导体及设备选择

一、导体及设备选择的依据和原则

对于进口的导体和电气设备按 IEC 标准和本国的标准设计、制造和试验，并满足中国标准的要求。

导体和电气设备按 DL/T 5222—2005《导体和电器选择设计技术规定》以及有关国家标准进行选择。

电厂所在地污秽等级为Ⅳ级，所有户外电气设备的外绝缘泄漏比距按≥3.1cm/kV（系统最高工作电压）考虑。

二、设备选择规范及参数

1. 主变压器

根据 GB 50660—2011《大中型火力发电厂设计规范》第 16.1.5 条：容量为 125MW 及以上的发电机与主变压器为单元连接时，主变压器的容量宜按发电机的最大连续容量扣除不能被高压厂用起动/备用变压器替代的高压厂用工作变压器计算负荷后进行选择。变压器在正常使用条件下连续输送额定容量时，绕组的平均温升不应超过 65K。

220kV 主变压器主要参数见表 6-7。

2. 高压厂用变压器

每台机组配置 1 台高压工作厂用分裂变压器，根据厂用电负荷计算，厂用高压变压器主要参数见表 6-8。两台机配置 1 台高压起动备用分裂变压器，根据厂用电负荷计算，厂用高压起动/备用变压器主要参数见表 6-9。

表 6-7　220kV 主变压器主要参数

序号	名称	参数
1	型式	三相双绕组变压器
2	额定容量（MVA）	440
3	额定电压（kV）	242±2×2.5%/20
4	最高电压（kV）	252
5	阻抗电压	18%
6	额定频率（Hz）	50
7	1min 工频电压（kV）	395
8	额定雷电冲击耐压（kV）	950
9	额定雷电冲击截波耐压（kV）	1050
10	联结组别	YNd11
11	效率	99.74%
12	保证效率	99.70%
13	冷却方式	ODAF

表 6-8　厂用高压变压器主要参数

序号	名称	参　数
1	型式	三相油浸风冷低损耗无激磁调压型分裂绕组变压器
2	额定容量（MVA）	45/28-28
3	额定电压（kV）	20±2×2.5%/6.3-6.3
4	阻抗电压	19%（以高压绕组额定容量为基准的半穿越电抗）
5	额定频率（Hz）	50
6	联结组别	Dyn1-yn1
7	冷却方式	ONAF

表 6-9　厂用高压起动/备用变压器主要参数

序号	名称	参　数
1	型式	三相油浸风冷低损耗有载调压型分裂绕组变压器
2	额定容量（MVA）	45/28-28
3	额定电压（kV）	230±8×1.25%/6.3-6.3
4	阻抗电压	21%（以高压绕组额定容量为基准的半穿越电抗）
5	额定频率（Hz）	50
6	联结组别	Ynyn0-yn0-d11
7	冷却方式	ONAF

3. 220kV 电气设备

根据系统专业提资，220kV 系统设备短路水平按 50kA，动稳定电流满足 125kA 考虑。

220kV 主接线为双母线接线，220kV 配电装置采用屋外 GIS 设备。

在深度可研设计时，220kV 配电装置采用屋外敞开式布置形式。在 EPC 投标方案中，220kV 配电装置采用屋外 GIS 布置型式作为电气专业的优化方案，并为业主方认可采用。因此，在初步设计阶段 220kV 配电装置采用屋外 GIS 布置方案。220kV 屋外 GIS 设备基本技术参数见表 6-10，其主要电气一次设备基本技术参数见表 6-11～表 6-15。

主要电气一次设备选用型号见表 6-16、表 6-17 和表 6-23、表 6-24。

表 6-10　220kV 屋外 GIS 设备基本技术参数最高电压（kV）

额定电压（kV）	最高电压（kV）	额定频率（Hz）	额定雷电冲击耐压（kV）	1min 工频耐压（kV）	额定电流（A）	3s 额定热稳定电流（kA）	额定动稳定电流（kA）	外绝缘泄漏距离（mm）
252	252	50	950	395	2500	50	125	7812

表 6-11　220kV SF_6 断路器基本技术参数

序号	名称	参数
1	额定电压（kV）	220
2	最高电压（kV）	252
3	额定频率（Hz）	50
4	相对地（kV）	950
5	断口间（kV）	1050
6	相对地（kV）	395
7	断口间（kV）	460
8	额定电流（A）	1600/2500
9	额定开断电流（kA）	50
10	3s 额定热稳定电流（kA）	50
11	额定动稳定电流（kA）	125
12	首相开断系数	1.3
13	外绝缘泄漏距离（mm）	7812

表 6-12　220kV 隔离开关基本技术参数

序号	名称	参数
1	额定电压（kV）	220
2	最高电压（kV）	252
3	额定频率（Hz）	50
4	额定雷电冲击耐压（kV）	950
5	1min 工频耐压（kV）	395
6	额定电流（A）	1600/2500
7	3s 额定热稳定电流（kA）	50
8	额定动稳定电流（kA）	125
9	外绝缘泄漏距离（mm）	7812

表 6-13　**220kV 电磁式电压互感器基本技术参数**

序号	名称	参　数
1	额定电压（kV）	220
2	最高电压（kV）	252
3	额定频率	50
4	额定雷电冲击耐压（kV）	950
5	额定雷电冲击截波耐压额定操作冲击耐压（kV）	1050
6	1min 工频耐压（kV）	395
7	额定变比	$\frac{220}{\sqrt{3}}\Big/\frac{0.1}{\sqrt{3}}\Big/\frac{0.1}{\sqrt{3}}\Big/\frac{0.1}{\sqrt{3}}\Big/0.1$（母线） $\frac{220}{\sqrt{3}}\Big/\frac{0.1}{\sqrt{3}}\Big/0.1$（出线）
8	外绝缘泄漏距离（mm）	7812

表 6-14　**220kV 电流互感器基本技术参数**

序号	名称	参　数		
1	额定电压（kV）	220		
2	最高电压（kV）	252		
3	额定频率（Hz）	50		
4	3s 额定热稳定电流（kA）	50		
5	额定雷电冲击耐压（kV）	950		
6	额定雷电冲击截波耐压（kV）	1050		
7	1min 工频耐压（kV）	395		
8	参数	主变进线	起/备变进线	出线和母联
	额定变比（A）	1500/1	600/1	2×1500/1
	准确等级	5P40，0.2，0.2S，TPY	5P40，0.2，0.2S，5P50	5P40，0.2，0.2S
	额定二次负荷（VA）	50	50	50

表 6-15　**避雷器基本技术参数**

序号	名称	参数
1	系统额定电压（kV）	220
2	避雷器额定电压（kV）	200
3	持续运行电压（kV）	156
4	标称放电电流（kA）	10
5	陡波冲击电流残压峰值（kA）	≤546
6	雷电冲击电流残压峰值（kA）	≤520
7	操作冲击电流残压峰值（kA）	≤431
8	直流 1mA 参考电压（kV）	≥296
9	被保护设备绝缘水平（kV）	950
10	外绝缘泄漏距离（mm）	7812

表 6-16 断路器及隔离开关设备型号表

序号	安装地点	短路点编号	工作电压 U_{Ns} (kV)	工作电流 I_{max} (kA)	计算值			保证值						
					短路电流周期分量 I''(kA)	短路冲击电流峰值 i_{sh}(kA)	热稳定值 $Q_{t(2s)}$ (kA²·S)	最高工作电压 U_{max} (kA)	额定电压 U_N(kV)	额定电流 I_N(A)	额定开断电流 I_{Nbr}(kA)	额定关合电流 i_{Ncl}(kA)	动稳定电流 i_{es}(A)	热稳定值 $I_t^2 t$(kA)
1	220kV 断路器	k-1	220	1924	38.640	101.25	2726	252	220	3150	50	125	125	50(3s)
2	220kV 隔离开关	k-1	220	1924	38.640	101.25	2726	252	220	3150	50	125	125	50(3s)
3	6kV 厂用分支断路器	k-4	6.3	2291	38.041	99.938	1273	7.2	6	3150	50	125	125	50(4s)
4	主变中性点隔离开关	—	—	—	—	—	—	126	110	630	16	55	55	16(3s)
	选用设备型号	GW13-110W												

表 6-17 电流（电压）互感器设备型号表

序号	安装地点	短路点编号	工作电压 U_{Ns}（kV）	工作电流 I_{max}（A）	选用设备型号	最高工作电压 U_{max}（kV）	额定电压 U_N（kV）	额定电流 I_N（A）	动稳定值（kA）		3s 热稳定值（kA）	
									计算值 i_{sh}	保证值 i_{es}	计算值 I''	保证值 I_t
1	主变进线间隔	k-1	230	1157	2×1500/1	252	230	1500	101.25	125	38.64	50
2	发电机出口	k-2	20	12 481	15 000/5	24	22	15 000	358.15	—	133.1	—
3	出线间隔	k-1	230	1924	3000/1	252	230	1500	101.25	125	38.64	50
4	起备变进线间隔	k-1	230	96	200/1，1000/1，1500/1	252	230	1500	101.25	125	38.64	50
5	母联间隔	k-1	230	1837	2×1500/1	252	230	1500	101.25	125	38.64	50
6	220kV 电压互感器	k-1	230		$\frac{220}{\sqrt{3}}/\frac{0.1}{\sqrt{3}}/\frac{0.1}{\sqrt{3}}/\frac{0.1}{\sqrt{3}}/0.1$kV	252	230	—	—		—	

三、导体及设备选型及规范

1. 发电机及厂用电系统导体选择规范、参数

（1）发电机回路离相封闭母线基本技术参数见表6-18。

表6-18　发电机回路离相封闭母线基本技术参数

序号	名称	参数
1	额定电压（kV）	20
2	最高电压（kV）	24
3	额定电流（A）	14 000
4	额定雷电冲击耐受电压（峰值）（kV）	125
5	1min工频耐受电压（有效值）（干/湿）（kV）	68/50
6	动稳定电流（峰值）（kA）	400
7	4s热稳定电流（有效值）（kA）	160
8	冷却方式	自冷式
9	相间距离（mm）	1300
10	外壳直径（mm）	1050×8
11	导体直径（mm）	500×12

离相封闭母线采用自冷式、微正压系统。离相封闭母线应包括TV柜、中性点设备柜和避雷器柜、在线温度湿度监测装置等。

（2）高压厂用变压器高压侧分支封闭母线基本技术参数见表6-19。

表6-19　高压厂用变压器高压侧分支封闭母线基本技术参数

序号	名称	参数
1	额定电压（kV）	20
2	最高电压（kV）	24
3	额定电流（A）	1600
4	额定雷电冲击耐受电压（峰值）（kV）	125
5	1min工频耐受电压（有效值）（干/湿）（kV）	68/50
6	动稳定电流（峰值）（kA）	400
7	4s热稳定电流（有效值）（kA）	160
8	冷却方式	自冷式
9	外壳直径（mm）	700×5
10	导体直径（mm）	150×10

（3）TV及励磁变压器高压侧分支封闭母线基本技术参数见表6-20。

表6-20　TV及励磁变压器高压侧分支封闭母线基本技术参数

序号	名称	参数
1	额定电压（kV）	20
2	最高电压（kV）	24
3	额定电流（A）	630
4	额定雷电冲击耐受电压（峰值）（kV）	125
5	1min工频耐受电压（有效值）（干/湿）（kV）	68/50

续表

序号	名称	参数
6	动稳定电流（峰值）(kA)	400
7	4s热稳定电流（有效值）(kA)	160
8	冷却方式	自冷式
9	外壳直径（mm）	700×5
10	导体直径（mm）	150×10

（4）中性点分支封闭母线基本技术参数见表6-21。

表6-21　　中性点分支封闭母线基本技术参数

序号	名称	参数
1	额定电压（kV）	20
2	最高电压（kV）	24
3	额定电流（A）	630
4	1min工频耐压（有效值）（干/湿）(kV)	68/50
5	额定雷电冲击耐受电压（峰值）(kV)	125
6	动稳定电流（主回路）（峰值）(kA)	—
7	4s热稳定电流（有效值）(kA)	—
8	外壳直径（mm）	500×500
9	导体直径（mm）	100×10

（5）6kV共箱母线基本技术参数见表6-22。

表6-22　　6kV共箱母线基本技术参数

序号	名称	参数
1	额定电压（kV）	6.3
2	最高电压（kV）	7.2
3	额定电流（A）	3150
4	额定雷电冲击耐受电压（峰值）(kV)	75
5	1min工频耐受电压（有效值）(kV)	32/23
6	动稳定电流（峰值）(kA)	125
7	4s热稳定电流（有效值）(kA)	50
8	外壳尺寸（mm）	800×550

2. 220kV导体选择规范、参数

根据回路输送容量，进出线回路的导线截面按回路工作电流选择，并按电晕、机械强度，经济电流密度进行校验。

220kV主变进线：钢芯铝绞线，2×LGJ-500/45；220kV起备变进线间隔：钢芯铝绞线，LGJ-400/45。

封闭母线设备型号见表6-23。软导线及管母线设备型号见表6-24。

表 6-23 封闭母线设备型号表

序号	回路名称	短路点编号	工作电压 U_{Ns}(kV)	工作电流 I_{max}(A)	周期分量起始值 I''(kA)	短路冲击电流峰值 i_{sh}(kA)	热稳定值 $Q_{t(2s)}$ ($kA^2 \cdot S$)	选用母线型号	最高工作电压 U_{max}(kV)	额定电压 U_N(kV)	额定电流 I_N(A)	动稳定电流 i_{es} (kA)	热稳定电流 I_t (kA)(2s)
1	发电机出口离相封母	k-2	20	12 991	133.1	358.15	20 395	QLFM-20/14000	24	20	14 000	400	160
2	励磁分支离相封母	k-2	20	101.04	133.1	358.15	20 395	QLFM-20/630	24	20	630	400	160
3	厂用分支离相封母	k-2	20	1364	133.1	358.15	20 395	QLFM-20/1600	24	20	1600	400	160
4	6kV 共箱封闭母线	k-4	6.3	2830	38.041	99.938	1273	GZFM-6/3150	7.2	6	3150	125	50

表 6-24 软导线及管母线设备型号表

序号	回路名称	短路点编号	工作电流 I_{max} (A)	热稳定最小截面积 S_{min} (mm^2)	选用导线型号	周围环境温度 t (℃)	允许持续电流 I_{al} (A)	所选导线截面积 S (mm^2)	最高工作电压 U_{max} (kV)
1	220kV 主变进线	k-1	1157	344	2×(LGJ-500/45)	40	843×2	532×2	252
2	起动/备用变压器进线	k-1	96	344	LGJ-400/45	40	732	425	252
3	出线间隔导线	k-1	1924	344	2×(LGJ-630/45)	40	981×2	667×2	252
4	母联回路导线	k-1	1837	344	2×(LGJ-630/45)	40	981×2	667×2	252
5	TV 避雷器间隔导线	k-1	—	344	LGJ-400/45	40	732	425	252
6	220kV 管母线	k-1	1837	344	6063-ϕ150/136	40	3962	4072	252

第五节 厂用电接线及布置

一、厂用电系统设计原则

厂用负荷计算、高低压厂用变压器的容量选择、在正常的电源电压偏移和厂用负荷波动情况下的电压调整及电动机自起动和成组自起动时厂用母线电压均满足 GB 50660—2011《大中型火力发电厂设计规范》及 DL/T 5153—2014《火力发电厂厂用电设计技术规程》有关规定。

依据可靠性、经济性和灵活性的原则，结合工艺系统的配置、负荷的运行特点以及厂房布置综合考虑，对厂用电系统进行优化设计。厂用电优化设计的一般原则和设计思路为：在技术经济合理的前提下，一般优先采用较低的电压，以获得较高的运行经济效益；厂用电应尽量简化接线，减少电压等级，以便缩小厂用配电装置、共箱母线、高压厂用变压器的布置空间和安装工作量，同时也促进了主厂房布置的优化，有利于电厂的运行维护管理和减少备品备件。

二、高压厂用电系统

1. 高压厂用电接线方案

根据本工程负荷状况以及厂区总平面布置，确定高压厂用电的接线方案。每台机组设置一台分裂变为高厂变，设两段高压厂用母线，电压采用 6kV 一级，变压器中性点经电阻接地；本工程不设置公用段。机组负荷及脱硫负荷分别接在各机组厂用高压母线上，公用负荷接在工作高压母线上。正常运行时，高压起动/备用变压器不接负荷，高压起动/备用变作为起动电源和高压厂用变压器的备用电源。

1、2 号机组各设一台容量为 45/28-28MVA 的无载调压高压分裂厂用变。

每台机组的机炉、除尘除灰、脱硫、照明检修等变压器和机组性高压负荷由 6kV 工作段母线供电。

两台机组的输煤、翻车机、公用、化学、厂前区等变压器和公用系统的高压负荷由 6kV 工作段母线供电。

两台机组共设一台容量为 45/28-28MVA 的有载调压起动/备用变压器，经共箱封母分接于两台机组的 6kV 工作段。起动/备用变通过架空线接自新建 220kV 配电装置母线。

6kV 厂用电系统中性点采用低电阻接地，接地电阻为 18.18Ω，接地电流 200A，接地故障动作于跳闸。

本工程热电厂高低压厂用电原理接线图如图 6-6 所示（见文后插页）。

2. 高压厂用电负荷统计

高压厂用工作变压器的容量按高压电动机厂用计算负荷与低压厂用电的计算负荷之和选择。

3. 高压厂用变和起动/备用变规范

（1）高压分裂厂用变参数：SFF-45000/20，45/28-28MVA，20 ± 2 × 2.5%/6.3-6.3kV，Dyn1-yn1，U_k(%)=19%。

（2）高压分裂起动/备用变参数：SFFZ-45000/220，45/28-28MVA，230±8×1.25%/6.3-6.3kV，YNyn0-yn0-D11，U_k(%)=21%。

中性点采用低电阻接地，接地电阻为 18.18Ω，接地电流为 200A，接地故障动作于跳闸。6kV 工作段负荷见表 6-25。

三、低压厂用电系统

1. 低压厂用电设计原则

低压厂用电系统电压采用 380/220V（母线电压 400/230V）。

低压厂用电采用动力中心（PC）和电动机控制中心（MCC）的供电方式。动力中心接线采用单母线分段，每段母线由一台低压干式变压器供电，两台低压变压器间互为备用。75kW 及以上、200kW 以下电动机由动力中心供电，小于 75kW 电动机由电动机控制中心供电。成对的电动机分别由对应的动力中心和电动机控制中心供电。

低压厂用变压器容量按工艺专业提供的负荷计算，并留有 10%的裕度。

低压变压器接线组别为 Dyn11。低压厂用电系统的中性点推荐采用直接接地方式。其主要优点如下：

（1）发生单相接地故障时，中性点不发生位移，防止了相电压出现不对称和超过 250V。同时保护装置动作于跳闸，可防止故障扩大化。

（2）节省了每段母线的接地检测装置和专用 TA，简化了接线和布置。

（3）取消了高阻接地系统需各处设置的控制变压器，减少了设备和故障点，提高了可靠性，节约了投资。

（4）全厂厂用电系统接线方式一致，便于运行、维护和管理，同时避免了由于厂家配套设备的问题导致到处悬挂小变压器的现象。

2. 主厂房低压厂用电接线

主厂房低压厂用电系统采用暗备用供电方式。

每台机组成对设置两台容量为 2500kVA 机炉低压厂用工作变压器和两个 PC，负责给汽机房、锅炉房、锅炉除渣系统以及引风机场地等低压负荷供电。两台机组的公用负荷分别接在两台机组上。两台变压器互为备用。

每台机组设置两个汽机 MCC，分别从两个动力中心引接单电源。成对设置的电动机由对应的动力中心和电动机控制中心供电。

每台锅炉设置一个 MCC，从两个动力中心引接双电源，手动切换。工艺系统Ⅰ类电机及 75kW 以上Ⅱ、Ⅲ类电机由动力中心供电，炉底除渣系统、锅炉低压辅机和检修辅助设备由电动机控制中心供电。

每台机组设置一台 630kVA 照明检修变压器，负责给主厂房及照明检修设备供电。

每台机组设置一台 1250kVA 公用变压器，由机组高压厂用母线供电。两台机组公用变压器互为备用。公用 PC 段主要给两台机的公用低压负荷供电。

3. 辅助车间低压厂用电接线

辅助车间按照各工艺系统分区设置低压变压器，实行分区就近供电。辅助车间的动力中心采用单母线分段，每段母线由一台低压变压器供电，两台低压变压器间互为备用。

根据厂区总平面布置划分供电区域，进行负荷统计，辅助车间的低压厂用变压器设置及

表 6-25

6kV 工作段负荷表

序号	设备名称	额定容量（kW）	安装数量（台）	工作数量（台）	运算系数 K	1 号厂用高压变压器					2 号厂用高压变压器				
						ⅠA段		ⅠB段		重复容量（kW）	ⅡA段		ⅡB段		重复容量（kW）
						安装数量（台）	工作容量（kW）	安装数量（台）	工作容量（kW）		安装数量（台）	工作容量（kW）	安装数量（台）	工作容量（kW）	
1	电动给水泵	1450	1	1	1	0	0	0	0	0	1	1450	0	0	0
2	循环水泵	1600	4	4	1	1	1600	1	1600	0	1	1600	1	1600	0
3	凝结水泵	550	4	4	1	1	550	1	550	0	1	550	1	550	0
	ΣP_1（1～3 项合计）						2150		2150			3600		2150	0
4	汽动泵前置泵	320	4	2	1	1	320	1	320	320	1	320	1	320	320
5	一次风机	1300	4	4	1	1	1300	1	1300	0	1	1300	1	1300	0
6	送风机	900	4	4	1	1	900	1	900	0	1	900	1	900	0
7	引风机	4100	4	4	1	1	4100	1	4100	0	1	4100	1	4100	0
8	磨煤机	450	10	8	1	2	900	3	1350	450	2	900	3	1350	450
9	热网循环泵	2800	3	2	1	1	2800	1	2800	1400	0	0	1	2800	1400
10	热网疏水泵	320	4	4	1	1	320	1	320	0	1	320	1	320	0
11	一级吸收塔 1 号循环泵	560	2	2	1	1	560	0	0	0	1	560	0	0	0
12	一级吸收塔 2 号循环泵	630	2	2	1	0	0	1	630	0	0	0	1	630	0
13	一级吸收塔 3 号循环泵	560	6	4	1	1	560	2	1120	560	1	560	2	1120	560
14	二级吸收塔 1 号循环泵	630	2	2	1	1	630	0	0	0	1	630	0	0	0
15	二级吸收塔 2 号循环泵	710	2	2	1	0	0	1	710	0	0	0	1	710	0
16	二级吸收塔 3 号循环泵	800	2	2	1	1	800	0	0	0	1	800	0	0	0
17	二级吸收塔 4 号循环泵	450	2	2	1	0	0	1	450	0	0	0	1	450	0
18	氧化风机	280	6	2	1	2	560	1	280	560	2	560	1	280	560
19	水环式真空泵	280	2	2	1	0	0	1	280	0	0	0	1	280	0
20	湿式球磨机	1000	2	2	1	0	0	1	1000	0	0	0	1	1000	0
21	闭冷水泵	280	4	2	1	1	280	1	280	280	1	280	1	280	280
22	螺杆式空气压缩机	355	5	3	1	1	355	1	355	355	2	710	1	355	355
23	大雨水泵	250	2	2	1	1	250	0	0	0	1	250	0	0	0

续表

序号	设备名称	额定容量（kW）	安装数量（台）	工作数量（台）	运算系数 K	1 号厂用高压变压器					2 号厂用高压变压器				
						ⅠA段		ⅠB段		重复容量（kW）	ⅡA段		ⅡB段		重复容量（kW）
						安装数量（台）	工作容量（kW）	安装数量（台）	工作容量（kW）		安装数量（台）	工作容量（kW）	安装数量（台）	工作容量（kW）	
24	干灰分选系统	250	1	1	1	0	0	0	0	0	1	250	0	0	0
25	环式碎煤机	600	2	2	1	1	600	0	0	0	1	600	0	0	0
26	1 号胶带输送机	250	2	2	1	1	250	0	0	0	1	250	0	0	0
27	3 号胶带输送机	200	2	2	1	1	200	0	0	0	1	200	0	0	0
28	4 号胶带输送机	250	2	2	1	1	250	0	0	0	1	250	0	0	0
29	铁路电源	400	2	1	1	1	400	0	0	0	1	400	0	0	400
	4～29 项合计$\sum P_2$						16 335		16 195	3925		14 140		16 195	4325
	$S_g=\sum P_1+0.85\sum P_2$						16 034.75		15 915.75	3336.3		15 619		15 915.75	3676.25
30	机炉 PC 段变压器	2500	4	2	0.8	1	2000	1	2000	2000	1	2000	1	2000	2000
31	除尘 PC 段变压器	2000	4	2	0.8	1	1600	1	1600	1600	1	1600	1	1600	1600
32	照明检修变压器	630	2	1	0.8		0	1	504	252		0	1	504	252
33	公用 PC 变压器	1250	2	1	0.8		0	1	1000	500		0	1	1000	500
34	脱硫 PC 段变压器	1600	2	1	0.8		0	1	1280	640		0	1	1280	640
35	厂前区 PC 段变压器	2000	2	1	0.8	1	1600	0	0	800	1	1600	0	0	800
36	化学水 PC 段变压器	1600	2	1	0.8	1	1280	0	0	640	1	1280	0	0	640
37	除灰 PC 段变压器	2000	2	1	0.8	1	1600	0	0	800	1	1600	0	0	800
38	输煤 PCI 段变压器	1600	2	1	0.8	1	1280	0	0	640	1	1280	0	0	640
39	翻车机 PC 段变压器	1600	2	1	0.8	1	1280	0	0	640	1	1280	0	0	640
	30～39 项合计$\sum P_3$						10 640		6384	8512		10 640		6384	8512
	$S_d=0.85\sum P_3$						9044		5426.4	7235.2		9044		5426.4	7235.2
	分裂绕组负荷（S_g+S_d）						25 078.75		23 342.15	10 571		25 631.5		23 034	10 571.5
	高压绕组负荷（kVA）					39 849.45					39 093.70				

供电范围如下：

脱硫系统设置两台容量为1600kVA的脱硫工作变压器，互为备用，负责为两台机组的脱硫吸收塔区域、石膏脱水车间等脱硫系统的低压负荷供电。

输煤系统设置两台容量为1600kVA的输煤工作变压器，负责输煤转运站、碎煤机室、煤泥水、筒仓等输煤系统低压负荷供电，两台变压器互为备用。

翻车机系统设置两台容量为1600kVA的翻车机工作变压器，负责翻车机系统、输煤转运站等输煤系统和起动锅炉房低压负荷供电，两台变压器互为备用。

化水系统设置两台容量为1600kVA的化水工作变压器，负责锅炉补给水，工业废水，综合水泵房、中水、循环水处理和氨区等区域低压负荷供电，两台变压器互为备用。

每台机组的除尘系统设置两台容量为2000kVA的除尘工作变压器，负责除尘系统等低压负荷供电，两台变压器互为备用。

除灰系统设置两台容量为2000kVA的除灰工作变压器，负责空压机房、灰库等低压负荷供电，两台变压器互为备用。

厂前区系统设置两台容量为2000kVA的厂前区工作变压器，负责制冷站、雨水泵房、氢站和厂前区等低压负荷供电，两台变压器互为备用。

4. 消防供电方案

消防系统设置三台消防水泵，两台为电动泵，一台为柴油机备用泵，电动消防泵由化水PC供电。

5. 水源地供电方案

水源地就地设低压箱式变供电，电源就近由市电供电。为了保证供电的可靠性，应满足两路电源供电的要求。

6. 厂外灰场

灰场区域无工艺大的用电负荷，仅为值班室的照明和取暖负荷，负荷小，电压等级低，且附近有农电便于引接，因此，灰场区域由农电供电。

四、厂用电气设备选择及布置

1. 厂用电气设备选择

6kV开关柜选用金属铠装全隔离手车式真空开关柜和熔断器＋真空接触器（F＋C）回路柜组合的方式。真空断路器用于容量大于1000kW的电动机及容量1250kVA以上的变压器回路，F＋C回路柜用于容量1000kW及以下的电动机及容量小于1250kVA的变压器回路。

6kV工作段母线3150A、50kA；断路器1250/3150A、50kA/125kA。保护采用微机型综合保护装置。

低压开关柜采用高质量的金属封闭抽屉式开关柜，分别采用智能型、零飞弧框架空气断路器和高分断塑壳断路器。动力中心开断电流为50kA，电动机控制中心开断电流为40kA。

为了便于厂用配电装置的布置和减少维护工作量，低压厂用变压器选用低损耗环氧树脂浇注干式变压器，变压器变比为6.3±2×2.5%/0.4kV，变压器联结组别选用Dyn11。

2. 厂用配电装置布置

厂用配电装置布置采用模块化设计、物理分散的原则，力求经济合理，结合厂区的总体布置，因地制宜，合理安排配电设备，使其尽量靠近负荷中心，节省电缆，便于维护。同时考虑电气设备的运行环境（防尘、防火、防爆等）要求，保证运行的可靠性。

6kV 工作段布置在汽机房的 6.30m 层，380V 机炉工作 PC 布置在汽机房的 6.30m 层，公用 PC、照明 PC、检修 PC 和事故保安段布置在 6kV 工作配电间下方的 0.00m 层。蓄电池布置在汽机房的 0.00m 层，UPS 屏和直流屏布置在主厂房的 6.30m 层。这种分散布置方案使得每台机组的动力、控制中心在地理位置上更接近本机组的厂用负荷，供电区域的划分更加清晰。

两台机组除尘场地之间设有除尘除灰综合楼，综合楼 0.00m 是除灰空压机房；除尘除灰动力中心、除尘 MCC 和除尘、除灰控制室集中布置在综合楼 9.80m 层。

其他辅助系统动力中心及电动机控制中心分别布置在负荷中心的配电间内。

五、厂用电压水平校验

根据高压厂用变压器和起动/备用变压器参数，电动机正常起动和成组电动机自起动时厂用电母线电压校验计算，均可以满足要求。

电动机正常起动和成组自起动时厂用母线电压校验计算结果见表 6-26。

表 6-26　　电动机正常起动和成组自起动时厂用母线电压校验计算

变压器用途	高压厂用变压器	起动/备用变压器
变压器容量（MVA）	45/28-28	45/28-28
变压器阻抗（以高压卷容量为基准半穿越电抗）	19%	21%
最大电动机起动时的母线电压	0.87	0.89
成组电动机起动时的母线电压（快切）	0.80	0.82
成组电动机起动时的母线电压（慢切）	0.65	0.66
正常运行时最低母线电压	0.96	—
正常运行时最高母线电压	1.05	—
短路电流起始值 I''(kA)	38.041	36.601
短路电流冲击值 I_{sh}(kA)	99.938	96.173
0.07s 时短路电流周期分量 0.07s $I_p(t=0.07)$(kA)	27.756	26.317
0.07s 时短路电流非周期分量 0.07s $I_{np}(t=0.07)$(kA)	16.934	16.300
0.07s 非周期分量百分比	29.9%	28.8%
6kV 电缆热稳定最小截面（铜芯）（mm^2）	95	95

六、厂用电率

1. 厂用电率计算依据

按照 DL/T 5153—2014《火力发电厂厂用电设计技术规程》附录 A 的相关规定，供热机组的厂用电率的计算式为

$$e_r=\frac{[(S_{js}-S_{js.ZW})\alpha_r+S_{js.ZW}]\cos\varphi_{av}}{Q_r}\times 1000$$

$$e_d=\frac{(S_{js}-S_{js.ZW})(1-\alpha_r)\cos\varphi_{av}}{P_e}\times 100\%$$

式中　e_r——热电厂单位 GJ 耗电量，kWh/GJ；

e_d——热电厂发电厂用电率，%；

$S_{js.ZW}$——用于热网的厂用电计算负荷，kVA；

Q_r——供热用的热量，MJ/h；

α_r——供热量与总耗热量之比；

S_{js}——厂用电计算负荷，kVA；

P_N——发电机的额定功率，kW；

$\cos\varphi_{av}$——电动机运行功率时的平均功率因数，一般取 0.8。

2. 利用换算系数法计算厂用负荷

根据厂用电规定，换算系数法的算式为

$$S_{js}=\sum(KP)$$

式中 S_{js}——计算负荷，kVA；

P——负荷的计算功率，kW；

K——换算系数，见表 6-27。

计算时还应注意以下问题：

(1) 只计算经常连续运行的负荷。

(2) 对于备用负荷，即由不同变压器供电不进行计算。

(3) 全厂性的公用负荷，按机组的容量比例分摊到各机组上。

(4) 随季节性变动的负荷（如循环水泵、风机、采暖等）按一年中的平均负荷计算。

(5) 24h 内变动大的负荷按工作小时数进行修正，如输煤负荷等。

(6) 照明负荷乘以系数 0.5。

(7) 根据 DL/T 5000—2018《火力发电厂设计技术规程》第 7.3.1 条规定，输煤专业胶带机具有以下特点：进入锅炉房的运煤带式输送机应采用双路系统，并具备双路同时运行的条件。每路带式输送机的出力不应小于全厂锅炉最大连续蒸发量时总耗煤量的 150%。因此对输煤部分负荷取计算系数为 0.33。

(8) 根据以上计算步骤，本工程的发电厂用电率为 4.12%，供热厂用电率为 1.62%，综合厂用电率为 5.74%。

表 6-27 厂用电率计算负荷统计表

序号	设备名称	额定容量 (kW)	安装数量 (台)	工作数量 (台)	采暖期运算系数 K	采暖期计算负荷 S_{js}	非采暖期运算系数 K'	非采暖期计算负荷 S'_{js}
1	电动给水泵	1450	1	1	0	0	0	0
2	循环水泵	1600	4	4	0.25	1600	0.7	4480
3	凝结水泵	550	4	4	0.25	550	1	2200
4	气动泵前置泵	320	4	2	0.85	544	0.85	544
5	一次风机	1100	4	4	0.85	3740	0.85	3740
6	送风机	900	4	4	0.85	3060	0.85	3060
7	引风机	3500	4	4	0.85	11 900	0.85	11 900
8	磨煤机	450	10	8	0.85	3060	0.85	3060
9	热网循环泵	2100	3	2	0.85	3570	0	0
10	热网疏水泵	280	4	4	0.85	952	0	0
11	一级吸收塔 1 号循环泵	320	2	2	0.85	544	0.85	544
12	一级吸收塔 2 号循环泵	400	2	2	0.85	680	0.85	680
13	一级吸收塔 3 号循环泵	450	6	4	0.85	1530	0.85	1530
14	二级吸收塔 1 号循环泵	320	2	2	0.85	544	0.85	544
15	二级吸收塔 2 号循环泵	400	2	2	0.85	680	0.85	680
16	二级吸收塔 3 号循环泵	450	2	2	0.85	765	0.85	765

续表

序号	设备名称	额定容量（kW）	安装数量（台）	工作数量（台）	采暖期运算系数 K	采暖期计算负荷 S_{js}	非采暖期运算系数 K'	非采暖期计算负荷 S'_{js}
17	二级吸收塔 4 号循环泵	400	2	2	0.85	680	0.85	680
18	氧化风机	220	6	2	0.85	374	0.85	374
19	水环式真空泵	280	2	2	0.85	476	0.85	476
20	湿式球磨机	1000	2	1	0.33	330	0.33	330
21	闭冷水泵	280	4	2	0.85	476	0.85	476
22	螺杆式空气压缩机	355	5	3	0.85	905.25	0.85	2308.387 5
23	大雨水泵	250	2	2	0	0	0	0
24	干灰分选系统	250	1	1	0.85	212.5	0.85	212.5
25	环式碎煤机	600	2	2	0.33	396	0.33	396
26	1 号胶带输送机	250	2	2	0.33	165	0.33	165
27	3 号胶带输送机	200	2	2	0.33	132	0.33	132
28	4 号胶带输送机	250	2	2	0.33	165	0.33	165
29	铁路电源	400	1	1	0	0	0	0
30	机炉 PC 段变压器	1750	2	2	1	3500	1	3500
31	除尘 PC 段变压器	1400	4	2	0.5	1400	0.5	1400
32	照明检修变压器	441	2	1	0.5	220.5	0.5	220.5
33	公用 PC 变压器	875	2	1	1	875	1	875
34	脱硫 PC 段变压器	1120	2	1	0.5	560	0.5	560
35	厂前区 PC 段变压器	1400	2	1	0.5	700	0.5	700
36	化学水 PC 段变压器	1120	2	1	1	1120	1	1120
37	除灰 PC 段变压器	1400	2	1	1	1400	1	1400
38	输煤 PCI 段变压器	1120	2	1	0.33	369.6	0.33	369.6
39	翻车机 PC 段变压器	1120	2	1	0.33	369.6	0.33	369.6
	主变损耗	950	1	1	1	950	1	950
	厂用电计算负荷总计					49 495.45		50 906.587 5

第六节　事　故　保　安

一、事故保安的接线方式及设备选择

快速起动应急型柴油发电机组是不受外界电网干扰、独立性最强的交流事故保安电源，对其的运行维护、管理保养是提高柴油发电机组起动运行可靠性的重要保证。运行单位可指定专门人员对其维护、管理、保养、试运，或请专业柴油发电机公司现场服务，使柴油发电机组始终处于良好的备用状态，从而保证柴油发电机组起动运行的可靠性。

每台机组设置一套快速起动的柴油发电机组作为事故保安电源，柴油发电机组出口要求配套供货性能可靠的断路器。柴油发电机组可以远方或就地，手动或自动起动，负荷可按其重要性分批投入。

根据保安负荷计算，柴油发电机组容量暂定为 650kW，在施工图设计中将对其容量详细核实。

每台机组设置两个保安段，机组保安负荷接于保安段。正常时由机组两个不同的机炉工作段为保安段供电，事故时快速切换至柴油发电机组供电。

二、保安电源设备布置

柴油发电机组采用集装箱式，布置在锅炉房外侧，靠近道路，便于柴油发电机组的检修及运输。

柴油机容量计算及负荷统计见表 6-28。

表 6-28 柴油机容量计算及负荷统计

序号	设备名称	额定容量（kW）	安装数量（台）	工作数量（台）	运算系数 K	1号保安段					2号保安段				
						1B		1C		重复容量（kW）	2B		2C		重复容量（kW）
						安装数量（台）	工作容量（kW）	安装数量（台）	工作容量（kW）		安装数量（台）	工作容量（kW）	安装数量（台）	工作容量（kW）	
1	汽轮机盘车电机	30	2	2	1	1	30				1	30			
2	顶轴油泵	37	4	2	1	1	37	1	37	37	1	37	1	37	37
3	交流润滑油泵	30	2	2	1			1	30	0			1	30	0
4	小汽机交流油泵	18.5	4	4	1	1	18.5	1	18.5	0	1	18.5	1	18.5	0
5	小汽机交流备用油泵	18.5	4	0	1	1	18.5	1	18.5	37	1	18.5	1	18.5	37
6	小汽机盘车装置	7.5	4	4	1	1	7.5	1	7.5	0	1	7.5	1	7.5	0
7	氢侧交流密封油泵	5.5	2	2	1			1	5.5	0			1	5.5	0
8	空侧交流密封油泵	15	2	2	1			1	15	0			1	15	0
9	磨煤机油站就地箱	30	10	8	1	2	60	3	90	30	2	60	3	90	30
10	空预器主电机	37	4	4	1	1	37	1	37	0	1	37	1	37	0
11	空预器备用电机	15	4	0	0	1	0	1	0	0	1	0	1	0	0
12	锅炉 380V/220V 热力配电箱	50	2	2	0.5			1	25	0			1	25	0
13	火检冷却风控制柜	15	2	2	1	1	15			0	1	15			0
14	汽机 380V 热力配电箱	40	2	2	1	1	40			0	1	40			0
15	锅炉点火动力箱	15	2	2	1			1	15	0			1	15	0
16	汽机 DCS 机柜电源	20	2	2	0	1	0			0	1	0			0
17	锅炉 DCS 机柜电源	20	2	2	0			1	0	0			1	0	0

续表

序号	设备名称	额定容量（kW）	安装数量（台）	工作数量（台）	运算系数 K	1号保安段					2号保安段				
						1B		1C		重复容量（kW）	2B		2C		重复容量（kW）
						安装数量（台）	工作容量（kW）	安装数量（台）	工作容量（kW）		安装数量（台）	工作容量（kW）	安装数量（台）	工作容量（kW）	
18	汽机 ETS 机柜电源	4	2	2	0	1	0			0	1	0			0
19	汽机 TSI 机柜电源	2	2	2	0			1	0	0			1	0	0
20	汽机 DEH 机柜电源	4	2	2	0	1	0			0	1	0			0
21	小汽机 METS,MEH 机柜电源	4	2	2	0	1	0			0	1	0			0
22	小汽机 MTSI 机柜电源	2	2	2	0			1	0	0			1	0	0
23	火检柜电源	5	2	2	0	1	0			0	1	0			0
24	锅炉 220V AC 电源	20	2	2	0	1	0			0	1	0			0
25	汽机 220V AC 电源	20	2	2	0			1	0	0			1	0	0
26	凝结水精处理程控系统电源	7	2	2	1	1	7			0	1	7			0
27	热控总电源柜	15	2	2	1			1	15	0			1	15	0
28	SIS 系统电源	7	2	0	1	1	7			7	1	7			7
29	电梯电源	30	2	2	0.5			1	15	0			1	15	0
30	事故照明	10	16	16	1	4	40	4	40	0	4	40	4	40	0
31	UPS 旁路输入	95	2	2	1			1	95	0			1	95	0
32	动力直流充电器电源	88	4	2	1	1	88	1	88	88	1	88	1	88	88
33	控制直流充电器电源	30	8	4	1	2	60	2	60	60	2	60	2	60	60
34	脱硫保安 MCC	100	2	2	1	1	100				1	100			
合计							565.5		612	259		565.5		612	259
柴油机计算负荷 $S_{js}=0.8\times\sum P$(kVA)						734.8					734.8				
柴油机计算功率 $P_c=0.86\times S_{js}$						631.928					631.928				
选择柴油发电机有功功率（kW）						650					650				

参 考 文 献

[1] 苗世洪，朱永利．发电厂电气部分．5版［M］．北京：中国电力出版社，2015.

[2] 黄纯华．发电厂电气部分课程设计参考资料［M］．北京：水利电力出版社，1987.

[3] 华田生．发电厂和变电所电气设备的运行［M］．北京：中国电力出版社，2000.

[4] 姚春球．发电厂电气部分．4版［M］．北京：中国电力出版社，2020.

[5] 李庚银．电力系统分析基础［M］．北京：机械工业出版社，2011.

[6] 电力工业部电力规划设计总院．电力系统设计手册［M］．北京：中国电力出版社，1998.

[7] 国家电力公司东北公司，辽宁省电力有限公司．电力工程师手册：电气卷［M］．北京：中国电力出版社，2002.

[8] 中国电力工程顾问集团有限公司．电力工程设计手册—火力发电厂电气一次设计．北京：中国电力出版社，2018.

[9] 中国电力工程顾问集团有限公司，中国能源建设集团规划设计有限公司．电力工程设计手册—变电站设计．北京：中国电力出版社，2019.

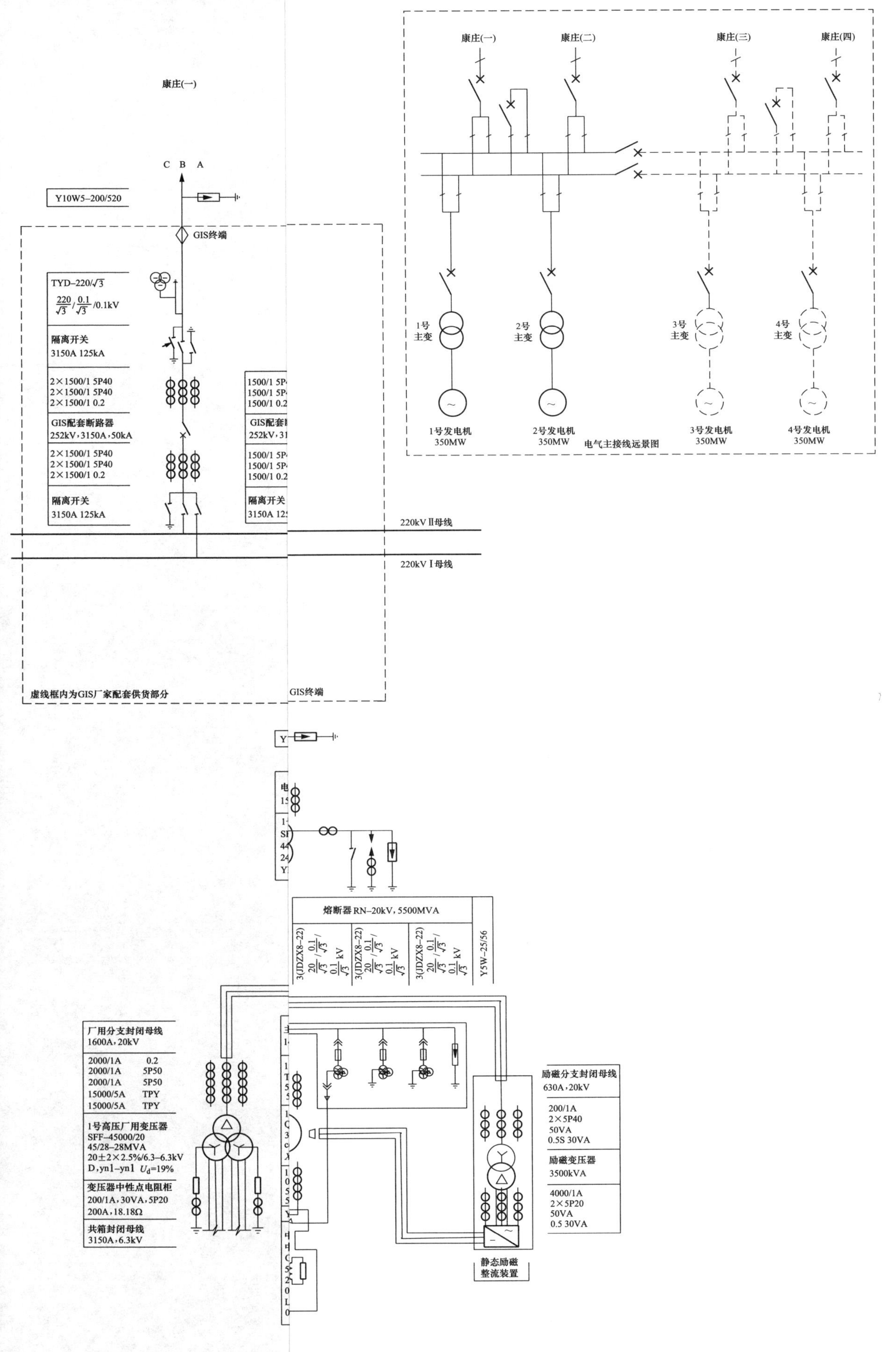

康庄(一)
康庄(二)
康庄(三)
康庄(四)
1号
主变
2号
主变
3号
主变
4号
主变
1号发电机
350MW
2号发电机
350MW
3号发电机
350MW
4号发电机
350MW
电气主接线远景图
C B A
Y10W5-200/520
GIS终端
TYD-220/√3
220/√3 / 0.1/√3 /0.1kV
隔离开关
3150A 125kA
2×1500/1 5P40
2×1500/1 5P40
2×1500/1 0.2
GIS配套断路器
252kV，3150A，50kA
2×1500/1 5P40
2×1500/1 5P40
2×1500/1 0.2
隔离开关
3150A 125kA
220kV Ⅱ母线
220kV Ⅰ母线
虚线框内为GIS厂家配套供货部分
GIS终端
熔断器RN-20kV，5500MVA
3(JDZX8-22)
Y5W-25/56
厂用分支封闭母线
1600A，20kV
2000/1A 0.2
2000/1A 5P50
2000/1A 5P50
15000/5A TPY
15000/5A TPY
1号高压厂用变压器
SFF-45000/20
45/28-28MVA
20±2×2.5%/6.3-6.3kV
D，yn1-yn1 Ud=19%
变压器中性点电阻柜
200/1A，30VA，5P20
200A，18.18Ω
共箱封闭母线
3150A，6.3kV
励磁分支封闭母线
630A，20kV
200/1A
2×5P40
50VA
0.5S 30VA
励磁变压器
3500kVA
4000/1A
2×5P20
50VA
0.5 30VA
静态励磁
整流装置

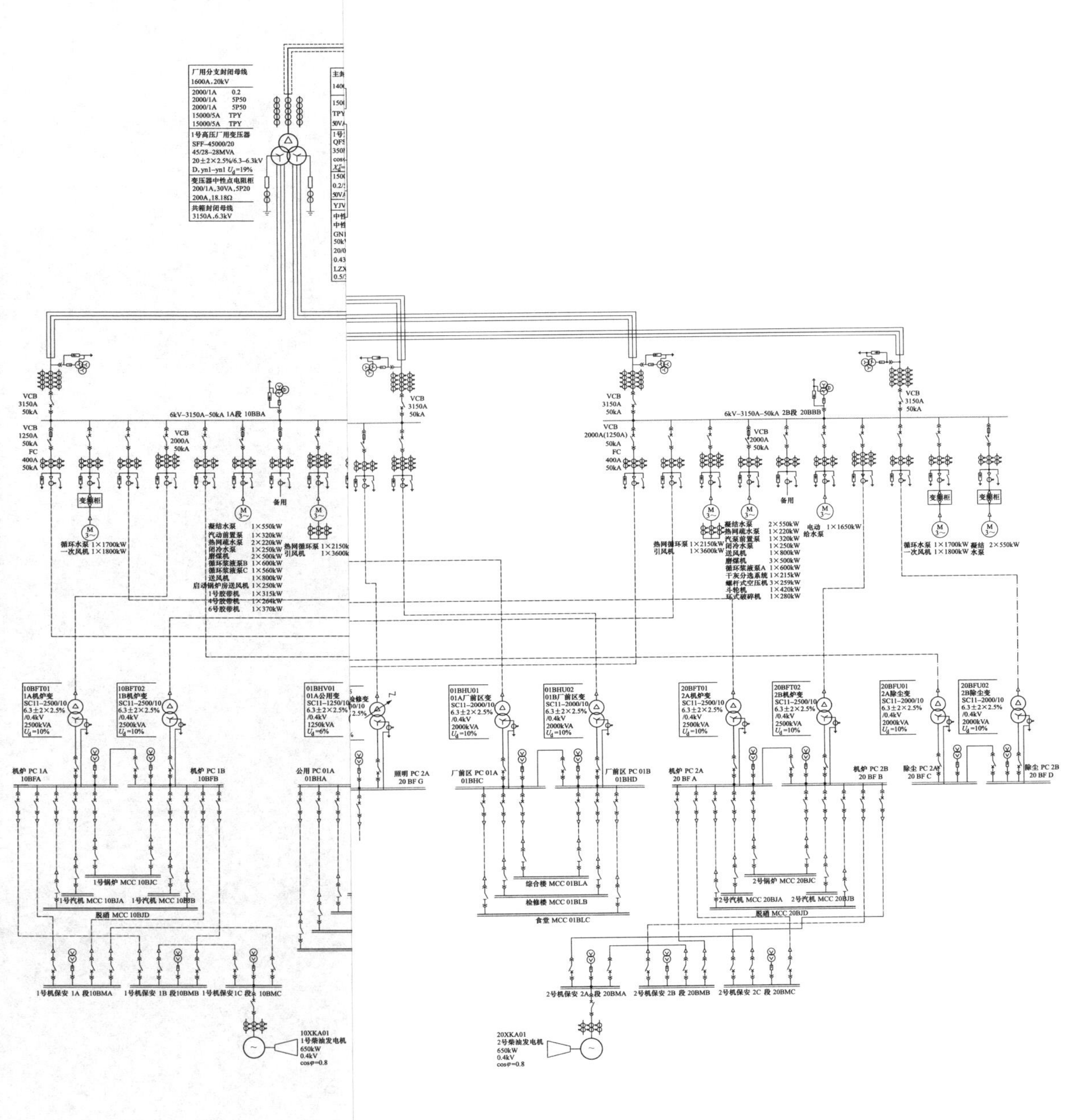

厂用分支封闭母线
1600A，20kV
2000/1A 0.2
2000/1A 5P50
2000/1A 5P50
15000/5A TPY
15000/5A TPY
1号高压厂用变压器
SFF-45000/20
45/28-28MVA
20±2×2.5%/6.3-6.3kV
D，yn1-yn1 Ud=19%
变压器中性点电阻柜
200/1A，30VA，5P20
200A，18.18Ω
共箱封闭母线
3150A，6.3kV
VCB
3150A
50kA
6kV-3150A-50kA 1A段 10BBA
6kV-3150A-50kA 2B段 20BBB
VCB
1250A
50kA
FC
400A
50kA
VCB
2000A
50kA
VCB
2000A(1250A)
50kA
变频柜
备用
循环水泵 1×1700kW
一次风机 1×1800kW
凝结水泵 1×550kW
汽动前置泵 1×320kW
热网疏水泵 2×220kW
闭冷水泵 1×250kW
磨煤机 2×500kW
循环浆液泵B 1×600kW
循环浆液泵C 1×560kW
送风机 1×800kW
启动锅炉房送风机 1×250kW
1号胶带机 1×315kW
4号胶带机 1×264kW
6号胶带机 1×370kW
热网循环泵 1×2150kW
引风机 1×3600kW
热网循环泵 1×2150kW
引风机 1×3600kW
凝结水泵 2×550kW
热网疏水泵 1×220kW
汽泵前置泵 1×320kW
闭冷水泵 1×250kW
送风机 1×800kW
磨煤机 3×500kW
循环浆液泵A 1×600kW
干灰分选系统 1×215kW
螺杆式空压机 3×259kW
斗轮机 1×420kW
环式破碎机 1×280kW
电动给水泵 1×1650kW
循环水泵 1×1700kW
一次风机 1×1800kW
凝结水泵 2×550kW
10BFT01
1A机炉变
SC11-2500/10
6.3±2×2.5%
/0.4kV
2500kVA
Ud=10%
10BFT02
1B机炉变
SC11-2500/10
6.3±2×2.5%
/0.4kV
2500kVA
Ud=10%
01BHV01
01A公用变
SC11-1250/10
6.3±2×2.5%
/0.4kV
1250kVA
Ud=6%
01BHU01
01A厂前区变
SC11-2000/10
6.3±2×2.5%
/0.4kV
2000kVA
Ud=10%
01BHU02
01B厂前区变
SC11-2000/10
6.3±2×2.5%
/0.4kV
2000kVA
Ud=10%
20BFT01
2A机炉变
SC11-2500/10
6.3±2×2.5%
/0.4kV
2500kVA
Ud=10%
20BFT02
2B机炉变
SC11-2500/10
6.3±2×2.5%
/0.4kV
2500kVA
Ud=10%
20BFU01
2A除尘变
SC11-2000/10
6.3±2×2.5%
/0.4kV
2000kVA
Ud=10%
20BFU02
2B除尘变
SC11-2000/10
6.3±2×2.5%
/0.4kV
2000kVA
Ud=10%
机炉 PC 1A 10BFA
机炉 PC 1B 10BFB
公用 PC 01A 01BHA
照明 PC 2A 20 BF G
厂前区 PC 01A 01BHC
厂前区 PC 01B 01BHD
机炉 PC 2A 20 BF A
机炉 PC 2B 20 BF B
除尘 PC 2A 20 BF C
除尘 PC 2B 20 BF D
1号锅炉 MCC 10BJC
1号汽机 MCC 10BJA
1号汽机 MCC 10BJB
脱硝 MCC 10BJD
综合楼 MCC 01BLA
检修楼 MCC 01BLB
食堂 MCC 01BLC
2号锅炉 MCC 20BJC
2号汽机 MCC 20BJA
2号汽机 MCC 20BJB
脱硝 MCC 20BJD
1号机保安 1A 段10BMA
1号机保安 1B 段10BMB
1号机保安1C 段 10BMC
2号机保安 2A 段 20BMA
2号机保安 2B 段 20BMB
2号机保安 2C 段 20BMC
10XKA01
1号柴油发电机
650kW
0.4kV
cosφ=0.8
20XKA01
2号柴油发电机
650kW
0.4kV
cosφ=0.8